高等教育“十三五”规划教材
陕西省“一流专业”矿物加工工程专业建设项目资助
陕西省教育科学“十三五”规划课题(SGH17H097)资助
陕西省高等教育学会高等教育科学研究项目(XGH17082)资助

矿物加工实验技术与方法

主　编　李　振　刘莉君
副主编　于　伟　屈进州　杨　超

中国矿业大学出版社

内 容 提 要

《矿物加工实验技术与方法》是矿物加工工程专业一本综合性的专业实践教学书目，以矿物加工领域中实验研究的原理与实践为依据，既包括基础性和演示性实验，又包括综合设计性实验，实践内容层次分明，具有较强的认知性和可操作性。本书内容兼顾煤矿、金属矿和非金属矿选矿实验技术，以实践内容为主体，结合启发和探索性综合训练内容，培养学生的科研兴趣，从而全面提高矿物加工专业人员的专业素养和科研能力。

图书在版编目(CIP)数据

矿物加工实验技术与方法 / 李振，刘莉君主编. —徐州：中国矿业大学出版社，2017.8

ISBN 978-7-5646-3686-9

Ⅰ. ①矿… Ⅱ. ①刘… ②李… Ⅲ. ①选矿—方法 Ⅳ. ①TD92

中国版本图书馆 CIP 数据核字(2017)第 215056 号

书　　名　矿物加工实验技术与方法
主　　编　李　振　刘莉君
责任编辑　褚建萍
出版发行　中国矿业大学出版社有限责任公司
　　　　　　(江苏省徐州市解放南路　邮编 221008)
营销热线　(0516)83884103　83885105
出版服务　(0516)83995789　83884920
网　　址　http://www.cumtp.com　**E-mail**：cumtpvip@cumtp.com
印　　刷　徐州中矿大印发科技有限公司
开　　本　787×1092　1/16　**印张** 15　**字数** 380 千字
版次印次　2017 年 8 月第 1 版　2017 年 8 月第 1 次印刷
定　　价　30.00 元

前　言

矿物加工工程是一门典型的工程应用型学科，是理论与实践紧密结合的学科。矿物加工实验教学是本专业培养学生实践和创新能力的重要环节。《矿物加工实验技术与方法》是矿物加工工程专业一本综合性的专业实践教学书目，以矿物加工领域中实验研究的原理与实践为依据，包含矿物样品的准备和矿物加工实验技术两篇内容。

本书既包括基础性和演示性实验，又包括综合设计性实验，实践内容层次分明，具有较强的认知性和可操作性。本书内容以煤炭分选相关实验为主，兼顾金属矿和非金属矿选矿实验技术，详细介绍了各矿物加工实验方法和原理，以实践内容为主体，结合启发和探索性综合训练内容，培养学生的科研兴趣，全面提高矿物加工专业人员的专业素养和科研能力。本书可作为矿物加工工程专业本科生专业实验指导书，也可作为从事矿物加工专业的工程技术人员的参考书目。

全书由西安科技大学李振、刘莉君担任主编，于伟、屈进州、杨超担任副主编。具体编写分工如下：上篇由刘莉君编写；下篇第四、五、七章由于伟编写；下篇第六、九章由李振、屈进州编写；下篇第八章由杨超编写。感谢西安科技大学、中国矿业大学出版社、国土资源部煤炭资源勘查与综合利用重点实验室等单位的大力支持和帮助。感谢陕西省“一流专业”矿物加工工程专业建设项目、陕西省教育科学“十三五”规划课题（SGH17H097）与陕西省高等教育学会高等教育科学研究项目（XGH17082）在本书出版时提供的经费支持。

在写作过程中还参考或引用了国内外诸多专家学者的文献、研究成果，在此表示真挚的感谢和敬意。

由于水平有限，书中疏漏和不妥之处在所难免，希望读者批评指正。

作　者

2017 年 4 月

目　录

上篇　矿物样品的准备

第一章　矿样的采取与制备……………………………………………………………… 3
第一节　矿样的采取……………………………………………………………… 3
第二节　矿样的制备……………………………………………………………… 5
第三节　样品的缩分与制备实验………………………………………………… 8

第二章　物料粒度组成分析 ……………………………………………………… 11
第一节　细粒物料粒度组成筛分分析实验 …………………………………… 11
第二节　筛分效率测定实验 …………………………………………………… 13
第三节　连续水析实验 ………………………………………………………… 15
第四节　水力旋流器分级实验 ………………………………………………… 17
第五节　旋风分离器分级实验 ………………………………………………… 20
第六节　干式超细分级实验 …………………………………………………… 22
第七节　细粒物料分级技术发展现状及展望 ………………………………… 24

第三章　样品的破碎与磨细 ……………………………………………………… 29
第一节　颚式破碎机产物粒度特性测定实验 ………………………………… 29
第二节　物料可磨度测定实验 ………………………………………………… 31
第三节　磨矿影响因素实验 …………………………………………………… 33
第四节　磨矿动力学实验 ……………………………………………………… 37
第五节　磨矿介质运动状态实验 ……………………………………………… 39
第六节　闭路磨矿实验 ………………………………………………………… 42
第七节　邦德棒磨功指数测定实验 …………………………………………… 44
第八节　破碎磨矿技术发展现状及展望 ……………………………………… 46

下篇　矿物加工实验技术

第四章　重力分选 ………………………………………………………………… 53
第一节　异类粒群悬浮分层的规律研究实验 ………………………………… 53
第二节　静止介质中的矿粒沉降末速及形状系数测定实验 ………………… 55
第三节　粒群密度组成与重选可选性分析实验 ……………………………… 57
第四节　煤粉小浮沉实验 ……………………………………………………… 62
第五节　跳汰选煤实验 ………………………………………………………… 65

第六节　细粒物料螺旋分选实验 …… 68
第七节　细粒物料摇床分选实验 …… 70
第八节　粗煤泥干扰床分选机（TBS）分选实验 …… 73
第九节　风力分选实验 …… 75
第十节　Falcon 离心重力分选实验 …… 78
第十一节　重选技术发展现状及展望 …… 79

第五章　磁电分选 …… 87
第一节　矿物比磁化系数的测定实验 …… 87
第二节　强磁性物料的湿式弱磁选实验 …… 90
第三节　弱磁性物料的湿式强磁选实验 …… 92
第四节　散体物料磁性物含量测定实验 …… 94
第五节　高梯度磁选机分选实验 …… 96
第六节　磁力脱水槽磁场特性测量实验 …… 97
第七节　磁性物料干法分选实验 …… 99
第八节　电选分离实验 …… 101
第九节　涡电流分选实验 …… 103
第十节　微细物料摩擦电选实验 …… 105
第十一节　磁电分选技术发展现状及展望 …… 107

第六章　泡沫分选 …… 111
第一节　小浮选实验 …… 111
第二节　煤泥浮选分步释放实验 …… 114
第三节　单泡浮选实验 …… 117
第四节　真空浮选实验 …… 120
第五节　纯矿物浮选实验 …… 122
第六节　起泡剂起泡性能测定实验 …… 124
第七节　抑制与活化黄铁矿浮选行为实验 …… 127
第八节　微型-闭路连续浮选机分选实验 …… 129
第九节　浮选柱分选实验 …… 132
第十节　微细矿物油团聚分选实验 …… 135
第十一节　磁铁矿反浮选实验 …… 138
第十二节　萤石浮选实验 …… 140
第十三节　赤铁矿反浮选实验 …… 142
第十四节　铝土矿浮选实验 …… 145
第十五节　硫化铜矿浮选实验 …… 148
第十六节　辉钼矿浮选实验 …… 151
第十七节　胶磷矿浮选实验 …… 153
第十八节　黑钨矿浮选柱分选实验 …… 155

第十九节　泡沫分选技术发展现状及展望…… 159

第七章　固液分离 …… 169
第一节　煤泥水凝聚实验…… 169
第二节　悬浮液的絮凝沉降特性分析实验…… 171
第三节　悬浮液的过滤脱水实验…… 174
第四节　转筒法煤炭泥化实验…… 177
第五节　煤伴生矿物泥化程度测定实验…… 179
第六节　固液分离技术发展现状及展望…… 182

第八章　化学选矿 …… 186
第一节　金矿石中金的浸出实验…… 186
第二节　氯化焙烧实验…… 188
第三节　磁化焙烧实验…… 192
第四节　氧化亚铁硫杆菌脱除煤中硫实验…… 194
第五节　化学选矿技术发展现状及展望…… 197

第九章　矿物加工综合设计实验 …… 202
第一节　煤泥实际可浮性影响因素研究实验…… 202
第二节　难选铜铅锌多金属硫化矿的浮选实验…… 206
第三节　金矿(含金黄铁矿)磨浮工艺分选实验…… 210
第四节　煤泥浮选柱条件优化实验…… 216
第五节　细粒矿物分选发展现状及展望…… 219

主要参考文献 …… 226

上　篇

矿物样品的准备

第一章　矿样的采取与制备

第一节　矿样的采取

矿样的物理及化学性质是决定其用途、加工方法和工艺的重要依据。因为矿产是大宗物质，在检测它的性质时，不可能采取破坏性的实验和过程，只能根据不同的目的和要求从大批（或一批）矿产中取出有代表性的一小部分进行检测分析，这种按有关规程采取一小部分矿样的过程称为矿样的采取，简称采样。

矿石可选性实验首先应进行工艺矿物学研究，着重研究矿石的主要物质组分、结构构造、元素赋存状态等，以指导可选性实验。采取的矿石样品应能代表全矿床地质平均品位及其化学组分，伴生的有益和有害组分的含量应与该类型矿石相近，所采取矿样应能反映矿石的组成矿物、结构构造、物理化学性质等全部特征。

一、选矿厂不同物料的采取

任何一个分选过程与采样是分不开的。在选矿厂的生产以及选矿实验中，为检查、控制和分析、研究分选工艺过程、设计和生产提供一定技术数据，都要进行选矿厂分选过程的采样。针对不同的采样对象采用不同的采样方法。

1. 静置松散块状物料的采样

矿堆采样：矿石堆或废石堆是在生产过程中逐渐堆积形成的，物料的性质在料堆的长、宽、深三个方向上都是变化的，再加上物料的粒度大，因此采样工作比较麻烦。常采用的方法有舀取法和探井法。

矿车中采样：从矿车或铁路运输的车厢中采样应注意如下问题：物料中含有较多矿粉时，由于装车产生偏析，块矿滚落到矿车边缘，而中间多为细粉，通常块矿和粉矿性质不同，因此应多设采样点；由于车厢在运行途中发生摇动和振动使重矿物逐渐下沉，如果运输距离较远，物料中矿物间的密度差又很大时，这就容易使细粒矿粉通过大块间隙漏至车底，产生隙溜、分层现象，对此应采用分层采样法；车厢大时，采样点应多些；车厢数目多时，每车厢的采样点可相应少些。可采用简单表面攫取法、分层采样法和择取法进行采样。

2. 静置松散粉状物料的采样

此种物料一般采用探管法采样，先将矿堆或矿车中的细粉物料划出若干个采样点，然后在采样点上将探管由上而下地插入底部，矿样即进入探管内，拔出探管后将矿样倒出。采样布点的数目与精确性有直接关系，布点数目越多，精确性越高。

3. 移动物料的采样

移动物料是指运输过程中的物料，包括矿车运输的原矿石、皮带运输机及其他运输设备上的矿石、给矿机和溜槽中的料流、流动中的矿浆等。选矿厂常用的移动物料采样方法是横向断流截取法。其要点是每间隔一定时间，垂直料流运动方向截取少量物料作为试样，然后将一段时间内截取的各个分样累积起来作为总样，混匀、缩分出一定量的样品，供分析和分选实验用。

二、选煤厂生产检查煤样的采取

选煤厂为了控制各工序的产品质量和机械设备的工艺效果所采取的煤样称为生产检查煤样，其分析实验结果可作为指导生产操作及控制生产指标的依据。

1. 生产检查主要项目和采样一般原则

生产检查煤样包括入选原煤、中间产物、最终产品和为控制生产操作条件而采取的煤样。不同煤样的采样目的、性质及要求均不相同。

(1) 入选原煤煤样

原煤是选煤厂的加工对象，对其数量、质量的变化情况必须进行研究和分析，以制定合理的分选指标。

入选原煤煤样通常在进入主厂房的带式输送机上采取，若原煤性质不稳定，粒度较大，采取的子样数目应较多，子样质量应较大。

(2) 精煤煤样

精煤是选煤厂的主要产品，必须随时了解和掌握精煤的数量和质量情况。精煤煤样包括最终精煤煤样和生产中间环节的精煤煤样，通常在脱水后采取，如在精煤带式输送机、脱水脱介筛出口、离心机产物出口处等部位采取。精煤质量比较均匀，但因为它是选煤厂的主要产品，直接关系到选煤厂的经济效益，因此要经常采样检查，采取子样数目要安排适当，子样质量可适当少一些。

(3) 中煤、矸石煤样

中煤、矸石是选煤厂的副产品，通过中煤和矸石的数量、质量指标可以了解选煤设备分选效果的好坏以及各产物的损失和污染情况。

中煤、矸石煤样包括最终中煤煤样、最终矸石煤样和中间环节煤样，通常在中煤和矸石斗式提升机卸载处或带式输送机的煤流中采取。检查的间隔时间可根据需要适当长一些，子样数目也可适当少一些。由于中煤、矸石粒度较粗，密度较大，子样质量相应较大。

(4) 浮选入料、浮选精煤、浮选尾煤煤样

采取浮选煤样是为了分析浮选系统的工作情况和制定合适的药剂制度，从而生产出合格的浮选精煤。

浮选入料可在矿浆调浆装置出料管或入料管中采取；精煤可在过滤机或精煤压滤机脱水后滤饼中采取；尾煤在浮选尾矿槽或尾煤压滤机脱水后滤饼中采取。由于浮选作业比较稳定，粒度细，因此检查的间隔时间可适当延长，子样数目可少一些，子样质量也可相应小些。

2. 采样间隔时间和子样质量

选煤厂生产检查煤样在选煤机正常负荷运转 5～10 min 后采取，采样的最大间隔时间和子样最小质量或体积如表 1-1 所示。

表 1-1　　采样的最大间隔时间和子样最小质量或体积

煤样名称	采样最大间隔时间/min	子样最小质量或体积	采样地点
入选原料煤	20	4 kg	入选前煤流中

续表 1-1

煤样名称	采样最大时间间隔/min	子样最小质量或体积	采样地点
装仓精煤	20	2 kg	入仓前煤流中
选煤机精煤	15	2 kg	选煤机溢流口
中煤、洗混煤、矸石	30	4 kg	中煤、洗混煤、矸石流中
选煤机中煤、矸石	30	4 kg	斗子卸料口或溜槽出口处
浮选精煤	30	1 kg	过滤机等脱水设备滤饼
浮选入料	30	1 L	矿浆预处理环节
浮选尾矿	30	1 L	浮选尾矿槽
洗水等煤泥水样	120	1 L	水流由高向低流出口处
煤泥回收筛精煤	20	2 kg	回收筛精煤卸料处
粒级煤	30	2～5 kg	粒级煤煤流中

第二节　矿样的制备

按照各种要求采取的矿样量一般很大，通常为几十公斤，甚至几吨，显然如此大量的矿样不可能都用于分析研究，因此对这些矿样要按分析研究的目的和要求进行制备，其过程主要包括矿样的破碎、筛分、混合和干燥等。按要求制备的供分析研究用的矿样的物理性质和化学组成要与原样保持一致。

一、制样工序

1. 破碎

破碎是指在制样过程中用机械或人工方法减小粒度的过程。减小粒度的目的在于增加不均匀物料的分散程度，以减小缩分误差。矿石样品粒度越小，其性质越均匀，缩分误差越小。破碎分粗碎、中碎和细碎阶段，通常采用的机械有：

颚式破碎机，可将矿样破碎到 25 mm、13 mm 以及 6 mm 以下；

锤式破碎机，可将矿样破碎到 3 mm 以下；

对辊破碎机，可将矿样破碎到 1 mm 以下；

密封式振动磨样机，可将矿样直接磨细到 0.2 mm 甚至 0.074 mm 以下。

人工破碎时，应注意不要使矿样飞溅损失；机械破碎时，矿样要适当烘干，防止过湿矿样粘连机械，影响破碎或造成矿样损失。

2. 筛分

筛分是把不符合要求的颗粒分离出来，继续破碎到规定的粒度，使不均匀物料达到一定的分散程度，减小缩分误差。

筛分通常使用孔径为 25 mm、13 mm、6 mm、3 mm、1 mm、0.2 mm 的方孔筛和 3 mm 的圆孔筛，也需根据研究需要灵活安排。

筛分应注意检查筛子，如果筛孔已变形或破损则不能使用。筛分时要用力均衡，避免造成矿样蹦出损失，并尽可能减少粉尘扬起。筛 0.2 mm 以下矿样时，不能用毛刷在筛面上刷矿样，造成接近筛孔尺寸的颗粒强行通过。

3. 混合

混合是把矿样混均匀的过程，其目的是用人为方法使矿样尽可能均匀，减小下一步的缩分误差。

混合可用机械或人工方法进行。人工常用的是堆锥混合法。把破碎、过筛的矿样用平头铁锹铲起堆成圆锥体，再交互地从矿堆两边对角贴底逐步铲起堆成另一个圆锥，每锹铲起的矿样不应过多，并分两三次撒落在新锥顶端，使其均匀地落在新锥的四周。如此重复堆掺三次，使堆锥周围粒度离析的状况大致相同。堆锥混合法必须认真按要求操作，否则将会在缩分时产生较大误差。

4. 缩分

缩分是在矿样制备过程中，将试样分成具有代表性的几部分，并将一份或多份留下来的过程，其目的在于从大量矿样中取出一部分用于实验研究，为减小缩分误差，又使保留矿样量尽量少，经过大量实验确定了缩分最小留样量与粒度之间的关系（以煤样为例），如表 1-2 所示。

表 1-2　　缩分最小留样量与粒度之间的关系

煤样最大粒度/mm	25	13	6	3	1
缩分后允许最小质量/kg	60	15	7.5	3.75	0.1

缩分常与混合同时进行，常用的方法有：

(1) 人工堆锥四分法

将已破碎、过筛的矿样混匀堆成圆锥，由锥顶端向四周均匀地将矿样摊平或压平成厚度适当的扁平体。将十字分样板放在扁平体正中，向下压至底部，使矿样被分成四个相等的扇形体，舍去相对称的两个扇形体，留下另两个扇形体。若无十字分样板，也可以采用划十字线的方法，但应先去掉扇形部位的中间大部分矿样，再切去靠近十字线的剩余部分。

矿样量大，堆锥不方便时，可分几部分进行处理，但每部分都要按同一比例留样。

(2) 二分器缩分法

二分器（图 1-1）由许多具有 60°斜度的小槽组成，小槽的宽度一般为矿样最大粒度的 2.5～3 倍，小槽的数目应为偶数，交替向两个不同方向倾斜，缩分时，盛矿样的簸箕要沿着二分器的整个长度往复摆，以使矿样均匀地通过各个格槽。

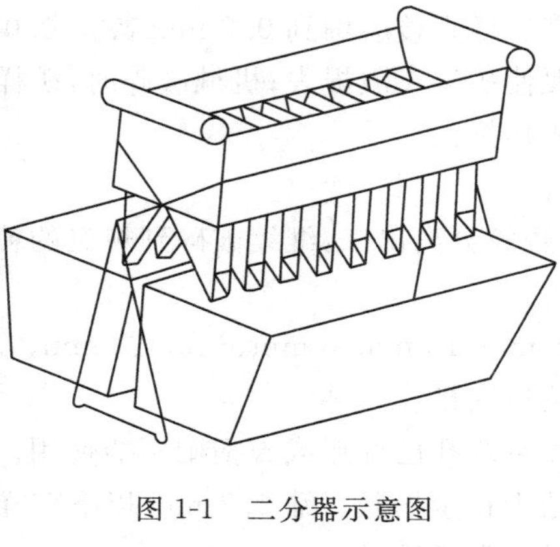

图 1-1　二分器示意图

二分器缩分法缩分精密度较高,操作简便、快捷。缩分后任取一边矿样,无须两边交替留样。此法适用于缩分粒度小于 13 mm 且较干燥的矿样。

使用过程中要随时检查,防止格槽堵塞,对水分较高的矿样,入样量不要太多,并不停地振动二分器,以防堵塞。往复摆动给料时,摆幅不能超过二分器两端,以免矿样溢出损失;在二分器各格槽上面不允许出现堆积矿样的情况。

(3) 棋盘式缩分法

棋盘式缩分法是将矿样混匀后摊成厚薄均匀的长方体,沿长宽各划等距的正交平行线,使矿样分成均匀方格,在每个方格内各取质量大体相等的一小部分矿样,然后合并成实验矿样。

此法适用于细粒物料的缩分,也可用于外在水分较高、堆锥时难以分散的矿样的缩分。

(4) 机械缩分

机械缩分器在缩分过程的同时能使试样充分混合,无须专门混合,缩分比大,精密度可达到要求又无系统偏差。它一般与各种破碎机联合组成破碎缩分机械,可实现多次破碎、多次缩分。常见的缩分机械有旋转式缩分器、旋转料斗式缩分器、圆锥式缩分器和往复截取式缩分器等。

(5) 干燥

干燥是除去矿样中大量水分的操作过程,目的是使矿样能顺利通过破碎机、筛分机、缩分器等,而不引起损失或玷污。干燥可根据需要在制样过程中任意阶段进行,但要注意勿使矿样在干燥过程中受到氧化。

以煤样为例,初始煤样量较大、水分很高、无法进行制备的煤样需要干燥。干燥可采取自然风干或干燥箱烘干,干燥过程中要避免煤样损失;煤样制备到一定粒度,影响到进一步制样时,可自然风干或用干燥箱烘干到适宜制样;制备到小于 3 mm 或小于 1 mm 的 100 g 煤样,通常需在干燥箱干燥后,再磨制到小于 0.2 mm 空气干燥煤样。测定全水分煤样不能干燥。

二、矿样制备方法(以煤样为例说明)

(1) 收到煤样后,应按来样标签逐项核对,将煤种、品种、粒度、采样地点、包装情况、煤样质量、收样和制备时间等项详细登记在煤样记录本上,并进行编号。如系商品煤样,还应登记车号和发运吨数。

(2) 应将煤样及时制备成空气干燥煤样,或先将煤样进行适当分级。如果水分过大,应先在低于 50 ℃的温度下适当干燥。

(3) 除使用联合破碎缩分机等设备外,煤样应破碎至全部通过相应的筛子,再进行缩分。粒度大于 25 mm 的煤样未经破碎不允许缩分。

(4) 煤样的制备既可一次完成,也可分几部分处理。若分几部分,则每部分都应按同一比例分出煤样,再将各煤样合起来作为一煤样。

(5) 每次破碎、缩分前后,机器和用具都要清扫干净。制样人员在制备煤样的过程中,应穿专用鞋,以免污染煤样。

(6) 煤样的缩分,除水分大、无法使用机械缩分外,应尽可能使用二分器或缩分机械,以减小缩分误差。

(7) 粒度小于 3 mm 的煤样,缩分至 3.75 kg 后,如全部通过 3 mm 圆孔筛,可用二分器直接缩分出不少于 100 g 和不少于 500 g 的两份煤样，分别用于制成分析煤样和存查煤样。

(8) 煤样经过逐步破碎和缩分，粒度与质量逐渐变小，混合煤样用的铁锹应相应地适当改小或相应地减少每次铲起的煤样数量。

(9) 在粉碎成 0.2 mm 煤样前，用磁铁将煤样中铁屑吸去，再粉碎到全部能通过孔径为 0.2 mm 的筛子，使其达到空气干燥状态后，装入煤样瓶中。煤样量应不大于煤样瓶容积的 3/4，以便使用时掺混均匀。

三、筛析样和水析样的加工

为了检查磨矿细度，评价磨矿、分级设备的工作效率，通常选矿厂要对磨矿机排矿、分级机或旋流器溢流进行采样，进行粒度测定。因为是粒度样，因此在试样加工过程中必须保证原物料的粒度特性不变。主要加工程序如下：

(1) 缩分。通常可在矿浆缩分器(图 1-2)或者二分器中进行，矿样和冲洗水要均匀地倒入缩分器中，使缩分后每份试样的质量相差不大。

图 1-2 矿浆缩分器

(2) 过滤。过滤前先将滤纸称重，然后仔细敷设，使滤纸与滤盘壁之间接触严密，防止漏气。开启真空泵，将一份缩分后的试样均匀、缓慢地倒入过滤盘内进行过滤。

(3) 烘干。一般在专用的烘箱中进行样品烘干。烘箱温度不宜过高，以免使样品发生氧化、滤纸烧焦。

(4) 称重。从烘箱中取出物料冷却至室温时进行称重。

(5) 筛分。将矿浆缩分器中分出的一份试样进行湿筛，或者对烘干的物料进行干筛，如果样品粒度较细，则需浸泡在水中(注意不允许使用碾磨的方式将烘干物料碾碎)，进行湿式筛分，并过滤烘干。筛分时要分批投入试样，防止样品泼洒。

(6) 称重。对各粒级的干样称重。

(7) 物料细度计算。

试样是选矿实验的物质基础，是实验中研究的主要对象。试样采集和制备的准确性和代表性关系到实验结果的可靠性和真实性。因此，采样和制样过程的准确性和代表性对表征选矿实验结果具有非常重要的意义。

第三节 样品的缩分与制备实验

一、目的与要求

(1) 理解样品缩制过程的重要性。

(2) 学习样品缩制的过程和基本要求。

二、基本原理

样品缩制是将采集的原始试样经过破碎、混匀、缩分、制样等加工过程，制备出供具体的分析、鉴定和实验项目使用的单份试样。这些单份试样不仅满足各项具体实验对试样粒度和质量的要求，而且要在物质组成和理化性质方面仍能代表整个原始试样。样品的缩分和制备是各种实验的基础和前提，若所缩制出的单份试样不能代表整个样品的性质，则后续实验均会产生较大偏差。

样品缩制前应了解该样品将要进行几类和几个实验，每个实验对样品的粒度、质量的要求，然后根据要求设计缩制流程，一般包括破碎、混匀、缩分、制样几个过程。

做每个实验之前首先需要确定所需试样的最小质量，实验的最小质量要求与试样中的最大块的粒度有关，一般的经验公式为：

$$Q = KD^{\alpha} \tag{1-1}$$

式中　Q——所需试样最小质量，kg；

D——实验中最大块的粒度，mm；

K——与矿石性质有关的经验系数；

α——与矿石性质和采样方法有关的指数，矿石样品一般取 2。

影响 K 值的因素主要包括：

(1) 有用矿物的分布均匀程度，分布越不均匀，K 值越大；

(2) 有用矿物的嵌布粒度，嵌布粒度越粗，K 值越大；

(3) 有用矿物密度越大，K 值越大；

(4) 有用组分的含量越低(如贵金属)，K 值越大。

一般情况下，铁锰矿石的 K 值为 0.1～0.2；钨、锡、铜、铅、锌、钼等矿石的 K 值为 0.1～0.5；金矿石的 K 值为 0.2～1.0；煤炭的 K 值为 0.5。

三、仪器设备及材料

(1) 取样铲 1 个/组，缩分板 2 个/组，小型砸样锤 2 个/组；

(2) 孔径 3 mm、0.25 mm、0.074 mm 的标准筛子各 1 个/组，配套筛底、筛盖；

(3) 托盘天平或电子秤共 2 台，小号不锈钢二分器 1 个/组；

(4) 中号搪瓷盘 1 个/组，中号搪瓷盆 4 个/组，大号搪瓷盘 1 个/组；

(5) 毛刷 3 个/组，试样袋若干，制样机 2 台；

(6) 0.5～6 mm 散体矿样(煤、石英砂等均可)约 1 kg/组。

四、实验步骤与操作技术

(1) 首先计算最大粒度为 3 mm 所需要的最小试样质量(为减少实验工作量，可取 $K=0.1$)。

(2) 取样前对总样进行混匀作业，然后每实验组从总样中取出大于所计算出的最小质量要求的样品，一般应取整数。

(3) 将取得样品在试样台上用锤子砸均匀，利用 3 mm 筛子进行筛分，筛上物返回到实验台再砸，直至所有样品均过 3 mm 筛。

(4) 将砸后总试样采用 0.25 mm 和 0.074 mm 的筛子进行筛分，可采用振动筛辅助进行，记录各级产品质量。

(5) 将砸后筛分产品混匀至少 3 遍，然后按照堆锥四分法、二分器法和方格法取各自样品 100 g 左右。

(6) 将缩分后得到的 3 种样品分别采用 0.25 mm 和 0.074 mm 的筛子进行筛分。

(7) 筛完后，逐级称重、记录，然后将各粒级产物缩制成化验样，装入试样袋进行化验分析。

(8) 关闭设备电源，整理仪器及实验场所。

样品制备与缩分实验流程如图 1-3 所示。

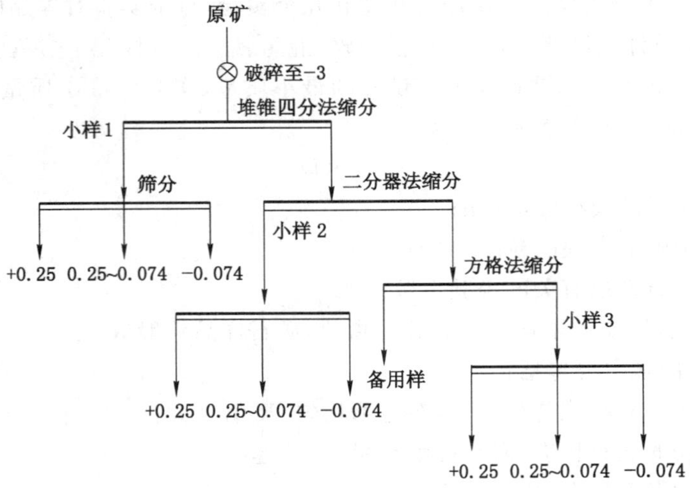

图 1-3　样品制备与缩分实验流程图(单位:mm)

五、数据处理与实验报告

(1) 将实验数据和计算结果按规定填入样品缩制实验结果记录表 1-3 中。

表 1-3　　样品缩制实验结果记录表

粒　度		总样筛分		堆锥四分法		二分器法		方格法	
mm	网目	质量/g	产率/%	质量/g	产率/%	质量/g	产率/%	质量/g	产率/%
+0.25									
0.250～0.074									
−0.074									
合计									
误差分析									

实验人员:________　　日期:________　　指导教师:________

(2) 进行误差分析:筛分前试样质量与筛分后各粒级产物质量之和的差值,不得超过筛分前煤样质量的 2.5%,否则实验应重新进行。

(3) 计算各粒级产物的产率。

(4) 撰写实验报告。

六、思考题

(1) 影响样品缩分代表性的因素有哪些?实验过程中如何减小这些因素的影响?

(2) 堆锥四分法、二分器法和方格法各自的优缺点是什么?分别适用于何种场合?

(3) 简述矿浆如何缩分以及保证缩分样品代表性的措施。

第二章　物料粒度组成分析

第一节　细粒物料粒度组成筛分分析实验

一、目的与要求

(1) 学习使用振筛机对松散细粒物料进行筛分分析。

(2) 学习筛分数据的处理及分析方法，分析物料的粒度分布特性。

(3) 掌握不同筛分方法的操作规程。

二、基本原理

物料的粒度就是物料颗粒的大小，它表明物料的松散程度。选矿生产和研究中，常用的粒度分析方法有筛分分析法、水力沉降分析法、显微镜分析法和粒度仪分析法四种，其中又以筛分分析法应用最为广泛。

筛分分析法通常简称为筛析法，它是利用一套筛孔尺寸大小不同的筛子对物料进行粒度分析的方法。采用 n 层筛子可以把物料分成 $n+1$ 个粒级，每个粒级的粒度上限是该粒级中所有颗粒都能通过的(也就是上面一层筛子)方形筛孔的边长 b_1，而它的粒度下限则是其中的所有颗粒都不能通过的(也就是下面一层筛子)方形筛孔的边长 b_2。于是，两层筛子之间的这一粒级的粒度就可以表示成 $-b_1+b_2$ 或 $b_1 \sim b_2$。筛分分析适用的物料粒度范围很宽，当物料粒度较粗(如大于 0.1 mm)时多采用干筛，当物料粒度较细(如小于 0.1 mm)时常采用湿筛，当物料中含有较多细颗粒(如−0.074 mm 含量大于 20%)时则可以采用干、湿联合筛分方法。

三、仪器设备及材料

(1) 振筛机(图 2-1)1 台/组；

图 2-1　振筛机外形图

(2) 标准套筛，直径 200 mm，孔径 0.5 mm、0.25 mm、0.125 mm、0.075 mm(200 网目)、0.045 mm(320 网目)的筛子各 1 个/组，筛底、筛盖 1 套/组；

(3) 托盘天平 1 台/组；

(4) 中号搪瓷盘 1 个/组，中号搪瓷盆 2 个/组；大盆 2 个/组；

(5) −0.5 mm 散体矿样若干(煤泥、石英砂、磁铁粉均可，300 g/组)；

(6) 制样铲，毛刷，试样袋。

四、实验步骤与操作技术

1. 干式筛析实验步骤

(1) 学习设备操作规程，熟悉实验系统。

(2) 接通电源，打开振筛机电源开关，检查设备运行是否正常；确保实验过程的顺利进行及人机安全。

(3) 将烘干散体试样缩分并称取 100 g/组。

(4) 将所需筛孔的套筛按顺序(从上到下筛孔依次减小)组合好，将试样倒入套筛。

(5) 把套筛置于振筛机上，固定好；开动机器，每隔 5 min 停下机器，用手筛检查一次。检查时，依次由上至下取下筛子放在搪瓷盘上用手筛，手筛 1 min，筛下物的质量不超过筛上物质量的 1%时即认为筛净。筛下物倒入下一粒级中，各粒级都依次进行检查。

(6) 筛完后，逐级称重、记录，将各粒级产物缩制成化验样，装入试样袋进行化验分析。

(7) 关闭总电源，整理仪器及实验场所。

2. 湿式筛析实验步骤(选做)

(1) 取大盆两个，并分别盛上半盆水。

(2) 选取合适筛孔的筛子(如 200 网目筛子)，放入盛水的大盆中。

(3) 将待筛物料慢慢倒入筛子上(注意一次加入筛面的物料量尽量小于 100 g)。

(4) 可利用湿式振筛仪辅助，先在一个盆里摇动筛子进行筛洗(注意湿筛过程中，要保持筛面在水面以下)。

(5) 一段时间后，将筛子移到另一清水盆内继续筛析，直到盆内水不再浑浊为止。湿筛终点检查方法为将筛子移到放有清水的盆中，湿筛 1 min，筛下量小于 1%筛上量时，即可认为筛分完全，否则应继续筛分。

(6) 将筛上产品以及最终的筛下产品进行过滤、烘干、化验，记录结果。

3. 干、湿式联合筛析实验步骤(选做)

(1) 将烘干散体试样缩分并称取 100 g。

(2) 利用 0.5 mm、0.25 mm、0.125 mm 筛子按干式筛析实验步骤将待筛物料进行干式筛分。

(3) 利用 0.074 mm、0.045 mm 筛子对干式筛分 −0.125 mm 粒级物料按湿式筛析实验步骤进行湿式筛分。

(4) 将干、湿筛的各粒级产品称重、化验，并记录结果。

五、数据处理与实验报告

(1) 将实验数据和计算结果按规定填入细粒物料粒度组成筛分实验结果表 2-1 中。

(2) 进行误差分析：筛分前试样质量与筛分后各粒级产物质量之和的差值，不得超过筛分前试样质量的 2.5%，否则实验应重新进行。

表 2-1　　细粒物料粒度组成筛分实验结果表

试样名称＿＿＿＿＿＿＿　　试样质量＿＿＿＿＿＿＿　　筛分方法＿＿＿＿＿＿＿

粒度		质量/g	产率/%	正累计/%	负累计/%
mm	网目				
+0.500					
0.500～0.250					
0.250～0.125					
0.125～0.074					
0.074～0.045					
−0.045					
合计					
误差分析					

实验人员：＿＿＿＿＿＿＿　　日期：＿＿＿＿＿＿＿　　指导教师：＿＿＿＿＿＿＿

(3) 计算各粒级产物的产率。

(4) 以直角坐标法(累计产率为纵坐标,粒度为横坐标)、半对数坐标法(累计产率为纵坐标,粒度的对数为横坐标)、全对数坐标法(累计产率的对数为纵坐标,粒度的对数为横坐标)绘制粒度特性曲线。

(5) 分析试样的粒度分布特性。

(6) 撰写实验报告。

六、思考题

(1) 粒度、粒级、粒度分布的含义各是什么?

(2) 如何根据累计粒度特性曲线的几何形状对粒度组成特性进行大致的判断?

(3) 举出几种其他的细粒物料粒度分析方法,并说明其基本原理和优缺点。

第二节　筛分效率测定实验

一、目的与要求

(1) 学习实验室小型振动筛的操作方法。

(2) 掌握筛分效率的测定方法。

(3) 了解筛分效率的影响因素。

二、基本原理

物料的筛分是由筛分机械完成的。在选矿生产实际中,根据筛分目的可将筛分作业分为:预先筛分、检查筛分、准备筛分、独立筛分和选择筛分等。松散物料的筛分过程主要包括两个阶段:易于穿过筛孔的颗粒穿过不能穿过筛孔的颗粒所组成的物料层到达筛面;到达筛面的颗粒透过筛孔。

要实现上述这两个阶段,物料在筛面上应具有适当的相对运动,一方面使筛面上的物料层处于松散状态,物料层将按粒度分层,大颗粒位于上层,小颗粒位于下层,易于到达筛面,并透过筛孔;另一方面,物料和筛子的相对运动促使堵在筛孔上的颗粒脱离筛面,有利于其他颗粒透过筛孔。

松散物料中粒度比筛孔尺寸小得多的颗粒在筛分开始后，能够很快透过筛孔落到筛下产物中，粒度与筛孔尺寸越接近的颗粒(难筛粒)，透过筛孔所需的时间越长。

一般筛孔尺寸与筛下产品最大粒度具有如下关系

$$d_{最大} = KD \tag{2-1}$$

式中 $d_{最大}$——筛下产品最大粒度，mm；

D——筛孔尺寸，mm；

K——形状系数，其值如表 2-2 所示。

表 2-2 **K 值表**

孔形	圆形	方形	长方形
K 值	0.7	0.9	1.2～1.7

实践表明，入筛物料中粒度小于筛孔尺寸 3/4 的那部分颗粒，非常容易透过筛面，这部分颗粒称为易筛颗粒。入筛物料中粒度小于筛孔尺寸但又大于筛孔尺寸 3/4 的那部分颗粒，它们透过筛面的概率很小，这部分颗粒称为难筛颗粒。入筛物料中粒度为筛孔尺寸 1～1.5 倍的那部分颗粒，极易堵塞筛孔，干扰筛分过程的正常进行，这部分颗粒称为阻碍颗粒。

筛分作业的目的是将入筛物料中小于筛孔尺寸的那部分物料分离出来，但实际生产中，受多种因素的影响，筛上产物中总是或多或少地残留一些比筛孔尺寸小的细颗粒，而筛下产物中有时也会混入一些粒度比筛孔尺寸大的粗颗粒。

通常用筛分效率 E 来衡量筛分效果，即通过筛分实际得到的筛下物中某一粒级的质量占入筛物料中所含该粒级物料质量的百分数。其表示如下：

$$E = \frac{\beta(\alpha - \theta)}{\alpha(\beta - \theta)} \tag{2-2}$$

式中 E——筛分效率，%；

α——入料中小于规定粒度的细粒含量，%；

β——筛下物中小于规定粒度的细粒含量，%；

θ——筛上物中小于规定粒度的细粒含量，%。

在工业生产中，可通过取样测定入筛物料以及筛上、筛下物料的粒度组成，从而计算出筛分作业的筛分效率。

三、仪器设备及材料

(1) 筛孔尺寸为 1 mm 的实验室小型振动筛 1 台；

(2) 磅秤与天平各 1 台；

(3) 中号搪瓷盘 5 个，中号搪瓷盆 5 个；

(4) 含有筛孔尺寸为 1 mm 的标准筛 1 套；

(5) －2 mm 散体矿样 10 kg 左右(煤泥、石英砂、磁铁矿粉均可)；

(6) 制样铲，毛刷，试样袋，铁锹。

四、实验步骤与操作技术

(1) 检查设备完好情况，特别要对筛孔尺寸(1 mm)进行仔细检验，试运转。

(2) 将 10 kg 实验矿样缩分取样，测出给料中 −1 mm 粒级含量。
(3) 调整校准筛面倾角为 5°。
(4) 启动振动筛，待其运行平稳后将物料匀速给到筛面上。
(5) 筛分过程中分别接好筛上物与筛下物，筛分完毕停车。
(6) 对筛上物和筛下物分别进行取样制备，测出各自 −1 mm 粒级含量。
(7) 将筛面倾角调大，重复上述步骤，记录实验数据。
(8) 整理实验设备，清理实验场所。

五、数据处理与实验报告

(1) 将实验数据和计算结果按规定填入筛分效率实验结果记录表 2-3 中。

表 2-3　筛分效率实验结果记录表

筛面倾角 /(°)	入筛物料 −1 mm 含量 /%	筛下物 −1 mm 含量 /%	筛上物 −1 mm 含量 /%	筛分效率 /%
5				
10				
15				
20				
25				

实验人员：______________　　日期：______________　　指导教师：______________

(2) 利用筛分效率计算公式计算出不同倾角下的筛分效率。
(3) 对实验结果进行分析。
(4) 撰写实验报告。

六、思考题

(1) 总筛分效率和部分筛分效率有何区别？如何计算？
(2) 影响筛分效率的因素有哪些？湿法筛分与干法筛分的效率有何差别？
(3) 工业生产中如何测定筛分作业的筛分效率？

第三节　连续水析实验

一、目的与要求

(1) 了解旋流水析仪的分级原理。
(2) 掌握旋流水析仪的操作方法。

二、基本原理

旋流水析仪是测定 −74 μm 各种物料粒度的分析仪器，在矿业、地质、水利、煤炭、化工、建材、农业等部门均有广泛应用。

旋流水析仪利用离心沉降原理进行微细物料的分级，其离心沉降过程是利用旋流器来完成的。含有物料的液流以一定压力沿切向给入旋流器后，即围绕溢流管高速旋转，在离心力的作用下，液流沿着圆锥向上进入顶部容器，在容器里，颗粒受到强烈的扰动并趋向于返回到旋流器的锥体部分，在返回时又受到离心力的作用，分离限度以上的颗粒从水流中脱离出来进入底部容器或遗留在旋流器内。分离限度以下的颗粒在中心轴回流的作用下，进入溢流排走。

旋流水析仪主要由连续给料器和若干组旋流器组成，给料器与旋流器串联排列，其结构如图 2-2 所示。仪器在工作时，水被泵送至工作管路，经过转子流量计和给料器后进入旋流器。工作时打开给料控制阀，物料即被吸入水流中。旋流器串联并平行排列，每一个旋流器的底流口装有排料阀，工作过程中，排料阀关闭，以保证液流在旋流器内连续循环，水析结束后，打开排料阀，排出收集在容器内的分级物料。

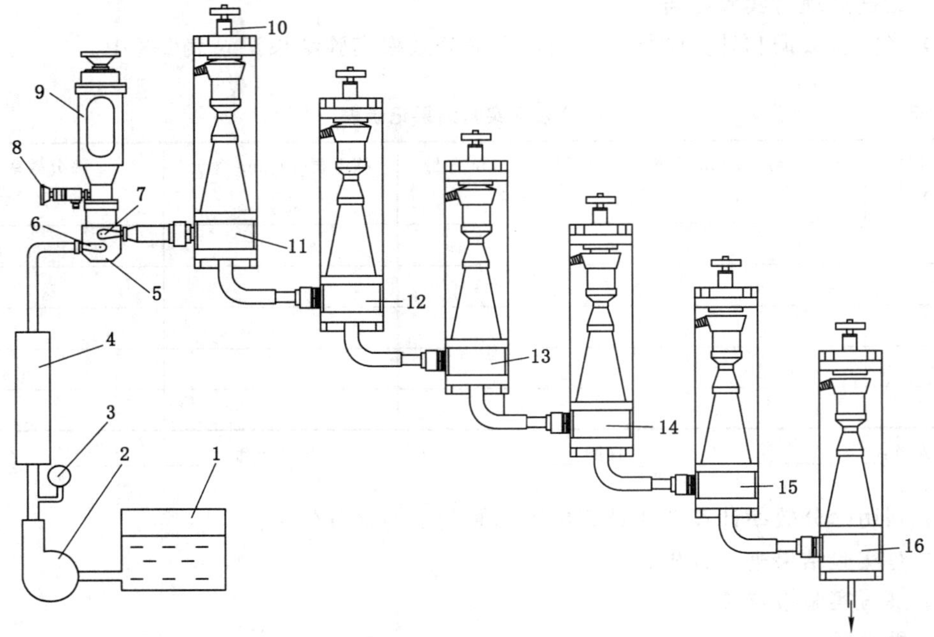

图 2-2　旋流水析仪结构示意图

1——水箱；2——水泵；3——压力表；4——转子流量计；5——给料器；6——流量控制器；7——给料控制器；8——卸压阀；9——试料容器；10——旋流器排料阀；11～16——1～6 号旋流器

三、仪器设备及材料

(1) 旋流水析仪 1 套；

(2) 塑料桶与接样盆若干个；

(3) 500 mL 烧杯 2 个；

(4) -0.074 mm 煤泥 200 g 左右(也可采用其他物料)。

四、实验步骤与操作技术

(1) 检查设备，熟悉操作规程。

(2) 打开注水阀门，注满水箱。

(3) 关闭转子流量计进口阀门，打开水泵直管阀门，关闭旋流器的排料阀门。

(4) 接通水泵电源，水即被泵送至工作管路并经给料器进入旋流器。

(5) 打开转子流量计进口阀门，关闭水泵直管阀门，调整流量计控制阀门至最大开度，水流即通过转子流量计后进入旋流器。

(6) 从 1 号旋流器开始，通过排料阀门逐个排出旋流器中的空气及杂物。

(7) 关闭给料控制阀，打开试样容器盖，将混合成浆的试料全部倒入试料容器内，用清水冲洗干净，并注满容器。

(8) 打开给料控制阀门，并调节流量控制阀至所需流量，同时调节计时器至所需要的水析时间，物料被吸入水流中，并进入旋流器进行分级。

(9) 水析过程中，用大桶接取最后一个旋流器的溢流。水析结束后，从最后一个旋流器开始，通过排料阀用接样盆逐个收集旋流器底流物料。

(10) 将收集到的所有物料过滤、烘干、称重、化验。

(11) 实验结束后，停机，并打开最后一个旋流器的排料阀，使旋流器内的水自动返回水箱。清理实验现场。

五、数据处理与实验报告

(1) 将实验数据和计算结果按规定填入连续水析实验结果记录表 2-4 中。

表 2-4　　连续水析实验结果记录表

粒度/μm	质量/g	产率/%		备注
		本级	累计	
−74+54				
−54+41				
−41+30				
−30+20				
−20+10				
−10+8				
−8				
合计				

实验人员：__________　　日期：__________　　指导教师：__________

(2) 以粒度为横坐标、粒级产率为纵坐标绘制粒度特性曲线并对其进行分析。

(3) 撰写实验报告。

六、思考题

(1) 物料粒度的水力分析与筛析有何不同？为什么？

(2) 连续水析过程中颗粒的形状和密度对水析结果有何影响？

(3) 简述旋流水析仪的工作原理和过程。

第四节　水力旋流器分级实验

一、目的与要求

(1) 验证旋流分级的理论。

(2) 了解影响旋流器分级的因素。

(3) 加深对旋流器类设备的结构和工作原理的理解和掌握。

二、基本原理

水力旋流器是一种利用粒度和密度分级、分选的无运转部件的装置，广泛应用于矿业、环保、轻工、材料等行业。图 2-3 是水力旋流器的工作原理图。用于分级的水力旋流器为稀相运行，待分级的悬浮液沿切线高速给入旋流器，沿旋流器器壁旋转形成离心力场。由于复合力场的作用，悬浮液中不同性质的颗粒产生不同的运动轨迹，在离心力、重力、介质黏性阻力、浮力等综合作用下，粗颗粒（分级）、高密度（分选）向外围运动，进入外旋流，从底流口排出，细颗粒（分级）、低密度（分选）向中心运动，进入内旋流，从溢流口排出。

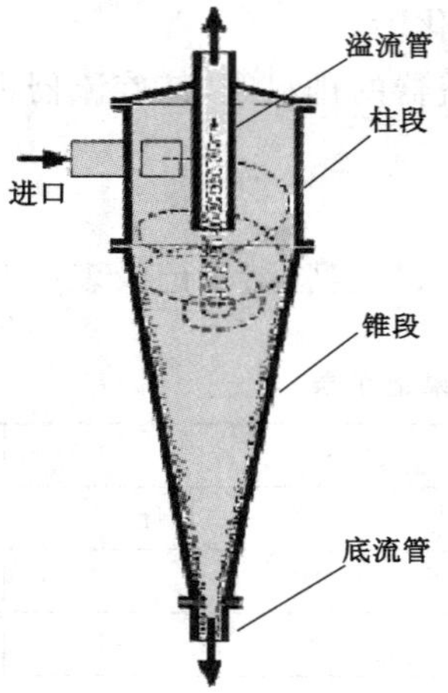

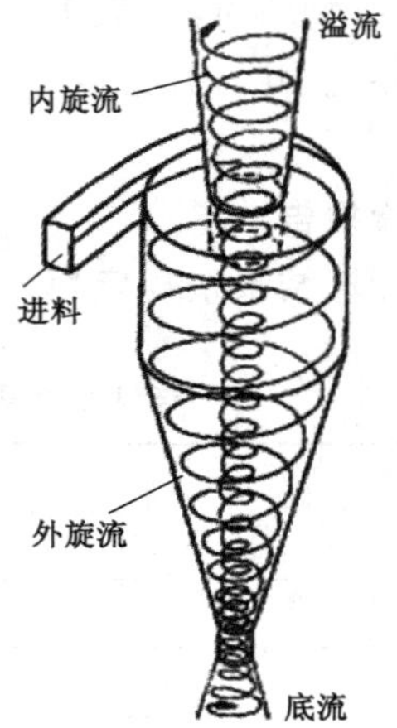

图 2-3　水力旋流器的工作原理示意图

根据在矿物加工中的作用不同，旋流器可分为三类：分选旋流器（如重介质旋流器、煤泥重介质旋流器）、分级旋流器（用于粗煤泥分级的分级旋流器）、浓缩旋流器（如进入煤泥离心机前的旋流器）、脱泥旋流器（如部分选煤厂进入浮选前采用旋流器将－45 μm 高灰细泥脱除）。旋流器的工作原理决定了其在分选过程中具有一定的分级作用，在分级过程中具有一定的分选作用。

水力旋流器分级分选实验系统如图 2-4 所示，该实验系统由搅拌桶、旋流器给料泵、旋流器（ϕ40 mm 或 ϕ25 mm）、旋流器底流和溢流收集箱、给料泵变频器和相关控制阀组成。整个系统组成一个闭路循环系统，通过调节给料压力和更换底流口直径等参数进行不同条件实验，将实验条件调节到合适参数时分别在底流口和溢流口取样即可。

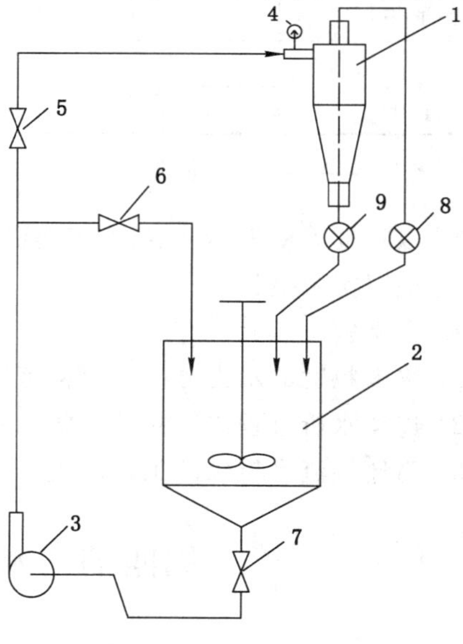

图 2-4　水力旋流器分选实验系统

1——水力旋流器；2——搅拌桶；3——给料泵；4——压力表；5、6、7——阀门；8——溢流取样点；9——底流取样点

介质密度、入料浓度、给料压力、颗粒组成、旋流器结构等都对其分级效果有一定的影响。

三、仪器设备及材料

(1) 旋流器分级实验系统 1 套；

(2) 标准套筛 2 套；

(3) 振筛机 2 台；

(4) 天平 2 台；

(5) 小盆 6 个，采样勺 1 把；

(6) 过滤烘干装置等辅助设施；

(7) 煤泥、细矿砂(－1 mm)等试样 10 kg。

四、实验步骤与操作技术

(1) 检查和熟悉实验系统。

(2) 清水运转：观察压力与流量分配关系。

(3) 悬浮液配置：称取一定质量的样品，配置成质量浓度为 20%的悬浮液 0.5 m^3。

(4) 进行操作压力分别为 0.05 MPa、0.10 MPa 和 0.15 MPa 的旋流分级实验，记录实验条件。

(5) 对不同条件采样，用套筛分析底流、溢流的粒度分布情况。

(6) 整理实验设施。

五、数据处理与实验报告

(1) 将实验结果记录在水力旋流器分级实验结果记录表 2-5 中。

表 2-5　　水力旋流器分级实验结果记录表

实验条件		压力/MPa		入料浓度/%		旋流器参数	
样品		入料		溢流		底流	
粒度		质量	产率	质量	产率	质量	产率
mm	网目	g	%	g	%	g	%
+0.5							
0.5～0.25							
0.25～0.125							
0.125～0.074							
0.074～0.045							
－0.045							
合计							
浓度/%							

实验人员：＿＿＿＿＿＿　　日期：＿＿＿＿＿＿　　指导教师：＿＿＿＿＿＿

(2) 绘制各产物的粒度分布曲线并结合所学知识进行分析。

(3) 测定底流、溢流产率和浓度，进行分级效果评价(选做)。

六、思考题

(1) 分级旋流器与分选旋流器有何区别和联系？

(2) 分级旋流器的结构参数和操作参数有哪些？对分级效果有何影响？

(3) 简要分析分级旋流器在矿物加工中的应用范畴。

第五节　旋风分离器分级实验

一、目的与要求

(1) 了解旋风分离器的结构和工作原理。

(2) 了解影响旋风分离器分级的因素。

(3) 掌握旋风分离器分级效率的测定方法。

二、基本原理

旋风分离器的结构和原理如图 2-5 所示。当含细颗粒的气流以 12～25 m/s 的速度由进气管进入旋风分离器后，即围绕排气管向下做螺旋运动。在离心力和重力作用下，细颗粒向器内壁运动，并与壁表面撞击和摩擦，使其运动速度迅速降低，并沿气壁旋转下落，待至圆锥体的底部时，由出料口排出。当旋转下落的外旋气流到达锥体部分时，由于圆锥形的收缩而向旋风分离器的中心靠拢。根据旋转矩不变的原理，其切向速度不断提高。当气流到达锥体下端的某一位置时，即以相同的旋转方向从旋风分离器的中心部位由下而上继续做螺旋运动，形成内旋气流，最后经排气管排出器外，一部分未能被分离的细颗粒也会随气流而排出。

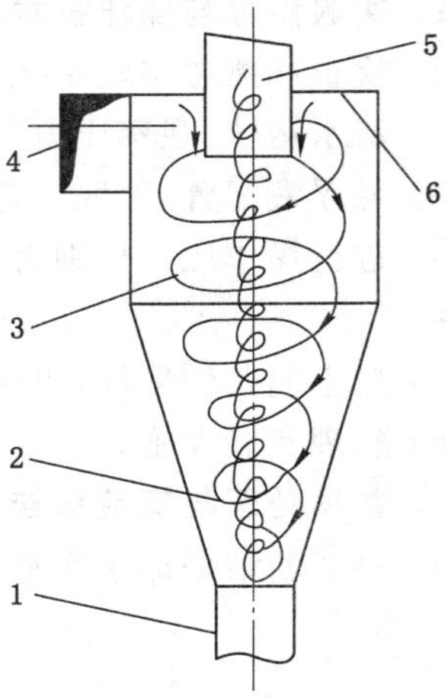

图 2-5　旋风分离器结构和原理示意图

1——排灰管；2——内旋气流；
3——外旋气流；4——进气管；
5——排气管；6——旋风顶板

旋风分离器的效率是指除去的粉尘量占原含尘量的比值，可用以下公式表示：

$$\eta = \frac{c_1 - c_2}{c_1} \tag{2-3}$$

式中　η——旋风分离器的分级效率；

c_1——进入分离器中的单位体积气体所含的粉尘量，kg/h；

c_2——离开分离器的单位体积气体所含的粉尘量，kg/h。

旋风分离器分级效率主要受分离器几何尺寸、选择进口方式、进气口速度及气体流量等因素的影响。

三、仪器设备及材料

(1) 旋风分离器分级实验系统 1 套，主要由旋风分离器、袋滤器、给料斗、引风机组成，如图 2-6 所示；

(2) 标准套筛 1 套；

(3) 振筛机 1 台，风速测定仪 1 台；

(4) 天平 1 台，小盆 3 个；

(5) 过滤烘干装置等辅助设施；

(6) −0.5 mm 细粒煤粉 2 kg。

四、实验步骤与操作技术

(1) 检查和熟悉实验系统，确保整个管路系统接口处接合牢固不透风。

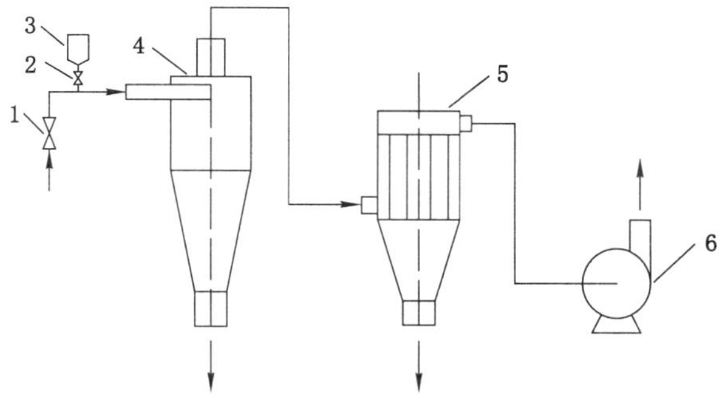

图 2-6　旋风分离器分级实验系统

1——空气流量调节阀；2——颗粒进口阀；3——给料斗；4——旋风分离器；5——袋滤器；6——引风机

(2) 取适量细粒煤粉称重后装入给料斗，微微打开颗粒进口阀。

(3) 打开空气流量调节阀，启动引风机，用风速测定仪测定旋风分离器进口的风速。当给料斗中煤粉全部给入系统后停机，分别收集旋风分离器和袋滤器底部出口接粉容器内的颗粒。

(4) 将旋风分离器和袋滤器收集到的产品分别称重，并进行筛分分析。

(5) 改变进口风速，重复上述步骤进行实验。

(6) 清理实验装置，清扫实验场所。

五、数据处理与实验报告

(1) 将实验结果记录在旋风分离器分级实验结果记录表 2-6 中。

表 2-6　　旋风分离器分级实验结果记录表

实验条件	风速/(m/s)		空气流量调节阀开度/%		旋风分离器参数	
样品	入料		旋风分离器产品		袋滤器产品	
粒度/mm	质量/g	产率/%	质量/g	产率/%	质量/g	产率/%
0.5～0.25						
0.25～0.125						
0.125～0.074						
0.074～0.045						
－0.045						
合计						

实验人员：__________　　日期：__________　　指导教师：__________

(2) 分析旋风分离器的分级效率。

(3) 撰写实验报告。

六、思考题

(1) 影响旋风分离器分级效率的因素有哪些？

(2) 评价旋风分离器性能优劣的指标有哪些？试具体说明。

(3) 简述旋风分离器在矿物加工中的应用现状。

第六节　干式超细分级实验

一、目的与要求

(1) 了解干式超细粉碎分级的方法和设备。

(2) 了解气流粉碎分级设备的基本构造。

(3) 熟悉气流超细粉碎分级实验的操作规程。

二、基本原理

煤炭颗粒超细粉碎技术是洁净煤技术中的一项重要研究内容,其涉及领域包括超纯煤制备、煤岩显微组分分离、水煤浆、煤的非燃料利用以及煤的气化、液化、燃烧等工艺过程。对于结构复杂的矿物,只有将其细碎后才能更为有效地分离、除杂和提纯。

发展至今,超细粉体的制备有诸多方法,但用于实际生产的主要有两种:机械粉碎法和化学合成法。其中,化学合成法成本高、产量低且生产工艺复杂;而机械粉碎法成本较低、产量高,工艺简单,且能改良物料性能。因此,除了少量超细粉碎不得已采用化学合成法外,绝大多数矿物的破碎均采用机械粉碎法。国内外制备超细粉体的机械粉碎设备主要有高速机械冲击式磨机、气流粉碎机、振动磨等。在粉碎过程中,随着物料粒度逐渐变细,其表面积急剧增大。高表面能的微细颗粒很容易发生团聚现象,因此需要设置超细分级环节,与超细粉碎设备配合形成闭路,将合格细产品及时分离出来,粗粒返回再磨,以提高粉碎效率和降低能耗。另外,研究表明,最终粒度分布极限与粉碎工艺关系不大,主要与分级有关,即超细产品的特性不仅由粉碎决定,要想得到某一颗粒分布,还必须与超细分级作业联合使用。

本次实验主要采用对撞式气流超细粉碎与分级设备构成的系统。系统工作时将压缩气体通过喷管加速成超音速的气流射入粉碎室,粉碎室中的物料被超音速气流加速,互相碰撞、破碎,从而实现物料的超细粉碎。被粉碎的物料随气流送到分级区,由分级机分选出所需细度的物料;未被分选出的粗粒,再返回到对撞粉碎区继续粉碎,直至所需要的细度,再由分级机分选出去。

三、仪器设备及材料

(1) 对撞式气流粉碎-分级系统1套,主要包括加料装置、对撞式气流粉碎机、分级机、旋风分离器、除尘器、气路、PLC控制柜、气源等,如图2-7所示;

(2) 激光粒度分析仪1台;

(3) 烘箱、马弗炉各1台;

(4) 天平1台,取样铲1个,秒表1块;

(5) 搪瓷盘1个,接样盆5个;

(6) −0.5 mm粒级干燥煤样1 kg。

四、实验步骤与操作技术

(1) 开启系统前,检查各阀门的开、关是否正确,检查各气路的连接是否完全、正确、紧密。

(2) 将已称重的煤样加入给料仓中,加料前确保料仓下的手动阀关闭。

(3) 检查完毕系统阀门和气路后,开启电机冷却水泵、空压机和冷干机。

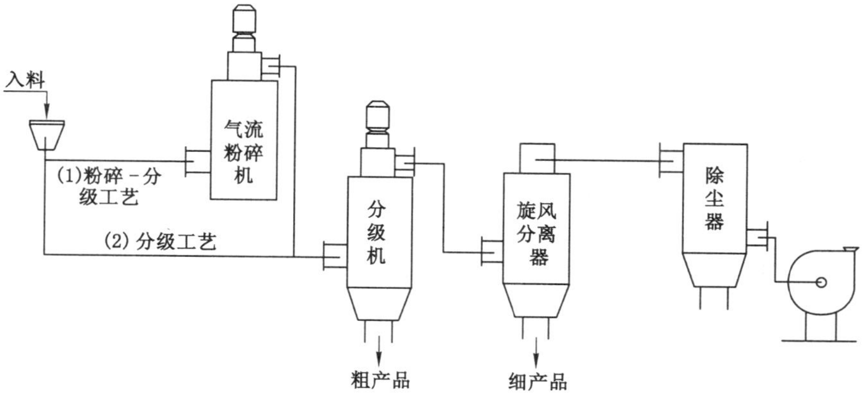

图 2-7 对撞式气流粉碎-分级系统连接示意图

(4) 在控制柜 PLC 界面上设置好分级机叶轮转速等参数后按保护气→脉冲阀→分级机→对撞粉碎气→加料气→给料的顺序开机。

(5) 待系统空载运行正常后,打开给料仓下的手动阀,开始给料。

(6) 检查给料仓中的存料情况,当给料结束后,延长系统运行 5 min,确保系统中的样品作用完全。

(7) 关闭系统,各设备关闭顺序与开机顺序相反,即给料→加料气→对撞粉碎气→分级机→脉冲阀→保护气,最后关闭冷干机、空压机。

(8) 关闭各料罐上的手动阀,卸下料罐,将罐中的产品逐个用接样盆收集,并做好记录。

(9) 对粉碎分级后各产品分别进行称重、化验,并用激光粒度分析仪测定其粒度分布。

(10) 清扫实验装置,将料罐清理干净后恢复原位,整理实验场所。

五、数据处理与实验报告

(1) 将实验结果记录在气流超细粉碎-分级实验数据记录表 2-7 中。

表 2-7　气流超细粉碎-分级实验数据记录表

序号	工艺参数			样品名称	质量/g	粒度/μm	灰分/%
	给料时间/s	粉碎压力/MPa	分级机频率/Hz				
1				粗产品			
				细产品			
2				粗产品			
				细产品			
3				粗产品			
				细产品			
4				粗产品			
				细产品			
5				粗产品			
				细产品			

实验人员:__________　　日期:__________　　指导教师:__________

(2) 分析气流超细粉碎-分级系统的分级特性。

(3) 撰写实验报告。

六、思考题

(1) 分析实现矿物超细分级的技术手段。

(2) 简述干式超细分级的设备种类及其应用范围。

第七节　细粒物料分级技术发展现状及展望

随着采煤机械化程度的提高、开采程度的加深、原煤质量逐渐变差，细粒和超细粒煤泥在原煤中所占比例不断增加；选煤技术发展到今天，重介选煤技术的应用越来越广，重介质旋流器向大型化发展，虽然理论分选下限也越来越低，已经能达到 0.3 mm，而实际值偏高；为了保证良好的脱水脱介效果，大部分选煤厂的脱水脱介筛都使用 0.5 mm 或者 0.75 mm 的筛板，这样就会有很大一部分＞0.25 mm 的粗颗粒进入下一作业环节，从而使煤泥粒度组成变宽。在对煤泥进行分选时，所采用的物理分选过程仅仅适用于特定粒度范围的煤，如果超出了最佳的粒度范围，将会对整个过程的分选效率产生严重影响。例如粗煤泥回收时，如果分级效果不好，会使回收的粗煤泥中含有大量高灰细泥，影响粗煤泥灰分；煤泥分级浮选时，如果没有按照预先设想的分级粒度分级，会影响整个浮选过程中精煤的产率和质量。因此选用适当的煤泥分级设备，可以提高煤泥分选效率，使企业获得的经济效益趋于最大化。细粒物料分级设备主要有三类，即机械筛分分级设备、水力分级设备和离心力场分级设备。

一、机械筛分分级设备

当前，动力煤选煤厂基本上不采用全部入选的方式，通常只入选全部块煤和一部分末煤，如果对分选粒度进行精确分级，将会有效地减小细粒末煤的入选比例，降低细粒末煤对整个分选过程的不良影响，提高整体分选效率，优化分选过程。减小细粒末煤的入选比例，预先将大部分细煤泥筛出，可实现煤泥的减量化，尽量减小细粒物料对分选加工过程的影响，这将极大地提高企业的经济效益。此技术不仅适用于动力煤选煤厂，而且还适用于炼焦煤选煤厂。目前，多种筛分机械均容易实现物料的 6 mm 及其以上粒度的分级，常见的筛分机械有博后筛、香蕉筛、直线振动筛、圆振动筛、概率筛、弛张筛等。

旋转概率筛是以概率筛分原理为基础发展起来的一种新型筛分机械，其针对潮湿细粒物料且存在大量泥质矿物等不易分级的矿物原料具有较好的筛分分级效果。该筛分机一般用于选煤厂入选原煤的选前脱粉或分级作业，在筛分过程中无振动且筛孔不易堵塞。对外在水分为 9%～15%的潮湿煤进行 6 mm 筛分分级时，限下率为 25%，处理能力达 50 t/h 原煤，筛分效率较高。

煤用概率分级筛可以将 50 mm 以下的原煤同时筛分分级成 0～6 mm、6～13 mm、13～15 mm 和 25～50 mm 四个粒级的产品，且处理外在水分高、细泥含量大的潮湿原煤时筛分效率仍较高。该设备不仅可用于原煤的选前脱粉，也可用于选后产品的筛分分级。由于设计筛孔尺寸通常为筛分分级粒度的 2～10 倍，因此该设备处理量大，不易堵塞筛孔，并且设备体积小，维修简单，对于潮湿细粒黏性物料的筛分分级具有广阔的应用前景，但概率分级筛原理是近似筛分，精度低，只能用于分级精度要求不严格的场合。

等厚筛主要针对粒度小于 25 mm 的潮湿煤进行分级。该筛分机械筛孔不易堵塞，单位处理量大，筛分系统简单。相关实验证明，常规筛分机械的透筛能力仅为理论透筛能力的 25%左右，而等厚筛该指标可达 80%。

弛张筛(图 2-8)最早由德国研制成功，筛面采用弹性材料制成，对潮湿细粒黏性物料进行筛分分级时做弛张运动。德国 Liwell 型弛张筛对外在水分为 8%的物料进行 6 mm 筛分分级时，筛分效率为 90%，单位处理能力大，为 30 t/(h · m^2)，且入料原煤粒度可在较宽的范围。鞍山矿山机械股份有限公司和中国矿业大学也相继研制出了结构原理与 Liwell 型弛张筛相似的筛分机。但该筛分机械筛面材料问题不易解决，因此并没有在我国煤炭筛分领域得到大范围应用。

图 2-8　弛张筛外形图

博后筛(图 2-9)工作时，筛面沿其法线方向呈直线振动，可根据现场安装条件和设备处理量要求由多段独立振动的单个筛子组合成整机筛面，且对筛面的振幅和强度可方便调整。目前该筛机已广泛应用于山西、河南、安徽、宁夏、山东、重庆、河北等多个省份的煤矿筛分分级作业中。博后筛具有处理量大、物料分层和透筛能力强、筛孔不易堵塞、筛分效率高等优点，是目前世界上对难筛物料进行筛分分级最大的筛分设备。

图 2-9　博后筛外形图

近年来入选原煤细粒煤粉含量随着采煤机械化程度的提高而不断增加，另外入选原煤的外在水分受采煤喷水降灰除尘过程影响较大，有的矿区原煤的外在水分甚至高达 15%以上。如果利用常规筛分机械对外在水分含量高且黏性大的原煤进行 6 mm 筛分分级，潮湿黏性细粒原煤容易互相抱团，单纯依靠筛机的振动很难将其打散，且容易在筛面上黏结造成筛孔堵塞故障，使筛面的有效筛分面积迅速降低，导致筛机整体筛分效率下降，使得筛分过程难以连续维持。当进行更细粒级如 3 mm，甚至 1 mm 筛分分级时，筛分效率将下降得更快，整个筛分过程将难以完成。

应用气流分级原理的分级机不设置筛网，因此工作时不存在堵塞筛孔问题，分级粒度可通过气流大小调整，简单方便，避免了普通筛分过程频繁清理筛网的问题，运行成本低。应用气流分级技术为入选高水分原煤的干法脱粉开辟了一条崭新的道路，为煤泥的减量化处理提供了可靠的技术支撑。现在主要根据水平流型和垂直流型两种方式设计开发高水分细粒煤炭气流分级机，结构呈多样化，如旋风分离器结构、流化床式结构等。

流化床风力分级机(图 2-10)的工作原理是：物料从入料斗给至分级室内的振动板上，气流从振动板的下方经风室向上进入分级室内。利用穿过振动板的交替相间的高低速气流的配合作用以及振动板的振动作用，在分级室下部和振动板上面形成移动床、流化床、气流床相结合的气固流场，粗颗粒沿振动板移动至出料槽排出，细颗粒被气流携带向上经细颗粒分级室分级后由除尘器收集。

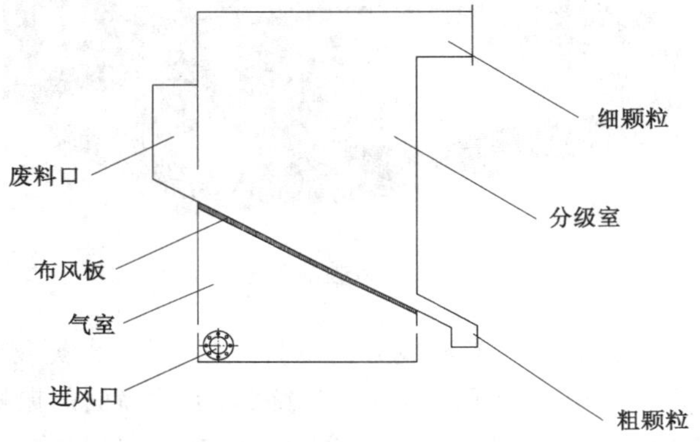

图 2-10　流化床风力分级机结构示意图

细粒粉煤不是通过透筛排出，而是通过上升气流的夹带而分离的，这是机械筛分机与流化床分级机的最大区别。流化床分级机对煤炭的分级粒度控制可通过调节气流分级机的上升气流来实现，而普通筛分机需要通过调节筛孔尺寸来实现不同的分级粒度，操作复杂困难。此外，由于不设置筛网，无论煤炭有多高的外在水分，分级设备都不存在诸如筛孔堵塞等技术难题，并可通过调节气流大小进行任意粒度的分级，如 3 mm 分级，甚至 0.25 mm 分级。研究表明，当原煤外在水分小于 9.5%时，利用气流分级技术的分级效率可达到 80%～90%，应用气流分级技术对煤炭进行选前脱粉作业，实现煤泥的减量化，对节约能源、保护环境具有重要的意义。

二、水力分级设备

水力分级是指在重力作用下，依据颗粒沉降速度差异对物料进行分离的方法。尽管其具有结构简单、运行费用低、维修量小、受入料波动较小、影响分级指标的因素较少、适应性较强等优点，但由于颗粒的密度、形状及沉降条件对沉降速度均有影响，导致水力分级的效率不高，容易造成粒群混杂现象，同时也存在单位面积处理能力低、占地面积大的问题。

角锥池由若干个并列的底部为角锥形的钢筋混凝土容器组成，各分级室之间及其内部无隔板，角锥底部的倾角为 65°～70°，角锥池一端入料，另一端为溢流端，沉物沉到锥底，锥底装有闸门以便排泄沉淀物料。角锥池的溢流自动排出，底流由阀门控制排放，由于是人工控制，所以分级粒度难以掌握，这也是角锥池分级的一大缺陷。

斗子捞坑在跳汰选煤厂中比较常见，其具有适应能力强、入料粒度范围宽的特点，一般可达 0～50 mm，但有时为了提高捞坑的分级精度，尽量减小捞坑入料的粒度范围，实际捞坑的入料粒度范围多为 0～13 mm，捞坑的分级粒度一般为 0.2～0.5 mm。斗子捞坑的工作原理同角锥池一样，都是借重力作用实现颗粒沉淀的，但是斗子捞坑中颗粒沉淀的条件与角锥池不同，一是煤泥在斗子捞坑中将随同较粗颗粒（如 6～13 mm）一起沉淀，这对较细颗粒的沉淀有利；二是沉淀物及时用斗子提升机从捞坑中脱除，不受人为因素影响。通过多年选煤厂的应用实践，斗子捞坑也有很多缺点：如对精煤灰分污染严重；分级粒度过细致使过滤效果差；比其他分级设备投资高，电耗大等。

倾斜板沉降技术源于“浅层沉降”原理，其理论特征是在处理量一定的情况下，颗粒的分级粒度与沉降面积成反比，或者当分级粒度一定时，设备的处理能力与设备沉降面积成正比，而与深度、时间无关。该原理有三个假定条件：① 水流在池中任何一点处的流速都完全相同，颗粒在沉降过程中保持沉速不变；② 悬浮颗粒的浓度及分布在池深方向上完全一致；③ 任何颗粒一触及池底就被有效去除。而在实际情况中上述三个假定条件都不存在，这就是造成倾斜板分级设备实际处理能力与设计处理能力相差很大的原因。由于倾斜板设计、安装都很容易实现，所以它可以应用到很多分级设备中去，以增加其他分级设备的沉降面积。在斗子捞坑、角锥池、浓缩机等分级、浓缩设备中设置倾斜板（斜管）不仅大幅度增加有效的分级面积，缩短颗粒沉降的时间和距离，而且还可改善颗粒沉降的流态，从而达到较好的沉降效果。

三、离心力场分级设备

离心力场分级是利用回转流产生的惯性离心力来提高颗粒的运动速度强化分选的过程。在离心力场中，粗颗粒受到较大的离心力向外移动，形成下降流；细颗粒受到较小的离心力向中心移动，形成上升流，从而将粗、细颗粒进行分离。离心力分级设备主要有各种类型的水力旋流器、旋风分离器等。对国内外学者的研究动向和实用情况进行总结，可知旋流器的发展趋势为：技术规格两极化、结构形式多样化、应用范围扩大化、结构材质耐磨化、技术控制自动化、设备组合化、作用力复合化等。

水力旋流器结构特点是具有小角度的锥体，一般为 10°～20°，是当前处理细粒物料的有效设备之一。典型的静态旋流器由圆筒和圆锥筒连接而成，包括溢流管、底流管、进料管等主要组成部件。其工作原理：悬浮液经入料管沿切向进入圆筒，向下做螺旋线运动，固相颗粒在离心力的作用下具有向旋流器壁沉降的趋向。粗颗粒由于受到较大的离心力作用，向旋流器壁面运动并随外旋流从旋流器底部排出形成底流；细颗粒则由于所受的离心力较小，来不及沉降就随内旋流从溢流管排出形成溢流，通过底流和溢流从而实现不同粒级物料的分离。水力旋流器由于其具有结构简单、操作方便、生产能力大、分离效率高、占地面积小和无传动部件等优点，我国从 20 世纪 50 年代开始使用，现已广泛用于选煤厂选前脱泥、介质回收、煤泥水浓缩等作业，并取得了显著的经济效益。

筛网旋流器是弧形筛和水力旋流器相结合发展的一种新型细粒分级设备，其分级原理一方面具有两者的特点，另一方面又具有本身独特之处，其结构示意如图 2-11 所示。物料以一定压力沿切线方向给入，形成强大的旋流。其中一股沿着旋流器器壁形成一个向下的外螺旋流，另一股是围绕旋流器轴心形成一个向上的内螺旋流，由于内螺旋流具有负压而吸入空气，在旋流器轴向形成空气柱。入料中的极细颗粒随着内螺旋流向上，从溢流口排出；小于筛网孔径的中间粒度级物料随着向下的外螺旋流直至器壁通过筛网成为透筛物，从筛网旋流器的柱段下部排出；粗颗粒随外螺旋流向下，从底流口排出。通过筛网旋流器在老鹰山选煤厂实际使用表明，可以脱除煤泥中的高灰细泥并排在溢流中，一般含－44 μm 的细泥量达 92%，有时高达 98%。它能将煤泥中一半细泥脱除，这无疑对改善高灰细泥含量多的浮选入料粒度组成、提高分选效果是有利的；且筛网旋流器底流中＋44 μm 的含量占 75%以上，底流的浓度显著提高，灰分明显下降，对降低精煤灰分、药耗也有较好的促进作用。

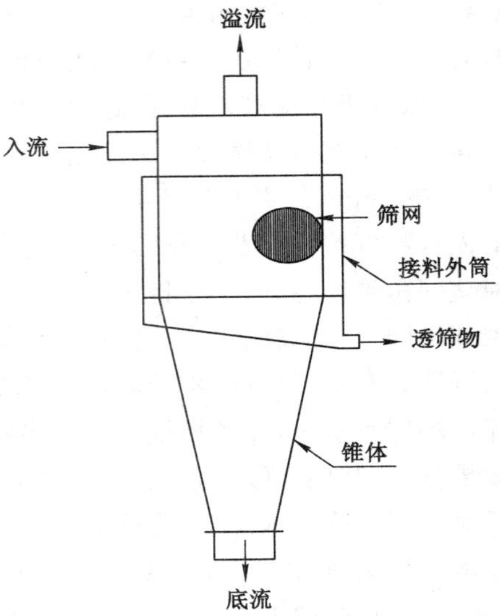

图 2-11 筛网旋流器示意图

总体说来，细粒煤的分级技术在不断取得突破，发展迅速，20 世纪中期以来国内外学者对细粒煤的分级技术和设备做了很多研究，并取得不错的成果。细粒煤分级设备的应用范围在扩大，如今的细粒煤分级设备已经广泛应用到选煤与选矿领域，并且取得了很好的效果。细粒煤的分级设备的分级下限在不断降低，从以前的细粒筛分类设备的有效分级下限为 2～3 mm，到现在有效分级下限达到 100 μm、45 μm 甚至更小，分级技术不断进步，分级设备的分级效率也越来越高。细粒煤分级技术的发展和设备的研发使得选煤工艺更加丰富、灵活多变，对煤炭资源的高效回收利用贡献很大；同时也促进了细粒煤分选技术的发展，并且对细粒煤的分选工艺有很大的辅助作用，比如细粒煤分选的选前分级、选后产品的脱泥降灰等。目前，国内细粒煤分级设备存在的普遍问题是分级效率低、稳定性差，还存在很多技术难题等待科研工作者研究突破。

第三章　样品的破碎与磨细

第一节　颚式破碎机产物粒度特性测定实验

一、目的与要求

(1) 掌握颚式破碎机的基本构造、工作原理，学习其使用方法，掌握其排料口的测定与调节等基本操作要领。

(2) 通过对破碎产物筛分数据的处理及分析，了解颚式破碎机产物的粒度分布特性。

(3) 学习利用产物粒度分布特征分析颚式破碎机的工作特性。

二、基本原理

颚式破碎机破碎方式为曲动挤压型，电动机驱动皮带和皮带轮，通过偏心轴使动颚上下运动，当动颚上升时肘板和动颚间夹角变大，从而推动动颚板向定颚板接近，与此同时物料被挤压、搓、碾等多重破碎；当动颚下行时，肘板和动颚间夹角变小，动颚板在拉杆、弹簧的作用下离开定颚板，此时已破碎物料从破碎腔下口排出，随着电动机连续转动破碎机动颚做周期性的运动，对物料进行压碎和排料。

三、仪器设备及材料

(1) 仪器设备：实验室用颚式破碎机(图 3-1)，卡尺，直尺，实验室用非标准套筛，标准套筛，振筛仪，电子天平(精确至小数点后两位)，磅秤，取样铲，试样袋若干；

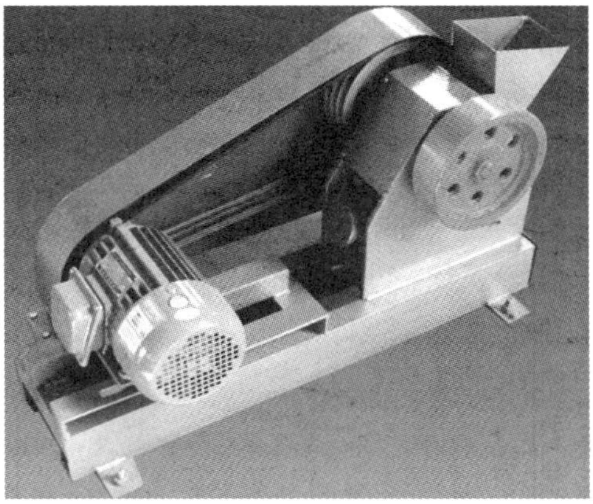

图 3-1　实验室用颚式破碎机

(2) 样品准备：制备好满足破碎机入料粒度要求的样品。

四、实验步骤与操作技术

(1) 实验指导教师进行实验原理、实验操作、实验数据处理等注意事项讲解。

(2) 熟悉实验系统所需仪器设备及相关材料，了解颚式破碎设备具体操作规程。

(3) 接通电源，打开颚式破碎机电源开关，检查设备运转是否正常；确保实验过程顺利进行及人机安全。

（4）将破碎机排矿口调节至与排料粒度相对应的尺寸。

（5）把破碎机接破碎产品的容器固定好；开动机器准备开始实验。

（6）将预先准备好的试样缩分并称取 5～10 kg 均匀给入破碎机给矿口内。

（7）破碎完成后，将破碎产品用实验室标准套筛或粒度较大时用手筛筛析（按筛孔减小顺序筛析）并将筛析各粒级称量记录。

（8）整理仪器及实验场所，关闭总电源。

五、数据处理与实验报告

（1）将得到的实验数据和计算结果按规定填入散体物料筛分实验结果表 3-1 中。

表 3-1　　散体物料筛分实验结果表

破碎机类型：__________　　排矿口宽度：__________　　物料名称：__________

原矿筛分				产品筛析				
原矿质量/kg：				筛前产品质量/kg：				
筛孔 /mm	质量 /kg	级别产率 /%	筛上累计产率/%	筛孔 /mm	筛孔宽/排矿口宽度	质量 /kg	级别产率 /%	筛上累计产率/%
⋮								
⋮								
合计								
误差分析								

实验人员：__________　　日期：__________　　指导教师：__________

（2）计算各粒级产物的产率（%）和累计产率（%）。

（3）根据破碎产品的筛分分析结果，绘制颚式破碎机的产品粒度特性曲线（绘制简单坐标累计粒度特性曲线），如图 3-2 所示，即 $y=f\left(\frac{d}{e}\right)$。

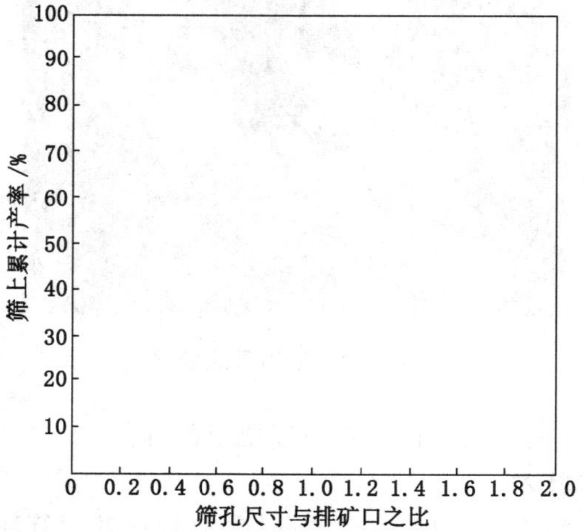

图 3-2　颚式破碎机的产品粒度特性曲线

(4) 根据实验数据和粒度特征曲线的绘制，分析颚式破碎机产品粒度分布特性。

(5) 撰写实验报告。

六、思考题

(1) 通过颚式破碎机产品粒度特性曲线能分析哪些问题？

(2) 颚式破碎机的结构类型有哪些？对破碎产品粒度是否有影响？试从颚式破碎机工作原理来分析。

(3) 实验样品的性质会对破碎产品产生哪些影响？

(4) 如何通过筛分数据确定破碎比、d_{50}、d_{75}、残余率等结果？

第二节　物料可磨度测定实验

一、目的与要求

(1) 了解实验室磨碎设备的基本原理和结构。

(2) 掌握绝对可磨度的测定方法。

(3) 学习通过物料可磨度评定矿石物料被磨的难易程度。

(4) 学会分析可磨度与实际磨机生产率的关系。

二、基本原理

用所测出的磨矿设备单位容积生产能力或单位耗电量的绝对值来度量物料的可磨度，叫绝对可磨度。

开路法是将一定数量的平行试样在所需的磨矿条件下，依次进行不同时间的磨矿，然后将每次的磨矿产物用套筛进行筛分，建立磨矿时间与磨矿产品各粒级累计产率的关系，从而找出将物料磨到目标细度(如按$-75\ \mu m$含量计算)所需要的磨矿时间t。

磨机的单位生产能力即绝对可磨度，有两种表示方式：

(1) 按给料量计算，可表示为：

$$q=\frac{60G}{Vt} \tag{3-1}$$

式中　q——在指定的给料和产品粒度下，按给料量计算的单位容积生产能力，g/(L·h)；

G——试样原始质量，g；

V——实验用磨矿机体积，m^3；

t——磨到目标细度所需要的磨矿时间，min。

(2) 按单位容积新生的目标细度(如$-75\ \mu m$)产品计算应为：

$$q_{-75}=\frac{60G\gamma_{-75}}{100Vt} \tag{3-2}$$

式中　q——按新生微米产品量计算的单位容积生产能力，g/(L·h)；

γ——新生微米级含量，%。

三、仪器设备及材料

(1) 仪器：实验室磨机，标准套筛，振筛机，天平，过滤机；

(2) 工具：试样盘(盆)6～10个，毛刷1个，试样铲1个，缩分器1个，缩分板2个，秒表，试样袋，滤纸若干；

(3) 材料：2～0.1 mm 无烟煤(磁铁矿、铜矿、石灰石、蒙脱石)2 kg，标准矿石为石英，粒度为 2～0.1 mm。

四、实验步骤与操作技术

(1) 检查所用磨矿设备是否运转正常，确保实验过程的顺利进行和人机安全。

(2) 缩制 4 份平行样(烘干样)，每份 400 g 装入试样袋，并做好标记，待用。

(3) 将少量待测样品倒入磨机中，磨 2 min，清除磨机上的锈污，并清洗干净。

(4) 依次将每份试样按照水→试样→水的顺序(即预先倒入少量水，再装入试样，最后将剩余的水倒入，并注意将磨机入口处的矿石冲洗干净)，装入磨机进行磨碎，磨矿浓度为50%，磨碎时间分别为 t_1、t_2、t_3、t_4(磨矿时间的选取与所选矿样性质有关)。

(5) 将磨矿产品全部清理收集，并用湿式分样器进行分样，取一部分进行筛分，用标准套筛筛分。

(6) 对每一层筛上物进行称重，记录相关数据。

(7) 清理实验设备，整理实验场所。

(8) 注意事项：实验过程应保证每次磨矿入料的性质、磨矿条件的平行；每次磨矿结束后应将磨矿机清理干净，磨矿产品全部进行筛分。

五、数据处理与实验报告

(1) 将实验数据记录于磨碎实验数据记录表 3-2 中。

表 3-2　磨碎实验数据记录表

样品名称：______________　　样品粒度范围：______________

序号	1		2		3	
磨矿时间/min						
粒度/mm	质量/g	产率/%	质量/g	产率/%	质量/g	产率/%
合计						
入料质量/g						
误差						

实验人员：______________　　日期：______________　　指导教师：______________

(2) 绘制 −75 μm 的产率与磨矿时间的关系曲线。

(3) 计算产品产率，分析物料粒度组成与磨矿时间的变化关系。

(4) 计算 q 值。

(5) 撰写实验报告。

六、思考题

(1) 本实验过程中，如何保证各次磨矿结果的可比性？

(2) 参考相关文献，试列举几种其他的物料可磨度评价与测定方法。

(3) 解释闭路磨矿和开路磨矿的概念及两种磨矿方式的特点。

（4）影响磨矿效果的因素有哪些？

第三节　磨矿影响因素实验

一、目的与要求

（1）掌握磨矿机的基本工作原理和结构构造，熟悉磨矿机的基本操作。

（2）了解矿石性质、磨机结构、操作条件等对磨矿效果的影响。

（3）掌握装矿量和磨矿浓度对磨矿结果的影响。

二、基本原理

磨矿过程影响因素可归纳为三方面，即矿石及产品性质、磨矿机结构以及磨矿操作条件。

1. *矿石及产品性质的影响*

（1）矿石性质

不同的矿石具有不同的可磨性，矿石本身的矿物组成、机械强度、嵌布特性以及磨碎比等都会影响磨矿过程。结构致密、晶体微小、硬度大的矿石，可磨性小，磨碎它需要消耗较多的能量，磨矿机的生产率较低；反之，结晶粗大、松散软脆的矿石，可磨性大，磨矿机的生产率较高，磨矿的单位能耗低。

（2）给料粒度

给矿粒度越小，磨碎到指定细度所需的时间越短，磨矿机的处理能力越高，单位磨矿能耗越低。但磨矿机适宜的给矿粒度，要综合考虑碎矿与磨矿的成本后才能确定。

（3）产品粒度

在给矿粒度和其他条件相同时，磨矿产品越细，磨矿机生产率越低，单位能耗越高。

2. *磨矿机结构的影响*

磨矿是在磨矿机中进行的，磨矿机的结构（包括它的型式、直径、长度以及衬板形状等）对磨矿效果有很大影响。在相同条件下，格子型球磨机要比同规格溢流型球磨机的生产能力高10％～25％。磨矿机直径大小直接决定被磨物料受到的球荷压力和钢球落下的冲击力。直径越大，矿粒受到磨矿介质的压力和冲击力就越大，磨矿机的工作效率就越高。磨矿机的长度与直径一起决定着磨矿机的容积，因而也决定着它的生产能力。磨矿机的长度还影响磨矿产品的细度。矿量一定时，磨矿机长度越长，矿石在筒体中停留时间越久，磨矿产品粒度越细。由于外界的能量是通过筒体衬板传递给磨矿介质，使之产生符合磨矿要求的运动状态的，因此，衬板的形状和材质对磨矿机的工作效果、能耗和钢耗等均有很大影响。

3. *磨矿操作条件的影响*

影响磨矿过程的操作因素包括：磨矿介质装入制度、磨矿浓度、给矿速度、磨矿机转速、返砂比、分级效率以及助磨剂的添加等。磨矿介质及其装入制度是获得良好磨矿指标的先决条件，因此每个选矿厂都必须根据所磨矿石的特性和对磨矿产品质量的要求，通过工业生产实验找出最适宜的介质装入制度。作为直接对物料产生磨碎作用的磨矿介质，它应满足和兼顾两方面的要求：一是具有尽可能大的表面积，以提供同被磨物料相接触的适当表面；二是具有尽可能大的质量，以具备磨碎物料所必需的能量。不言而喻，这两方面的要求必然与介质所具有的形状和使用的材质有关。

磨矿介质尺寸大小关系到它们在磨矿机中对物料产生冲击、挤压和研磨作用的强弱，直接影响磨矿效果。在确定介质尺寸时，主要考虑的是被磨矿石的性质和粒度组成。以球磨机为例，在处理硬度大、粒度粗的矿石时，需要较大的冲击力，应装入尺寸较大的钢球；当矿石较软，给矿粒度较小，而要求的磨矿产品粒度又较细时，则应装入尺寸较小的钢球，以增大钢球同被磨物料的接触表面，增强研磨作用。选择介质尺寸还要考虑磨矿机的直径和转速。直径大、转速较高的磨矿机，传递给介质的能量较大，可使用尺寸较小的介质，以增加它的个数，提高磨矿效率。

工业生产磨矿机的给料都是由不同粒度的矿粒组成的，因此装入磨矿机的磨矿介质也应具有不同的尺寸。只有保持磨矿机各种尺寸的介质在质量方面的比例与被磨物料的粒度组成相适应，才能取得良好的磨矿效果。长期磨矿实践总结出来的经验是：粗矿粒要用大钢球来打碎，细矿粒要用小钢球来研磨。在磨矿机装入钢球的质量一定时，直径小的钢球个数多，每批钢球落下打击的次数也多，研磨面积也大，但每个球的打击力小；直径大的个数少，每批钢球落下打击的次数也少，研磨面积也小，但每个球的打击力大。装入磨矿机的各种直径钢球的配比，应做到既有足够的冲击力，能刚好打碎给料中的粗矿粒，又有较多的打击次数和较强的研磨作用，以细磨较细的矿粒。

当磨矿机的直径、长度及转速一定时，在装球率不超过50%的范围内，磨矿机的有用功率随装球率的增加而增大，生产能力亦随之提高。但不同的转速有不同的极限装球率，在临界转速以内操作时，球磨机的装球率通常为40%～50%。

磨矿介质在磨碎物料的过程中，自身也不断地被磨损，尺寸较大的逐渐变成较小的，最后完全被磨耗掉或变成碎片从磨矿机中排出。为了使磨矿机在磨矿过程中保持不同尺寸介质始终有适宜的比例，并使介质充填率不变，必须每天都要给磨矿机补加一定尺寸和数量的新介质，以补偿磨耗掉的介质量。实践证明，按适当比例补加几种尺寸的钢球，磨矿效果可以提高。

为了做到合理补加钢球，现场要定期检查球磨机的球荷总量以及它的粒度组成，了解各种尺寸钢球的磨损情况，以便在生产中不断校正补加钢球质量和比例，逐步达到使磨矿机中钢球的粒度组成保持近似于最初装球时的粒度组成。磨损后形状不规则的碎球残留在球磨机中太多时，会影响磨矿效果，应定期清除。清除周期随球的材质而异，铁球一般2～4个月清理一次，而钢球则为6～10个月。

当其他条件不变时，磨矿介质在筒体内的运动状态取决于磨矿机的转速。介质的运动状态不同，磨矿效果也不一样。磨矿机转速较低时，介质以泻落运动为主，冲击作用较小，磨矿作用主要为研磨，磨矿机生产能力较低，适于细磨；磨矿机转速较高时，介质抛落运动方式所占的比重较大，冲击作用较强，磨矿作用以冲击为主，磨剥次之，有利于粉碎粗粒物料，磨矿机生产能力高。

磨矿机适宜的工作转速分别是临界转速的76%和88%，我国目前制造的球磨机的转速率多数在75%～80%之间，比理论计算值稍低。在实际生产中，磨矿机的适宜转速还要通过长期生产对比实验来确定，在进行对比时，不仅要看磨矿机生产能力的高低，还要看电耗、钢耗及经济效益如何。

磨矿浓度是指正常工作时磨矿机中矿浆的浓度，既可以用矿浆中固体含量（按质量计）百分数表示，也可以用矿浆中液体质量与固体质量之比来表示（简称液固比浓度）。磨矿机的排矿浓度就是它的磨矿浓度。

磨矿机中矿浆浓度大小对介质的磨矿效果、矿浆自身的流动性能以及矿粒的沉降速度都有直接影响。磨矿浓度较高时，介质在矿浆中受到的浮力较大，其有效密度降低，下落的冲击力减弱，打击效果较差。浓矿浆中固体矿粒的含量较高，矿浆黏度较大，介质周围黏着的矿粒也多，介质打击和研磨矿粒的概率增大，磨矿效率提高。这是因为磨矿机的细磨作用主要取决于磨矿介质做圆运动时的研磨震裂作用。但磨矿浓度不能太高，否则将大大降低介质的冲击力和研磨活动性，降低磨矿效率。而且矿浆太浓，矿浆流动性差，粗粒物料沉落慢，溢流型球磨机容易跑出粗砂，格子型球磨机则可能发生阻塞而造成“胀肚”。矿浆浓度较低时，介质在矿浆中的有效密度较大，下落时冲击力较强，但矿浆黏度较低，黏着在介质表面上的矿粒较少，研磨作用降低，且介质和衬板的磨耗增加。同时，矿浆太稀时，在溢流型球磨机中细矿粒也容易沉下，产生过粉碎较多。因此，矿浆浓度过高或过低都不好，适宜的磨矿浓度要根据矿石性质、给料和产品粒度以及介质特性等来确定。一般来说，在处理给矿粒度粗、硬度大和密度大的矿石时，磨矿浓度应高一些；在处理给矿粒度细、硬度小及密度小的矿石时，磨矿浓度低一些。

闭路磨矿循环中分级效率和返砂比的高低，对磨矿机的生产能力和磨矿产品质量有很大影响，即分级效率或返砂比越高，磨矿机生产能力越大，产品中过粉碎粒越少。目前选矿厂分级效率一般为 40％～60％，闭路磨矿的返砂比以 200％～350％为宜。

给矿速度是指单位时间内给入磨矿机的矿石量。给矿速度太低，矿量不足时，磨矿机内将发生介质空打衬板，磨损加剧，产品过粉碎严重；给矿速度太快，矿量过多时，磨矿机将发生过负荷，出现排出钢球、吐出大矿块及涌出矿浆等情况，磨矿过程遭到破坏。

在磨矿过程中添加某些化学药剂，可以提高磨矿效率，降低磨矿能耗和钢耗。在使用过程中，除了看到助磨剂对提高磨矿效率的作用外，还要考虑它的来源、价格、毒性以及对后续作业（如选别和脱水）和环境是否有不良影响。

本次实验主要通过装矿量和磨矿浓度两个条件来分析其对磨矿过程的影响。

三、仪器设备及材料

（1）仪器：实验室用球磨机（图 3-3），200 网目标准筛，天平，烘箱，真空过滤机；

（2）工具：试样盘（盆）6～10 个，毛刷 1 个，试样铲 1 个，缩分器 1 个，缩分板 2 个，秒表，1 L 量筒，洗瓶，试样袋若干，滤纸等；

（3）材料：0.5～3 mm 无烟煤（磁铁矿、铜矿、石灰石、蒙脱石均可）5 kg。

图 3-3　实验室用球磨机

四、实验步骤与操作技术

1. 装矿量实验

（1）取试样 4 kg，用四分法分成八等份，每份 500 g，将其中一份样再用四分法分成 250 g 两份，从而配成 250 g、500 g、750 g、1 000 g 的四份实验用样品，留 1 000 g 样品备用。

（2）检查磨机是否完好，测量球磨介质充填率及装球尺寸比例和质量，并进行记录。

（3）按液固比 1∶1 分别将上述矿样按先加水后加矿石的次序装入磨机，启动磨机，磨矿 10 min 后，将磨机中物料倒出，清洗磨机干净为止。

（4）将四个磨机产品在检查筛上进行筛分分析，筛上物料进行烘干、称重。

(5) 将数据填入装矿量实验数据表 3-3 中。

表 3-3　　装矿量实验数据表

装矿量/g	250		500		750		1 000	
	质量/g	产率/%	质量/g	产率/%	质量/g	产率/%	质量/g	产率/%
+200 网目								
−200 网目								
合计								
入料量/g								
误差								

实验人员:＿＿＿＿＿＿　　日期:＿＿＿＿＿＿　　指导教师:＿＿＿＿＿＿

2. *磨矿浓度实验*

(1) 取试样 4 kg,用四分法分成八等份,每份 500 g。

(2) 按液固比 0.5∶1、1∶1、1.5∶1、2∶1 的条件分别将 500 g 矿样,按先加水后加矿石的顺序装入磨机,启动磨机,磨矿 10 min 后,将磨机中的物料倒出,清洗磨机干净为止。

(3) 将四个磨矿产品在检查筛上进行筛分分析,筛上物料烘干,称重。

(4) 将数据填入磨矿浓度实验数据表 3-4 中。

表 3-4　　磨矿浓度实验数据表

磨矿浓度(液固比)	0.5∶1		1∶1		1.5∶1		2∶1	
	质量/g	产率/%	质量/g	产率/%	质量/g	产率/%	质量/g	产率/%
+200 网目								
−200 网目								
合计								
入料量/g								
误差								

实验人员:＿＿＿＿＿＿　　日期:＿＿＿＿＿＿　　指导教师:＿＿＿＿＿＿

(5) 其他对磨矿生产率产生影响的因素实验过程,可以参考以上实验方法进行探究。

五、数据处理与实验报告

(1) 记录磨机的规格型号、转速率、球介质尺寸、介质充填率、试样质量、试样粒度、磨矿浓度和加水量等。

(2) 将实验数据填入表 3-3 和表 3-4 中。

(3) 计算表中产率数据。

(4) 对数据进行误差分析。

(5) 绘制装矿量-产率和磨矿浓度-产率关系曲线。

(6) 根据表 3-3 和表 3-4 的数据以及关系曲线,分析磨机装矿量和磨矿浓度对磨机生产率的影响。

(7) 撰写实验报告。

六、思考题

(1) 根据装矿量和磨矿浓度对磨机生产率的影响结果，能否分析其他的影响因素对磨矿机生产率的影响？

(2) 根据以上两种因素的实验过程，安排其他影响因素的具体实验过程，写出具体实验步骤。

第四节　磨矿动力学实验

一、目的与要求

(1) 掌握磨矿过程中粗级别物料含量随时间的变化规律。

(2) 学习建立磨矿动力学方程。

(3) 通过磨矿动力学方程掌握分析磨矿过程中的某些问题的方法。

(4) 掌握磨矿数据的处理、分析方法。

二、基本原理

物料批次磨矿实验时，初期磨矿产品中粗粒级含量减少速度很快，随着磨矿时间的延长，粗粒级别的含量减少速度逐渐变慢。这是由于物料磨细后，颗粒上面存在的裂隙和缺陷会减少，颗粒越细这种裂隙和缺陷就越少，矿石越难磨。因此磨矿过程中磨矿细度即某粗级别物料含量随时间减少的速度与时间变化之间的关系是有规律的，举例说明如表 3-5 所示。

表 3-5　某矿石的磨矿细度与时间变化之间的关系

时间 t/min	+200 网目含量/%	时间 t/min	+200 网目含量/%
0	85.0	15	34.2
5	63.8	20	23.4
10	48.1	25	14.3

由表 3-5 实例可知，磨矿速度与磨机给料中粗级别含量(数量)成正比，即

$$dR/dt = -kR \tag{3-3}$$

式中　R——经过 t 时间后粗级别物料的质量；

t——磨矿时间；

k——比例系数，与磨矿条件有关。

将式(3-3)积分得 $\ln(R/R_0)=kt$，即

$$R = R_0 e^{-kt} \tag{3-4}$$

式中　k——主要取决于磨矿细度。

因式(3-4)与实验数据有偏差，故有人提出更符合实际的方程：

$$R = R_0 e^{-kt^n} \tag{3-5}$$

式中　n——与物料性质及球荷有关的参数。

该式在 $R/R_0=5\%\sim100\%$范围内适用于 k、n 值确定。

对式(3-5)求两次导数得：

$$\lg\left(\lg\frac{R_0}{R}\right)=n\lg t+\lg(k\lg e) \tag{3-6}$$

用 $\lg\left(\lg\frac{R_0}{R}\right)$ 对 $\lg t$ 作图，可得一直线（图 3-4），从而可求得 k、n。另外也可用最小二乘法求。

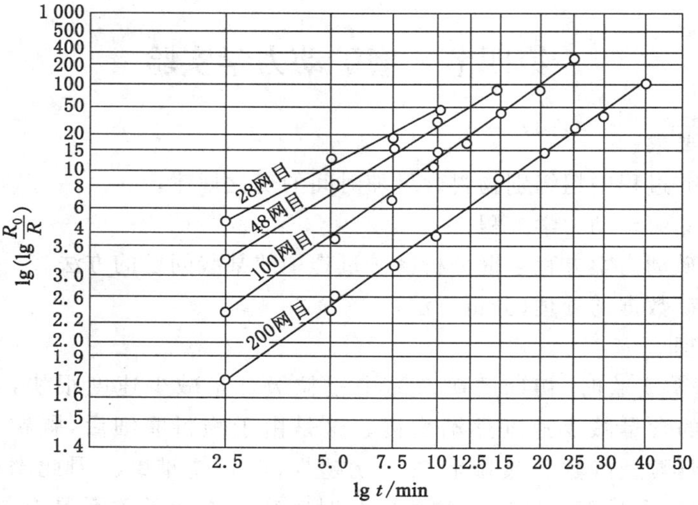

图 3-4　lg[lg(R_0/R)]与 lg t 的关系

三、仪器设备及材料

（1）仪器：实验室球磨机，标准套筛，振筛机，天平，过滤机；

（2）工具：试样盘（盆）6 个，毛刷 1 个，试样铲 1 个，缩分器 1 个，缩分板 2 个，秒表 1 块；

（3）材料：0.5～3 mm 无烟煤（磁铁矿、铜矿、石灰石、蒙脱石）5 kg，试样袋，滤纸若干。

四、实验步骤与操作技术

（1）学习设备的操作规程；检查所用磨矿设备是否运转正常，确保实验过程的顺利进行和人机安全。

（2）缩制 8 份平行样（烘干样），每份 500 g 待用，留 1 000 g 样品备用。

（3）依次将每份试样装入磨机进行磨碎，磨碎时间分别为 5 min、10 min、15 min、20 min、25 min（磨矿时间可以根据所选矿样性质确定）。

（4）将磨矿产品全部清理收集，用 200 网目标准筛进行筛分分析。

（5）分别对筛上物进行烘干称重，记录相关数据。

（6）清理实验设备，整理实验场所。

（7）注意事项：实验过程应保证每次磨矿入料的性质、磨矿条件的平行；每次磨矿结束应将磨矿机清理干净，磨矿产品全部进行筛分。

五、数据处理与实验报告

（1）将实验数据记录于表 3-6 中。

表 3-6　　磨碎实验数据记录表

样品名称：______________　　样品粒度范围：______________

磨矿时间/min	5		10		15		20		25	
产率	质量/g	产率/%	质量/g	产率/%	质量/g	产率/%	质量/g	产率/%	质量/g	产率/%
粒度级										
+200 网目										
−200 网目										
合计										
入料质量/g										
误差										

实验人员：______________　　日期：______________　　指导教师：______________

(2) 计算产品产率，分析物料粒度组成与磨矿时间的变化关系。

(3) 绘制−75 μm 的产率与磨矿时间的关系曲线。

(4) 根据表 3-6 中数据，列出磨矿动力学方程。

(5) 试根据磨矿动力学方程分析磨矿生产率和返砂量的关系。

(6) 撰写实验报告。

六、思考题

(1) 根据磨矿动力学原理分析开路磨矿得出什么结论？

(2) 根据磨矿动力学原理分析闭路磨矿得出什么结论？

(3) 根据磨矿动力学原理分析磨机生产率与循环负荷及分级效率三者之间的关系，能得出什么样结论？

第五节　磨矿介质运动状态实验

一、目的与要求

(1) 了解实验室磨矿介质的类型和性质。

(2) 通过磨机在不同充填率、不同转速的实验条件下进一步了解磨矿介质的运动状态。

(3) 学会分析磨矿介质运动状态对磨机工作状况的影响。

(4) 掌握介质充填率的测定方法。

二、基本原理

磨矿过程中球磨机钢球(磨矿介质)随筒体旋转带起并升到一定高度，受钢球自身重力作用，会沿一定的轨迹下落。在磨机筒体内矿石主要是受磨剥力、冲击力及挤压力的作用而被磨碎的。磨矿介质在磨机中可能出现三种典型的运动状态。

1. 泻落状态——n 值较低

当球磨机的工作转速较低时，整个粉磨体在球磨机的旋转方向偏转 40°～50°，自然形成的各层介质基本上按同心圆分布，并沿同心圆的轨迹升高，当介质超过自然休止角后，则一层层地泻落下来，这样不断地反复循环，此状态称为泻落状态，如图 3-5(a)所示。在泻落式工作状态中，物料主要因破碎介质相互间做滑滚运动时产生压碎和研磨作用而粉碎。

特点：球被提升至某一高度后向下滑落，离开筒体时初速度为零，即 $v_0=0$。

磨碎作用：主要是研磨或磨剥作用。

2. 抛落状态——n 值较高

当回转体高速旋转时，任何一层介质的运动轨迹都可以分成两段：介质从落回点到脱离点的绕圆形轨迹上升运动和从脱离点到落回点按抛物线轨迹的下落运动，之后又沿圆形轨迹运动，形成循环，如图 3-5(b)所示。

特点：球较泻落式提升高度大，以一定初速度(不为零)离开筒体，即 $v_0\neq0$。

磨碎作用：冲击加磨剥，生产实践中大多采用此运动状态。

3. 离心状态——$n\geqslant n_{临界}$

当球磨机回转体转速超过一定速度时，介质就在离心力的作用下旋转而不脱离筒壁，如图 3-5(c)所示。此种状态下钢球与衬板之间及钢球之间没有相对运动，也就不发生磨矿作用，因此，球磨机的运动中应该避免离心运动状态的出现。

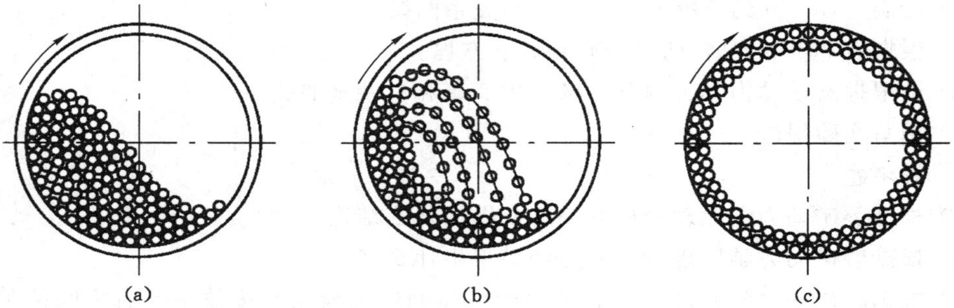

图 3-5　磨机内部钢球的运动状态

(a) 泻落式；(b) 抛落式；(c) 离心运转

特点：球运动至最高点不脱离筒体，已处于离心化状态，失去了磨矿作用，实践中应避免。

三、仪器设备及材料

(1) 仪器：实验室磨机，其排料端改为可视的栅格结构，便于观察；

(2) 工具：不同直径大、中、小三种钢球，钢尺，天平，秒表，转速表，照相机，摄像机等。

四、实验步骤与操作技术

(1) 本实验组合取充填率(φ)分别为 30%、40%和 50%，则可计算出要求充填率为 φ 时的 H 值。

(2) 充填率的计算：

$$\varphi=\frac{\frac{\alpha}{2}-\sin\frac{\alpha}{2}\cos\frac{\alpha}{2}}{\pi} \tag{3-7}$$

$$\cos\frac{\alpha}{2}=\frac{2H}{D}-1 \tag{3-8}$$

式中　D——磨机直径(240 mm)；

H——磨机介质表面到磨机内中心最高点距离。

(3) 启动调压箱按钮(绿指示灯亮),然后缓慢扭动调压旋钮,分别将电压调至 50 V、75 V、100 V、125 V、175 V 并测出相应的转速(n)。调压过程中注意观察介质运动状态的变化(泻落式、抛落式、离心式),并用照相机、摄像机记录变化中的现象。

(4) 电压在 50 V 时,转速表测不出,需预先在磨机上做好标记,按动秒表,记下 1 min 的转速。当电压调到 75 V 以上时,可改用转速表测量。

(5) 各电压测定后,缓慢地降低电压,直至停止转动。

(6) 40%和 50%充填率的测定方法与 30%完全一样,不同之处是每测定一个充填率需按计算的高度补加球。

(7) 操作过程中注意问题:当电压调到 100 V 以上时,磨机转速相当快,并且振动厉害,不要靠近磨机,以防发生危险;测定转速时,必须双手牢牢握住转速表,防止滑落;测充填率时,不要随意启动按钮。

(8) 注意观察比较同一充填率不同转速条件下球介质的运动状态和同一转速不同充填率条件下球介质的运动状态。

五、数据处理与实验报告

(1) 将测定的数据填入表 3-7 中。

表 3-7　　电压与转速测定观察记录表

实验用磨机:______________　　理论临界转速:______________

电压/V	转速 n/(r/min)	φ=30%	H/mm	现象记录	转速 n/(r/min)	φ=30%	H/mm	现象记录	转速 n/(r/min)	φ=30%	H/mm	现象记录
0												
25												
50												
75												
100												
125												
150												
175												

实验人员:______________　　日期:______________　　指导教师:______________

(2) 根据表 3-7 中数据,以电压(V)为横坐标,转速(r/min)为纵坐标绘制不同充填率情况下电压与磨机转速的关系曲线。

(3) 试根据以上数据和曲线分析不同充填率下发生抛落和离心时转速的变化以及对磨矿效率的影响。

(4) 对拍摄到的运动状态结合教材中的描述进行分析,并对现象进行详细记录。

六、思考题

(1) 磨矿介质运动状态的决定因素有哪些?

(2) 充填率和转速对磨矿介质产生什么样的影响?对磨矿效率有什么影响?

(3) 如何通过磨矿介质运动状态确定磨机的工作条件,进一步提高磨机的磨矿效率和生产率?

第六节 闭路磨矿实验

一、目的与要求

(1) 了解闭路磨矿的特点。

(2) 通过磨机在多次相同实验条件下返砂磨矿,进一步观测闭路磨矿的实际状态。

(3) 掌握确定磨矿返砂量的方法。

二、基本原理

根据磨矿经验可知,磨矿开始初期粗粒级含量减少很快,几乎呈直线下降,随着时间的延长,粗粒级含量减少的速度逐渐变慢,磨矿效率逐渐下降,研究发现将该部分粗颗粒分离出来和新给矿一起进入磨机重新再磨,有利于提高磨矿效率。学者们深入研究了返回磨机再磨的粗颗粒(返砂量)与磨矿效率和分级效率之间的关系,以此来提高单位时间矿物的磨矿效率。简单一段闭路磨矿流程如图 3-6 所示。

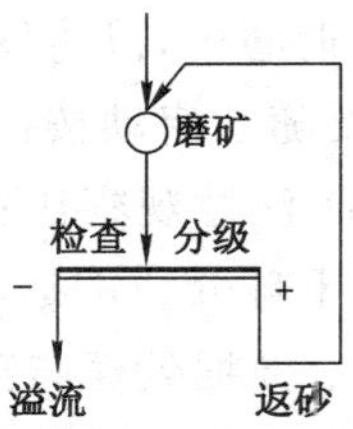

图 3-6 简单一段闭路磨矿流程

三、仪器设备及材料

(1) 仪器:XMQL-420×450 格子型球磨机(图 3-7),螺旋分级机(容积 60 L,转速 53 r/min),标准筛,天平,烘箱;

图 3-7 XMQL-420×450 格子型球磨机

(2) 工具:试样盆(小桶),取样勺,毛刷,试样铲,缩分器,缩分板,秒表;

(3) 材料:3～0.5 mm 无烟煤(磁铁矿、铜矿、石灰石、蒙脱石均可)1 t,试样袋若干。

四、实验步骤与操作技术

(1) 开机调试各设备运转是否正常,带水试运转,确保实验过程的正常运行。

(2) 启动磨机,调节给料量和给水量,稳定磨矿 2 h 后,分别取球磨机排矿、分级机溢流、分级机返砂三个点产品。每隔 20 min 取一次,连续取 6～8 次。

(3) 将磨机产品在标准套筛上进行筛分分析,筛后各粒级物料进行烘干、称重。

(4) 实验完成，清理实验设备，打扫实验场地。

五、数据处理与实验报告

(1) 将数据填入表 3-8、表 3-9 和表 3-10 中，进行粒度组成计算分析。

表 3-8　球磨机排矿粒度组成分析

粒度/mm	质量/g	产率/%	筛上累计产率/%
+1.0			
1.0～0.7			
0.7～0.5			
0.5～0.25			
0.25～0.125			
0.125～0.074			
−0.074			
合计			

实验人员：____________　　日期：____________　　指导教师：____________

表 3-9　分级机溢流粒度组成分析

粒度/mm	质量/g	产率/%	筛上累计产率/%
+1.0			
1.0～0.7			
0.7～0.5			
0.5～0.25			
0.25～0.125			
0.125～0.074			
−0.074			
合计			

实验人员：____________　　日期：____________　　指导教师：____________

表 3-10　分级机返砂粒度组成分析

粒度/mm	质量/g	产率/%	筛上累计产率/%
+0.3			
0.3～0.25			
0.25～0.20			
0.20～0.15			
0.15～0.125			
0.125～0.074			
−0.074			
合计			

实验人员：____________　　日期：____________　　指导教师：____________

（2）根据表3-8、表3-9和表3-10中的数据，在磨机排矿（即分级机给矿）、分级机溢流和分级机返砂三处取样做筛分分析，计算出指定级别的矿料在它们中的百分含量分别为 α、β、和 θ，填入表3-11中，并计算分级效率 E 和返砂比 C。

$$E=\frac{(\alpha-\theta)(\beta-\alpha)\times 100}{\alpha(\beta-\theta)(100-\alpha)}\times 100\% \tag{3-9}$$

$$C=\frac{S}{Q}=\frac{\beta-\alpha}{\alpha-\theta}\times 100\% \tag{3-10}$$

表 3-11　　分级机分级效率及返砂比计算结果表

粒度/mm	参数值			计算结果	
	α	β	θ	E	C
−0.25					
−0.125					
−0.074					

实验人员：____________　　日期：____________　　指导教师：____________

（3）撰写实验报告。

六、思考题

（1）返砂量对磨矿效率有何影响？

（2）闭路磨矿产品粒度有何特点？

第七节　邦德棒磨功指数测定实验

一、目的与要求

（1）了解功指数的概念和测定方法，掌握棒磨可磨度的测定方法。

（2）掌握邦德棒磨功指数的测定方法。

二、基本原理

评价矿石被磨碎难易程度的一种指标，因为首先由美国人邦德（F. C. Bond）提出而被命名。由邦德功指数测定矿石可磨度的理论根据是邦德的矿石破碎裂缝学说。邦德功指数分为球磨功指数、棒磨功指数、自磨功指数三种。邦德棒磨功指数表示物料在以棒为介质的磨机中粉磨时的物料可磨性。邦德棒磨功指数反映了物料棒磨条件下可磨的难易程度，是反映物料棒磨可磨性的评定方法之一。根据棒磨功指数的大小，可以进行棒磨机的选型和计算。

棒磨功指数利用 ϕ305 mm×310 mm 标准邦德棒磨功指数磨机在标准程序下测定，邦德棒磨功指数 W_{ir} 用式(3-11)计算：

$$W_{ir}=\frac{6.836}{p_1^{0.23}\cdot G_{rp}^{0.625}\cdot\left(\frac{1}{\sqrt{P_{80}}}-\frac{1}{\sqrt{F_{80}}}\right)} \tag{3-11}$$

式中　W_{ir}——邦德棒磨功指数，kW·h/t；

p_1——实验筛孔尺寸，μm；

G_{rp}——棒磨机每一转新产生的实验筛孔以下粒级物料的质量(棒磨可磨度),g/r;

P_{80}——产品中 80%物料通过的粒度尺寸,μm;

F_{80}——给矿中 80%物料通过的粒度尺寸,μm。

按上式计算的棒磨功指数值与内径为 2.44 m 的溢流型棒磨机湿式闭路磨矿时棒磨功指数一致。如果工作条件不同,应对按式(3-11)的计算结果加以修正。

对于工业磨机的选择、计算,邦德功指数法在国内外获得广泛应用,但是由于邦德功指数的测定、计算及按其功指数值对工业磨机的选择均需根据实验而建立的经验公式进行,邦德建立其经验公式时实验用的最大磨机直径 $D \leqslant 3.8$ m,因此,利用邦德功指数法选择、计算大直径磨机,例如 $D \geqslant 5.0$ m 的磨机时,其偏差就很大。

三、仪器设备及材料

(1) 仪器:邦德功指数棒磨机(ϕ305 mm×310 mm,转速为 46 r/min,内装 8 根钢棒,总质量 33.38 kg,如图 3-8 所示),标准筛,天平,烘箱,测量容积密度仪器,过滤机;

(2) 工具:试样盆 6～10 个,毛刷 1 个,试样铲 1 个,缩分器 1 个,缩分板 2 个,秒表;

(3) 材料:−12.7 mm 无烟煤(磁铁矿、铜矿、石灰石、蒙脱石均可),试样袋,滤纸若干。

图 3-8　邦德功指数棒磨机

四、实验步骤与操作技术

(1) 取可以做 9～10 个循环周期所需的磨矿样品,并将物料烘干。

(2) 测定矿样的容积密度 S_V,对矿样进行筛析,求出 80%通过的粒度值 F_{80}(μm)。

(3) 在功指数球磨机中加入 1 250 cm³ 矿样,估计磨机转速(根据矿石性质不同有所变化,一般取 50 r/min),设定磨机转速,开启磨机,磨矿完成后将物料卸出,用筛孔尺寸为 p 的筛子筛出产品,计算邦德棒磨可磨性即每转新生成的产品量 G_{rp}(g/r),其中 $q_0 = 1\,250 \cdot S_V$,q_0 为球磨机起始负荷。

(4) 将筛上物料放回球磨机,并补加一部分新矿样,补加量等于筛下物质量。根据上一循环的 G_{bp} 值和按 100%循环负荷计的预期产品量确定转速并运转。

计算预测方法,由图 3-9 可知,当磨机运转平衡时:

$$q_0 = q_N + q_c = 2q_N \tag{3-12}$$

$$q_N = \frac{q_0}{2} = \frac{1\,250 \cdot S_V}{2} \tag{3-13}$$

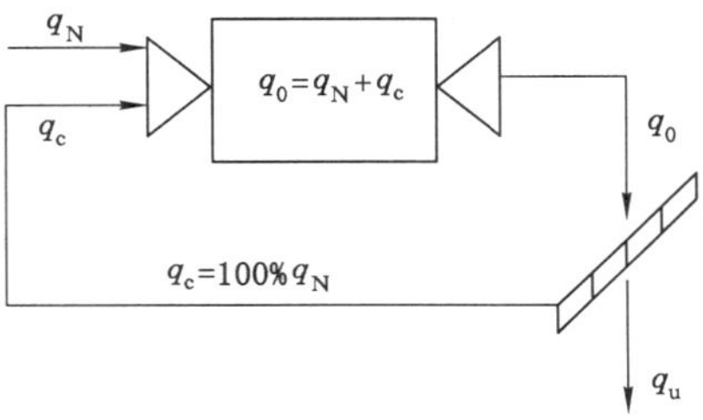

图 3-9　功指数棒磨机磨矿示意图

下一周期磨机适宜转速 n_i 为：

$$n_i = \frac{q_u(\text{期望}) - q_N(\text{给料中含有小于实验筛孔的物料质量})}{G_{bp}(\text{上一周期测得})} \tag{3-14}$$

(5) 重复进行上面步骤。直到最后 2～3 个循环达到平衡为止，从第 3 次实验开始计算循环负荷，一般 8 个磨矿周期左右可以达到稳定，磨矿稳定时，最后 3 个磨矿周期计算的循环负荷误差应在±5%范围内，即 100%±5%。

(6) 求出磨矿稳定后 3 次 G_{bp} 的平均值，但是最后 3 次 G_{bp} 的最大值和最小值之差不能大于 3%，这样得出的即为矿石的可磨度 G_{rp} 值。

(7) 磨矿平衡后 2～3 个周期的筛下产品缩分取样筛析，求出 80%通过的粒度值 P_{80} (μm)。

(8) 取循环负荷的样品进行筛分分析(可以取最后周期的筛上产品缩分取样筛析)。

(9) 记录实验结果，清理实验设备和场地。

五、数据处理与实验报告

(1) 将数据填入表 3-12 中。

表 3-12　　邦德棒磨功指数测定数据表

磨矿次序	球磨机转数/(r/min)	磨矿产品中－100 网目含量/g	给矿中－100 网目含量/g	磨矿净生成－100 网目含量/g	每一转所生成－100 网目 G_{bp}/(g/r)
1					
2					
3					
⋮					
12					

实验人员：______________　　日期：______________　　指导教师：______________

(2) 计算棒磨功指数 W_{ir}。

(3) 撰写实验报告。

六、思考题

(1) 工业生产中哪些地方需要用到功指数？

(2) 功指数测定过程中主要受哪些因素的影响？

第八节　破碎磨矿技术发展现状及展望

破碎与磨矿作业广泛应用于冶金、化工、水泥、陶瓷、建筑、电力、医药及国防工业等部门，尤其是冶金工业的选矿部门，破碎和磨矿作业更占有十分重要的地位。在选矿行业中，破碎和磨矿过程是选矿厂作业流程的“咽喉”，尤其磨矿作业的优劣直接影响整个选矿厂的技术经济指标。另外破碎和磨矿作业基础投资、生产费用在选矿厂的生产中占的比例也很大，因此，探索高效节能的破碎磨矿方法以及工艺一直是选矿科研工作者追求的目标。

破碎领域的发展可概括为以下几点：通过引进国外先进技术装备和对现有流程和设备进行改造贯彻实施“多碎少磨”；将计算机技术、有限元等现代设计计算方法应用于设备研制和优化；设备研制尽可能使用料层粉碎原理，设备趋于大型化、多样化。

一、破碎设备与工艺

破碎设备的发展趋势主要表现在以下几个方面：① 设备大型化、重型化，实现规模效益。大型破碎机具有破碎比大、生产能力和自动化程度高、工艺流程简化、实现“多碎少磨”和管理方便等特点，能满足工厂生产规模日益扩大的需要。② 设备向高效低耗发展，降低生产成本，减少能耗，提高劳动生产率和经济效益。③ 改进机构和提高自动化水平、改进机械零部件。④ 随着电子控制技术的发展，机械与电子的结合，机械设计与计算机技术的结合，机械技术与控制技术、信息技术、传感技术的结合等，促进新型设备的开发或设备结构的优化。

1. 颚式破碎机

近年来出现了多种新型颚式破碎机，如美国 Kuc-Ken 公司推出的 Big-Bite 型颚式破碎机，北京矿冶研究总院研制的负支撑复摆颚式破碎机，北京矿冶研究总院华诺维科技发展有限责任公司研制的外动颚颚式破碎机，德国 KHD 公司、德国 Krupp 公司推出的高转速冲击颚式破碎机。另外，还有美卓矿机公司的 C 系列颚式破碎机、日本神户 Astro 系列颚式破碎机、回转式破碎机等。这些新型破碎机主要在腔型结构、机架结构、机体材质、制作工艺等方面改造与优化设计，改善了颚式破碎机工作性能。总体而言颚式破碎机近年来的发展有以下特点：

(1) 国外大型复摆颚式破碎机有较大发展，制造过程中机架采用了电渣焊工艺，有的动颚亦采用焊接结构。先进设备采用液压调整排矿口、液压保险和清扫破碎腔装置，同时配有计算机自动控制和远控技术。

(2) 国内对中小型颚式破碎机进行了大量研究，出现了负支撑、零悬挂、负悬挂、回转式、双腔和双动并利用计算机对结构进行优化设计，颚式破碎机的结构日趋完善。研究的目标是获得更细的产品和达到更高的破碎比。

(3) 国内为适应中、小规模生产中降低产品粒度的要求，研制了规格齐全的细碎型颚式破碎机。更多地采用计算机对破碎腔型进行优化设计，增加破碎腔深度，改进衬板表面形状，尽可能利用料层粉碎原理。

2. 旋回破碎机

目前世界上最大规格的旋回破碎机是德国 Krupp 公司制造的 63～114 英寸(1 600～2 896 mm)旋回破碎机，1997 年用于印尼 Iriana Jaya 的 Freeport 公司的 Grasberg 铜矿。在具有国际先进水平的粗碎旋回破碎机中，最有代表性的是芬兰 Metso 集团的新一代 Superior MK-Ⅱ型旋回破碎机。利用计算机设计的破碎腔形状使破碎过程达到最佳化，提高了能量利用率，使产品粒度均匀和衬板磨损均匀，衬板表面形状随时间的变化小；可通过调整偏心套改变偏心距，从而调整生产能力；采用特重型机架、高强度主轴部件和高性能的支承系统，保证了运转可靠和整机寿命长；偏心套上部和大齿轮下部装有平衡配重，用以平衡旋回运动的惯性力，使设备可用于移动式装备上；小齿轮轴系统为一独立单元，齿轮齿隙易调整，安装、维修方便；为便于控制操作，可安装主轴位置传感器；为便于维修，可选用上横梁液压分离装置、上横梁自动润滑装置和顶部外壳旋转装置；可安装平衡缸，当主轴偶然向上运动时，使轴瓦和活塞紧密接触而得到保护；破碎腔深，生产能力强，衬板寿命长。

3. 圆锥破碎机

圆锥破碎机在结构形式上最具代表性的是瑞典 Sandvik 集团的液压圆锥破碎机和芬兰 Metso 集团的 Symons 体系圆锥破碎机。圆锥破碎机的发展特点一是高能化，即达到输入能量与质量比更高，目标是破碎比更高和产品粒度更细；二是有关破碎腔形的作用及其设计的研究，破碎腔形在恒定破碎特性思想、料层粉碎原理和一机多种腔型的设计指导下不断有新的发展。

芬兰 Metso 集团的 HP 系列圆锥破碎机具有国际领先水平。该破碎机是在 Omni 圆锥破碎机的基础上发展而成的，又在 Symons 圆锥破碎机基础上加大了动锥直径、给料口尺寸和偏心距，加快了主轴转速，提高了零部件机械强度，使安装功率和生产能力大幅度提高。其传统特点是缓锥、高摆频、大偏心距、周边多缸液压锁紧、主轴悬臂梁支承形式和球面瓦支承结构。

瑞典 Sandvik 集团的第三代 H 和 S 系列液压圆锥破碎机，还有西蒙斯破碎机、俄罗斯圣彼得堡"米哈诺布尔"惯性圆锥破碎机、PC 破碎机、空中打击破碎机、新型振动圆锥破碎机、辊筒非圆柱形辊式破碎机等一系列具有国际领先水平的设备，部分仍处于应用、改进和发展中。滚动轴承支承的圆锥破碎机从分立轴承支承发展到 INA 集中滚动支承，规格不断大型化。

二、磨矿设备与工艺

在磨矿方面，研究主要集中在高效节能新型磨机研发、磨机大型化、耐磨衬板及介质、磨矿介质几何尺寸与形状、助磨剂、先进磨矿分级工艺以及磨矿过程自动控制与智能化等方面。磨矿设备类型较多，有自磨机、球磨机、高压辊磨机等。目前世界上最大规格的半自磨机是智利 Collahua-si 铜矿的一台 ϕ12.19 m×7.32 m 半自磨机，由芬兰 Metso 集团制造，另一台世界最大规格的半自磨机是德国 KruppPolysius 公司制造的 ϕ12.2 m 半自磨机，自磨机主要以设备及其配套设备的大型化为发展重点。

1. 球磨机

球磨机的发展，以节能降耗为重点，不断改进和完善磨机传动方式，研究衬板和磨矿介质的材料和结构形式，开发磨矿机组自动化控制等旨在保证磨矿产品细度的前提下提高磨机处理能力和磨矿效率，降低电耗和钢耗，并开发大型高效的球磨机。2009 年 7 月由中信重工机械股份有限公司自主研制、完全拥有自主知识产权的世界最大最先进的 ϕ7.93 m×13.6 m 溢流型球磨机一次通过试车验收，该磨机的驱动功率为 15 600 kW，一举打破了国外大型球磨机的垄断地位。

2. 球磨机衬板

国内外使用的磨机衬板材料有：马氏体铬钼白口铁、马氏体高碳铬钼钢、马氏体高铬白口铁、马氏体中碳铬钼钢、奥氏体钢、珠光体高碳铬钼钢、奥氏体 12Mn 钢、聚氨酯弹性体、橡胶、磁性衬板等。其中发展最显著的是磁性衬板。目前金属磁性衬板在直径为 2.7～5.49 m 的细磨球磨机中的应用已经成熟。磁性衬板有待解决的问题是：在粗磨球磨机中的应用尚不成功；在小于 ϕ2.7 m 的细磨球磨机中应用较少；基础理论研究尚不深入。

3. 高压辊磨机

高压辊磨机是以"料层粉碎"原理工作的高效节能设备，具有破碎比大、产品粒度细、效率高、能耗少的特点，因产品颗粒在高压静压力作用下使颗粒内部结构产生大量裂纹，有利于后续磨矿设备提高生产能力。随着高压辊磨机性能不断提高，结构不断创新。采用镶嵌组合式压辊结构、扇形分块式辊面衬板、镶嵌硬质合金小圆锥辊面、螺旋形堆焊层面等结构，提高辊面耐磨性和耐腐蚀性；破碎物料硬度不断提高，不仅能破碎石灰石，而且也能破碎坚硬的金属矿石。典型的高压辊磨机设备有德国 KruppPolysius 公司生产的 ϕ2.4 m×1.4 m POLYCOM 型高压辊磨机、德国 KHD Humbolt Wedag 公司生产的 RPBRl62170/180 型高压辊磨机、德国 Koppem 公司生产的 RP630/17-1400 型高压辊磨机等。

国内外碎磨领域无论是在技术上还是设备研制上均取得了显著的成就。不难看出国内外碎磨设备正朝着大型、高效、节能、降耗、大破碎比、高产品细度、“多碎少磨”以及简化碎磨流程等方向发展。在改善传统设备功能、提高设备效率的同时开发了一批大型、高效、节能的新型设备，并在实际生产中取得了显著的成就，而新技术、新结构、新材料和新工艺的使用更进一步促进了碎磨的技术进步。就国内而言仍有一定的差距，尤其是在选矿设备的规格品种、整机性能、耐磨材料（新材料）以及自动化等方面还有较大的差距。因此以科学技术为指导，大力开展设备和工艺的研制、提高效率、拓展其应用领域仍是未来的研究重点，同时在自动化技术和环境保护方面也需要有更大的发展。

下 篇

矿物加工实验技术

第四章　重力分选

第一节　异类粒群悬浮分层的规律研究实验

一、目的与要求

(1) 观察和研究异类粒群在上升水流中的悬浮分层现象和规律。

(2) 验证异类粒群悬浮分层的临界水速公式，加深对干扰沉降基本规律的理解。

二、基本原理

异类粒群的悬浮分层有两种观点：里亚申科的相对密度悬浮分层学说与张荣曾等提出的重介质分层学说。

里亚申科认为粒群所构成的悬浮体在密度方面具有与均质介质相同的性质，当两种悬浮体彼此混合时，与两种密度不同的均质介质混合一样，在上升水流作用下，始终是密度高的悬浮体集中于下层，密度低的悬浮体集中于上层。

张荣曾等则认为粒度比小于自由沉降等沉比的异类粒群悬浮分层遵循动力平衡原理，即在上升水流作用下，是按干扰沉降速度分层的，干扰沉降速度大者在下层，干扰沉降速度小者在上层；而粒度比大于自由沉降等沉比的异类粒群悬浮分层过程是按重介质作用分层的，即较轻颗粒的浮沉取决于重颗粒与水所组成的悬浮液的物理密度。若轻颗粒的密度小于重颗粒与水所组成的悬浮液的密度，则轻颗粒在上层，否则在下层，若两者密度相等，则混杂。

实验过程的有关公式如下：

$$\rho_{悬} = \lambda(\delta - \rho) + \rho \tag{4-1}$$

式中　δ——矿物颗粒密度，g/cm^3；

ρ——分选介质密度，g/cm^3（水的密度为 1 g/cm^3）；

λ——固体容积浓度。

其中

$$\lambda = \frac{m}{AH\delta} = \frac{4m}{\pi D^2 H\delta} \tag{4-2}$$

式中　m——物料质量，g；

A——干涉沉降管断面面积，cm^2；

H——物料悬浮高度，cm；

D——干涉沉降管直径，cm。

沉降管内断面流速为：

$$v_a = \frac{Q}{A} = \frac{4Q}{\pi D^2} \tag{4-3}$$

式中　v_a——沉降管内断面流速，cm/s；

Q——单位时间内水流量，cm^3/s。

可通过里亚申科公式和张荣曾公式对临界水速进行计算，如下所示：

(1) 里亚申科公式：

$$v_{a临} = v_{01}v_{02}\left[\frac{\delta_2-\delta_1}{(\delta_2-\rho)\sqrt[n]{v_{01}}-(\delta_1-\rho)\sqrt[n]{v_{02}}}\right]^n \tag{4-4}$$

(2) 张荣曾公式：

$$v_{a临} = v_{02}\left(\frac{\delta_2-\delta_1}{\delta_2-\rho}\right)^n \tag{4-5}$$

其中

$$v_0 = 25.8\chi d\left(\frac{\delta-\rho}{\rho}\right)^{2/3}\left(\frac{\rho}{\mu}\right)^{1/3} \tag{4-6}$$

式中 $v_{a临}$——临界水速，cm/s；

v_{01}，v_{02}——分别为煤及石英在水中的自由沉降末速，cm/s；

δ_1，δ_2——分别为煤及石英颗粒的密度，g/cm^3；

n——颗粒修正系数，近似取 3.5；

ρ——分选介质密度，g/cm^3(水的密度为 1 g/cm^3)；

v_0——矿粒自由沉降末速，cm/s；

χ——矿粒球形系数；

μ——分选介质的黏度，Pa·s；

d——矿粒的体积当量直径，cm。

三、仪器设备及材料

(1) 直径为 56 mm、长度为 1.5 m 的有机玻璃干扰沉降管 1 套(图 4-1)；

(2) 秒表、钢卷尺、天平、500 mL 量筒、玻璃棒、洗瓶各 1 个；

(3) 0.25～0.30 mm 石英砂(密度 2.65 g/cm^3) 200 g；

(4) 密度 1.35～1.40 g/cm^3 煤，其中 2.0～2.5 mm 粒度级 40 g，0.5～0.6 mm 粒度级 30 g；

(5) 0.01%～0.02%的水玻璃溶液。

四、实验步骤与操作技术

(1) 粒度为 0.25～0.30 mm 的石英砂 50 g 和 0.5～0.6 mm 的煤 30 g，均匀混合后加入沉降管内，颗粒全部沉积后，缓缓开大阀门，使物料悬浮，然后由小到大改变水速，观察、记录、分析分层现象。

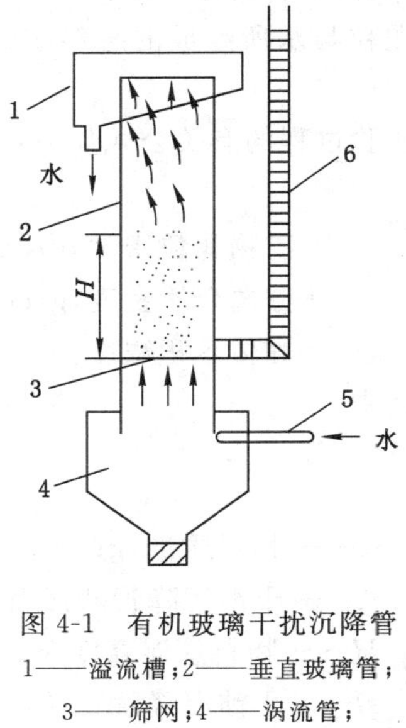

图 4-1 有机玻璃干扰沉降管

1——溢流槽；2——垂直玻璃管；3——筛网；4——涡流管；5——切向给水管；6——测压支管

(2) 将上述物料倒出，然后加入 0.25～0.30 mm 的石英砂 150 g、2.0～2.5 mm 煤粒 40 g 混匀后加入沉降管。待颗粒全部沉积后缓慢开大水阀，由小到大改变水速，观察、记录分层现象。当水速较小时，煤粒在上层，但当水速继续增大时，分层现象消失；进一步增大水速，煤粒反而处于下层。分层现象消失的水速即为临界水速 $v_{a临}$，用秒表及量筒测定临界水速，并在临界水速左右改变水速 4 次。每一次水速稳定后，测定流量 Q，记录分层情况并测定悬浮高度 H_1、H_2，计算此时的上升水速 v_a 及悬浮体的密度 $\rho_{悬1}$、$\rho_{悬2}$。

五、数据处理与实验报告

(1) 将实验数据及现象记录于异类粒群悬浮分层规律研究实验结果表 4-1 中。

表 4-1　　异类粒群悬浮分层规律研究实验结果表

实验序号		1	2	3	4	5	6	7	8
悬浮体高度	煤								
	石英砂								
悬浮体密度	煤								
	石英砂								
上升水流速度	时间/s								
	水体积/mL								
	流量/(mL/s)								
分层现象									
其他现象									

实验人员：______________　　日期：______________　　指导教师：______________

(2) 根据异类粒群(粒度比大于自由沉降等沉比)在上升水流中的悬浮分层结果，计算对应于每一次水速的 $\rho_{悬1}$、$\rho_{悬2}$，并进行分析。

(3) 根据实验条件，计算临界水速 $v_{a临}$ 理论值，并与实际测量值比较并加以分析。

六、思考题

(1) 研究沉降理论有何实际意义？举例说明沉降分离技术的应用。

(2) 自由沉降与干扰沉降的区别是什么？

(3) 离心沉降与重力沉降有何不同？举例说明离心沉降的实际应用。

第二节　静止介质中的矿粒沉降末速及形状系数测定实验

一、目的与要求

(1) 了解矿粒自由沉降末速的定义。

(2) 观察矿粒在静止介质中的沉降现象，并掌握测定矿粒自由沉降末速 v_0 的方法。

(3) 理解形状系数的意义，掌握形状系数的计算方法。

二、基本原理

矿粒在静止介质中沉降时，矿粒对介质的相对速度即为矿粒的运动速度。沉降初期，矿粒运动速度很小，介质阻力也很小，矿粒主要在重力的作用下做加速沉降运动。随着矿粒沉降速度的增大，介质阻力渐增，矿粒的运动加速度逐渐减小，直至为零。此时，矿粒的沉降速度达到最大值，作用在矿粒上的重力与阻力平衡，矿粒以某一速度等速沉降，称这个速度为矿粒的沉降末速，以 v_0 表示。

实测矿粒沉降末速的计算公式为：

$$v_{0矿}=\frac{H}{t} \tag{4-7}$$

式中 $v_{0矿}$——矿粒的自由沉降末速，由实验测试计算得出；

H——矿粒沉降的距离，cm；

t——矿粒经过距离 H 所需要的时间，s。

当矿粒在静止介质中沉降时，矿粒的沉降末速依然取决于矿粒的自身密度和粒度这两个主要因素，形状的影响是有限的。当矿粒的密度和体积当量直径与球形颗粒相同时，由于形状的不同会引起沉降速度有所差异。

用于计算球形颗粒沉降末速的公式，仍然可以用于计算矿粒的沉降末速。也就是说，若用球体沉降速度公式计算形状不规则的矿粒沉降速度时，必须引入一个形状修正系数。由于形状修正系数与球形系数是很接近的，因此当进行粗略计算时，可用球形系数取代形状修正系数。这说明了使用形状修正系数来表示物体形状特征，在研究矿粒沉降运动时，具有实际意义。

根据矿粒及介质的性质计算无因次参数值 $Re^2\varphi$，即

$$Re^2\varphi=\frac{\pi d^3(\delta-\rho)\rho g}{6\mu^2}=\frac{G_0\rho}{\mu^2} \tag{4-8}$$

式中 d——物料粒度以体积当量直径 d_V 代替；

g——重力加速度，m/s^2；

δ——物料密度，g/cm^3；

ρ——水的密度，1 g/cm^3；

μ——介质的动力黏度，$\mu=0.01$ P。

根据 $Re^2\varphi$ 值选取相应的 k、x、y、z 值，参照表 4-2 所示。

表 4-2　　计算公式变量选取表

$Re^2\varphi$	k	x	y	z
0～5.25	54.5	2	1	1
5.25～720	23.6	3/2	5/6	2/3
720～2.3×10^4	25.8	1	2/3	1/3
2.3×10^4～1.4×10^6	37.2	2/3	5/9	1/9
1.4×10^6～1.7×10^9	54.2	1/2	1/2	0

根据选取得到的 k、x、y、z 值计算出与矿粒同体积球体的自由沉降末速 $v_{0球}$，即

$$v_{0球}=d^x\left(\frac{\delta-\rho}{\rho}\right)^y\left(\frac{\rho}{\mu}\right)^z \tag{4-9}$$

矿粒的形状修正系数计算公式为：

$$\chi=\frac{v_{0矿}}{v_{0球}} \tag{4-10}$$

式中 χ——矿粒的形状修正系数；

$v_{0球}$——与矿粒等体积的球体自由沉降末速（由公式计算得出），cm/s。

三、仪器设备及材料

(1) 静水沉降管1套(图4-2);

(2) 秒表、卷尺、玻璃棒、镊子、洗瓶各1个;

(3) 塑料颗粒:粒度为2～1.6 mm,体积当量直径1.78 mm,相对密度1.05;

(4) 石英砂:粒度为0.56～0.50 mm,体积当量直径0.6 mm,相对密度2.65。

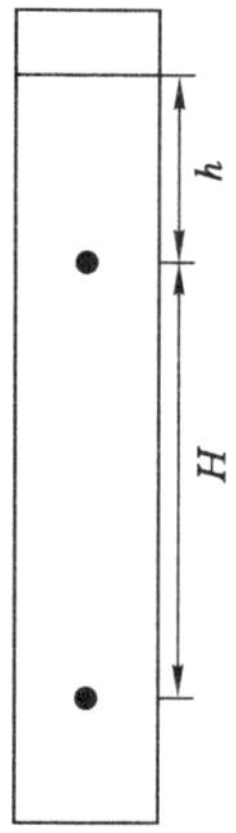

图4-2　静水沉降管示意图

四、实验步骤与操作技术

(1) 将静水沉降管安装好。

(2) 将静水沉降管注满水,并使水面至少高出计时起点处20 cm。

(3) 将塑料颗粒及石英砂各取出40粒,加水润湿,用镊子每次取出一颗轻轻放入静水沉降管中,用秒表测出物料在通过距离 H 所需的时间 t,因此,塑料颗粒和石英砂可分别得到40个不同的时间 t_1、t_2、t_3、…、t_{40},记录数据。

(4) 清洗实验装置,整理实验场所。

五、数据处理与实验报告

(1) 将实验数据及结果记录于静水沉降实验结果表4-3中。

表4-3　　静水沉降实验结果表

试料名称	物料性质		$v_{0矿}$	$Re^2\varphi$	$v_{0球}$	形状修正系数 χ
	$\delta/(g/cm^3)$	d_V/mm				
塑料颗粒						
石英砂						

实验人员:__________　　日期:__________　　指导教师:__________

(2) 求时间平均值 $t_{平均}=\dfrac{t_1+t_2+t_3+\cdots+t_{40}}{40}$,再按 $v_{0矿}=\dfrac{H}{t_{平均}}$ 计算出矿粒的自由沉降末速 $v_{0矿}$。

(3) 计算与矿粒同体积的球体自由沉降末速 $v_{0球}$。

(4) 分别计算得出塑料颗粒和石英砂的形状修正系数。

(5) 撰写实验报告。

六、思考题

(1) 研究形状系数有何实际意义?

(2) 分析矿粒和球形颗粒在静止介质中自由沉降时的特点。

第三节　粒群密度组成与重选可选性分析实验

一、目的与要求

(1) 学习粒群密度组成测定的基本原理与方法。

（2）了解浮沉液的配制过程。

（3）掌握浮沉数据的处理与重选可选性曲线的绘制、分析方法。

二、基本原理

当散体物料置于一定密度的重液中时，根据阿基米德定律，密度大于重液密度的颗粒将下沉（沉物），密度小于重液密度的颗粒则上浮（浮物），密度与重液密度接近或相同的颗粒将处于悬浮状态。对重力选矿来说，矿石密度与矿石品位之间具有很强的相关性，这也是采用重力分选获得较高品位（质量）矿物产品的依据。

根据上述原理，使用特制的工具在不同密度的重液中捞起不同密度物料的实验即为浮沉实验，浮沉实验根据所处理的粒度范围分为小浮沉和大浮沉。

对重力选煤来说，矿样可按下列密度分成不同密度级：1.30 kg/L、1.40 kg/L、1.50 kg/L、1.60 kg/L、1.70 kg/L、1.80 kg/L、2.00 kg/L 等。

重液密度可依据下式计算（密度瓶法）：

$$\rho = \frac{m_3 - m_1}{m_2 - m_1} \cdot \rho_w \tag{4-11}$$

式中　m_1——空密度瓶质量，kg；

m_2——注水后密度瓶与水的总质量，kg；

m_3——注满待测重液时密度瓶和待测重液的总质量，kg；

ρ——待测重液的密度，kg/L；

ρ_w——水的密度（取 1），kg/L。

重液密度也可用密度计直接测量，密度计如图 4-3 所示。

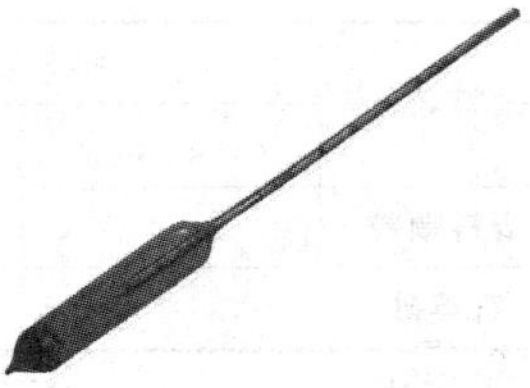

图 4-3　密度计

通过浮沉实验，可以得到某些特定密度下物料的数、质量情况，但要了解到任意条件下的情况，只能有两种办法：一是把浮沉实验的密度间隔划得无限小，从而获得无穷多个极窄密度级产物的产率与灰分，显然这是不可能的；二是利用浮沉实验中有限的几个密度级产物量与质的数据，用图示的方法，将其关系曲线化，从而解决在任意条件下都能提供各种密度范围的物料的量与质的关系。因此，根据物料浮沉实验结果而绘制出的一组曲线，称为可选性曲线，该曲线能反映物料所有密度级或任一密度物的质量分布情况。

三、仪器设备及材料

（1）重液桶：用耐腐蚀材料制成，桶高 500～600 mm，容积不少于 50 L；

（2）网底桶：用耐腐蚀材料制成，圆柱形，桶高比重液桶高 50 mm，直径比重液桶约小 40 mm，上口带有提把，桶底用网孔尺寸为 0.5 mm 的金属丝编织方孔网制成；

（3）密度计 1 套；

（4）烘箱、马弗炉各 1 台；

（5）台秤、托盘天平各 1 台；

（6）捞勺：用金属丝编织成网孔为 0.5 mm 的方孔制成；

（7）煤泥桶：规格与重液桶相同；

（8）中号搪瓷盘（盆）若干，滤纸若干，洗瓶 2 个；

（9）氯化锌足量；

（10）6～13 mm级浮沉试样7.5 kg（浮沉实验煤样质量与粒度级别的关系如表4-4所示）。

表4-4　浮沉实验煤样质量与粒度级别的关系

煤样粒级/mm	>100	100～50	50～25	25～13	13～6	6～3	3～0.5	<0.5
煤样最小质量/kg	150	100	30	15	7.5	4	2	1

四、实验步骤与操作技术

（1）配制重液（以氯化锌为例说明）

① 煤炭浮沉实验常用氯化锌配制重液，其具有易溶于水、易配制、价廉等优点，缺点是腐蚀性较大。配制氯化锌重液和进行实验时要避免与皮肤接触，穿胶鞋，戴口罩、胶皮手套、护目镜以及围胶皮围裙等。密度范围通常应包括1.30 kg/L、1.40 kg/L、1.50 kg/L、1.60 kg/L、1.70 kg/L、1.80 kg/L、1.90 kg/L、2.00 kg/L，必要时可根据实验要求增加或减少某些密度级。

② 氯化锌易溶于水，可参考表4-5用水配制重液，然后用密度计校验，直至达到要求值（密度值准确到0.002 kg/L）。

表4-5　氯化锌重液配制参考表

重液的密度/(kg/L)	1.30	1.40	1.50	1.60	1.70	1.80	1.90	2.00
氯化锌的质量分数/%	31	39	46	52	58	63	68	73

（2）将配好的重液装入重液桶中，并按密度大小顺序排好，每个桶中重液面不低于350 mm，最低一个密度的重液应另备一桶，作为每次实验时的缓冲液使用。

（3）浮沉实验的顺序一般是从低密度逐级向高密度进行，如果煤样中含有易泥化的矸石或高密度物含量多时，可先在最高的密度液内浮沉，捞出的浮物仍按由低密度到高密度顺序进行浮沉。当试样中含有大量中间密度的物料时，可先将煤样放入中间密度的介质中再均匀地分开后正常进行实验。

（4）取称量过的煤样7.5 kg放入网底桶内，每次放入的煤样厚度一般不超过100 mm。用水洗净附着在煤块上的煤泥，滤去洗水再进行浮沉实验。收集同一粒级冲洗出的煤泥水，过滤回收煤泥，并干燥称重，此煤泥通常称为浮沉煤泥。

（5）进行浮沉实验时，先将盛有煤样的网底桶在最低一个密度的缓冲液内浸润一下，然后提起斜放在桶边上，滤尽重液，再放入浮沉用的最低密度的重液桶内，用木棒轻轻搅动或将网底桶缓缓地上下移动，然后使其静止分层。分层时间不少于下列规定：

① 粒度大于25 mm时，分层时间为1～2 min；

② 最小粒度为3 mm时，分层时间为2～3 min；

③ 最小粒度为0.5～1 mm时，分层时间为3～5 min。

（6）小心用捞勺按一定方向捞取浮物，捞取深度不得超过100 mm。捞取时应注意勿使沉物搅起混入浮物中。待大部分浮物捞出后，再用木棒搅动沉物，然后仍用上述方法捞取浮物，反复操作直到捞尽为止。

(7) 把装有沉物的网底桶慢慢提起，斜放在桶边上，滤尽重液，再把它放入下一个密度的重液桶中。用同样方法逐次按密度顺序进行，直到该粒级煤样全部做完为止，最后将沉物倒入盘中。

(8) 在整个实验过程中应随时调整重液的密度，保持密度值的准确，且在整个实验过程中注意回收氯化锌溶液。

(9) 各密度级产物分别滤去重液，用水冲净产物上残存的氯化锌(最好用热水冲洗)，然后在 75 ℃左右的温度下干燥，达到空气干燥状态后称量化验。

五、数据处理与实验报告

(1) 将实验数据录入大浮沉实验数据结果表 4-6 中，并分析整理。

表 4-6　　大浮沉实验数据结果表

煤样粒级________ mm　　煤样灰分________%　　全硫________%　　煤样质量________ kg

密度级/(kg/L)	质量/kg	产率/%	灰分/%	浮物累计		沉物累计		±0.1 含量/%
				产率/%	灰分/%	产率/%	灰分/%	
<1.3								
1.3~1.4								
1.4~1.5								
1.5~1.6								
1.6~1.7								
1.7~1.8								
1.8~2.0								
>2.0								
合计								
煤泥								
总计								

实验人员：____________　　日期：____________　　指导教师：____________

(2) 计算各密度级产物产率和灰分，当一个或两个相邻密度级产率很小时，可将数据合并处理。绘制可选性曲线，说明每条曲线的物理意义及其使用方法。

(3) 为保证实验的准确性，实验结果要满足浮沉实验前空气干燥状态的煤样质量与浮沉实验后各密度级产物的空气干燥状态质量之和的差值，不应超过浮沉实验前煤样质量的2%，并用浮沉实验前煤样灰分与浮沉实验后各密度级产物灰分的加权平均值的差值进行验证，否则应重新进行浮沉实验。

① 煤样中最大粒度大于或等于 25 mm

煤样灰分小于 20%时，相对差值不应超过 10%，即

$$\left|\frac{A_d-\overline{A_d}}{A_d}\right|\times 100\%\leqslant 10\% \tag{4-12}$$

煤样灰分大于或等于 20%时，绝对差值不应超过 2%，即

$$|A_d-\overline{A_d}|\leqslant 2\% \tag{4-13}$$

② 煤样中最大粒度小于 25 mm

煤样灰分小于 15%时，相对差值不应超过 10%，即

$$\left|\frac{A_d-\overline{A_d}}{A_d}\right|\times 100\%\leqslant 10\% \tag{4-14}$$

煤样灰分大于或等于 15%时，绝对差值不应超过 1.5%，即

$$|A_d-\overline{A_d}|\leqslant 1.5\% \tag{4-15}$$

式中　A_d——浮沉前煤样灰分，%；

$\overline{A_d}$——浮沉后各密度级产物的加权平均灰分，%。

（4）撰写实验报告。

六、思考题

（1）浮沉实验在重选生产实践中有哪些作用？

（2）查阅文献，加强对理论分选密度、实际分选密度、错配物、分配率、±0.1 含量等概念的理解。

（3）简述重介选煤作业中对加重质的要求（常用的加重质及其特性如表 4-7 所示）。

表 4-7　常用的加重质及其特性

加重质	相对密度	可能达到的最大悬浮液相对密度	莫氏硬度
重晶石	4.4	2.2	3.0～3.5
磁黄铁矿	4.6	2.3	3.5～4.5
黄铁矿	5.0	2.5	6.0～6.5
磁铁矿	5.0	2.5	5.5～6.5
砷黄铁矿	6.0	2.8	5.5～6.0
细磨硅铁	6.9	3.1	7.0
方铅矿	7.5	3.3	2.5～2.75

（4）何为煤炭快速浮沉实验？一般在何种情况下使用？

煤炭快速浮沉实验方法

煤炭快速浮沉实验的目的在于及时掌握入选原料煤的可选性和选煤产品（或产物）的密度组成，以便快速反馈和指导选煤生产。

一、实验步骤

（1）用密度计校验重液的密度。实验用重液采用氯化锌水溶液，其密度一个相当于精煤的分选密度，另一个相当于矸石的分选密度，煤样不分级进行浮沉实验。

（2）把快速浮沉实验用煤样放在网底桶内脱泥，滤尽水后，将盛有煤样的网底桶在缓冲液中浸润一下，然后提起斜放在桶边，滤尽重液，再放入低密度重液桶中，用木棒轻轻搅动或将网底桶缓缓地上下移动，使煤粒松散，静置。

（3）用捞勺沿同一方向捞取浮物。待把大部分浮物捞出来后再上下移动网底桶，使夹杂在沉物中的浮物再浮出来，然后仍用上述方法捞取浮物，反复操作直至全部浮物捞尽为止。

(4) 将装有沉物的网底桶慢慢提起，斜放在桶边上滤尽重液，再把它放入高密度重液桶中，重复在低密度重液桶中的操作过程，最后将沉物回收。

(5) 滤去两个浮物和高密度重液中沉物所带重液，用水冲洗净表面残留的氯化锌后称重。

二、注意事项

(1) 选煤产品(产物)快速浮沉不需预先脱泥。

(2) 只做一级浮沉时，浮沉前煤样要先称重。

(3) 由于水分或煤泥的掺入，实验过程中要经常校验重液的密度和清除重液桶中的煤泥。

(4) 快速浮沉实验全过程中要注意氯化锌溶液的回收，要注意人身防护，以免腐蚀皮肤或伤害眼睛。

第四节 煤粉小浮沉实验

一、目的与要求

(1) 了解煤粉小浮沉实验的用途及重要性。

(2) 掌握煤粉小浮沉实验的操作规程。

(3) 学会煤粉小浮沉实验的数据处理及分析方法。

二、基本原理

煤粉浮沉实验通常称之为“小浮沉”，它是对 0.5 mm 以下的煤粉进行浮沉实验的方法。煤粉小浮沉实验与块煤的浮沉实验一样，是一项重要的选煤基础实验，特别是随着采煤机械化程度的不断提高和煤炭分选加工的不断深化，煤泥量不断增加，不但科研部门需要做大量的小浮沉实验，生产部门也逐渐要求做小浮沉实验。利用小浮沉实验资料，可以了解煤粉各密度级的数量及质量，进而了解煤粉的可浮性；可用于计算精煤的理论产率；预测浮选精煤的数质量指标。选煤厂技术检查规程对煤粉浮沉实验有严格的规定，如检查浮选机工艺效果时，入料、总精煤、总尾煤必须做小浮沉实验，浮选尾煤灰分过低时，也需做小浮沉实验进行检查。煤粉由于颗粒较小，仅靠重力场作用分离效果较差，为了强化分离效果，煤粉小浮沉实验在离心力场中进行。

三、仪器设备及材料

(1) 离心机：转速 3 000 r/min，离心管 4×250 mL；

(2) 电子秤、托盘天平各 1 台，分析天平 1 台；

(3) 密度计 1 套，秒表 1 块；

(4) 烘箱、马弗炉各 1 台；

(5) 带塞量筒 2 个，玻璃漏斗 2 个，漏斗架 1 个，滤纸若干；

(6) 洗瓶 1 个，玻璃棒 2 根；

(7) −0.5 mm 空气干燥煤样 200 g。

四、实验步骤与操作技术

(1) 配制重液

和大浮沉实验相同，小浮沉实验的重液也可采用氯化锌配制。若要求重液密度较高或煤样的粒度过细以及容易泥化时，氯化锌水溶液具有黏度大、产物清洗困难等缺点，所以本实验采用四氯化碳、苯及三溴甲烷有机溶液配制。由于有机重液有毒且易挥发，实验应在通风橱中进行，避免与皮肤接触，穿胶鞋，戴防毒面具、胶皮手套、护目镜和围胶皮围裙等。

① 配制重液密度为 1.30 g/cm³、1.40 g/cm³、1.50 g/cm³、1.60 g/cm³、1.70 g/cm³、1.80 g/cm³、2.00 g/cm³，必要时可根据实验要求增加或减少某些密度级。

② 将两种有机重液按照一定体积分数倒入带塞量筒内，盖紧塞子后来回翻转量筒 3～5 次，使两种有机溶液充分混匀，配制不同密度级所需有机重液体积分数参考表如表 4-8 所示。

表 4-8　有机重液体积分数参考表

重液密度 /(g/cm³)	四氯化碳和苯配制重液体积分数/%		三溴甲烷和四氯化碳配制重液体积分数/%	
	四氯化碳	苯	三溴甲烷	四氯化碳
1.30	60	40		
1.40	74	26		
1.50	89	11		
1.60			2	98
1.70			11	89
1.80			21	79
2.00			41	59

注：三溴甲烷的密度为 2.887 g/cm³；四氯化碳的密度为 1.595 g/cm³；苯的密度为 0.798 g/cm³。

③ 利用密度计测量所配重液的密度，根据要求密度和所测数值的大小适当添加有机溶液，最终使密度值精确到±0.002 g/cm³。

(2) 将滤纸在烘箱中恒温烘干，取出冷却至室温后称量(准确至 0.01 g)，并记录。

(3) 对配制好的各重液的密度进行一次检验，密度值准确到±0.002 g/cm³。

(4) 将煤样缩分后，称量 4 份，每份 20 g，分别移入 4 只离心管内，并加入少量密度为 1.30 g/cm³ 的重液，用玻璃棒搅拌，使煤样充分润湿，然后加入同一密度的重液，边加边搅拌，同时冲洗净玻璃棒和离心管壁的煤粒，直至液面的高度为离心管高度的 2/3 为止。

(5) 把互相对称的两对离心管连同金属套管分别放在托盘天平上，在较轻的一端倒入同一密度的重液，直至两边的质量相等，然后分别置于离心机的对称位置上，盖好离心机盖子。

(6) 启动离心机，使转速平稳上升，当转速达到 2 000 r/min 时开始计时。

(7) 10 min 后，切断离心机电源，让其自行停止，待离心机停稳后，打开盖子，小心取出离心管。

(8) 将预先称量好的滤纸折叠成锥形铺贴玻璃漏斗内壁，将漏斗置于漏斗架上，并放入重液回收瓶中，如图 4-4 所示，可同时放置两个漏斗互为备用。

(9) 分离浮沉产物时先用玻璃棒沿离心管拨动一下浮物的表面，然后仔细而迅速地将浮物倒入同一带滤纸的玻璃漏斗内，用毛笔刷净管壁上黏着的浮物，过滤并回收重液。

(10) 在存有沉物的离心管内加入密度为 1.40 g/cm³ 的重液。按上述步骤重复进行离心分离，其他密度依次类推，直至加入密度为 2.00 g/cm³ 的重液为止。

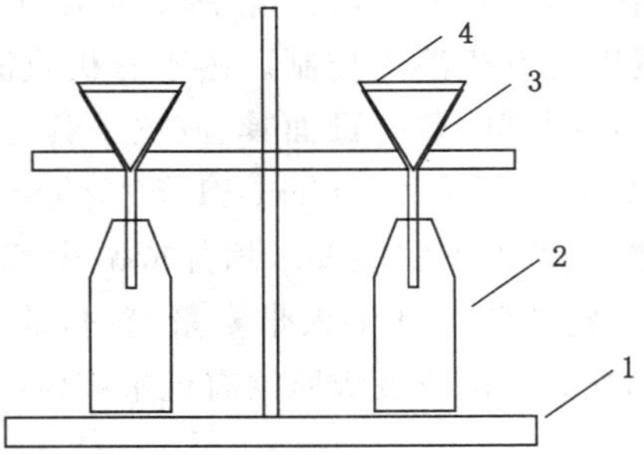

图 4-4　重液回收装置示意图

1——漏斗支架；2——重液回收瓶；3——玻璃漏斗；4——滤纸

(11) 最后将离心管内大于 2.00 g/cm³ 密度的沉物倒在铺有滤纸的漏斗内过滤并回收重液，可利用该密度重液多次冲洗，直至倒净。

(12) 重液回收后，将浮沉产物连同滤纸从漏斗上取下放到烘箱内 75 ℃左右低温烘干，干燥后连同滤纸在电子秤上称量，记录数据。

(13) 浮物和沉物分别测定灰分，必要时测定硫分。如果某密度级产物不够化验时，该密度级可增做一次实验。

五、数据处理与实验报告

(1) 将实验数据录入煤粉小浮沉实验结果表 4-9 中，并分析整理。

表 4-9　　**煤粉小浮沉实验结果表**

密度级/(g/cm³)	质量/g	产率/%	灰分/%	浮物累计		沉物累计		±0.1 含量/%
				产率/%	灰分/%	产率/%	灰分/%	
<1.3								
1.3～1.4								
1.4～1.5								
1.5～1.6								
1.6～1.7								
1.7～1.8								
1.8～2.0								
>2.0								
合计								

实验人员：____________　　日期：____________　　指导教师：____________

(2) 计算各密度级产物产率和灰分，绘制可选性曲线。

(3) 为保证实验的准确性，实验结果要满足浮沉实验前空气干燥状态的煤样质量与浮沉实验后各密度级产物的空气干燥状态质量之和的差值，不应超过浮沉实验前煤样质量的 2%，并用浮沉实验前煤样灰分与浮沉实验后各密度级产物灰分的加权平均值的差值进行验证，否则应重新进行浮沉实验。

煤样灰分小于 20%时，相对差值不应超过 10%，即：

$$\left|\frac{A_d - \overline{A_d}}{A_d}\right| \times 100\% \leqslant 10\% \tag{4-16}$$

煤样灰分 20%～30%时，绝对差值不应超过 2%，即：

$$|A_d - \overline{A_d}| \leqslant 2\% \tag{4-17}$$

煤样灰分大于 30%时，绝对差值不应超过 3%，即

$$|A_d - \overline{A_d}| \leqslant 3\% \tag{4-18}$$

式中　A_d——浮沉前煤样灰分，%；

$\overline{A_d}$——浮沉后各密度级产物的加权平均灰分，%。

六、思考题

(1) 煤粉小浮沉实验使用离心机的目的是什么？

(2) 举例说明离心分离在选煤中的应用。

(3) 如何保证煤粉小浮沉实验的准确性与可靠性？

第五节　跳汰选煤实验

一、目的与要求

(1) 掌握颗粒在跳汰分选过程中的分层原理。

(2) 熟悉实验用跳汰机的结构及其操作过程。

(3) 了解影响跳汰分选效果的因素。

二、基本原理

跳汰选煤是在上下脉动为主的介质中实现物料分选的重力选煤方法，它不改变煤的物理性质，是最主要的选煤方法之一。据统计，在我国大约占全部入选量 50%的原煤采用跳汰选煤工艺。跳汰选煤的优点在于工艺流程简单、设备操作维修方便、处理能力大且有足够的分选精确度；另外，跳汰选煤入料粒度范围宽，能处理 150～0.5 mm 粒度级原料煤。跳汰选煤的适应性较强，除极难选煤外，均可优先采用跳汰分选方法处理。因此未来很长一段时间内，跳汰分选仍将在我国选煤行业中居重要地位。跳汰选煤是一个多因素、多参数、复杂的物理过程，因此影响因素多且相互关联，建立完善成熟的跳汰分选理论仍是选煤界追求解决的技术难题。

在跳汰分选过程中，水流每完成一次周期性变化所用的时间称为跳汰周期。图 4-5 所描绘的就是物料在一个跳汰周期中所经历的松散与分层过程。在一个跳汰周期内，床层经历了从紧密到松散分层再到紧密的过程，在这个过程中，不同密度颗粒受到不同的分选作用。然而物料只有经过多个跳汰周期之后，颗粒分层才能趋于完善。最后，高密度矿粒集中在床层下部，低密度矿粒则聚集在上层。然后，从跳汰机内分别排出，从而获得密度不同及质量不同的产物。物料在跳汰过程中之所以能分层，起主要作用的内因，是矿粒自身的性质，但能让分层得以实现的客观条件则是垂直升降的交变水流。

空气脉动跳汰机是目前最为常用的机型，按空气室位置的不同，分为筛侧空气室跳汰机和筛下空气室跳汰机。筛侧空气室跳汰机的空气室位于跳汰室一侧，易导致脉动水流沿跳汰室宽度各点波高不等，床层受力不均而影响分选效果。筛下空气室跳汰机的空气室位于

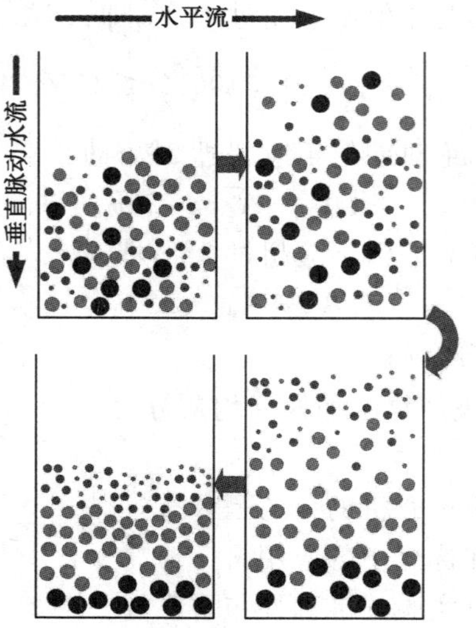

图 4-5　颗粒在跳汰时的松散与分层过程

筛下，水流在跳汰室宽度各点波高一致，分选效果较好，目前应用较广。实验室用小型隔膜跳汰机结构如图 4-6 所示，由偏心连杆机构带动橡胶隔膜做往复运动，借以推动水流在跳汰室内上下运动形成床层，从而达到分选作用。

图 4-6　实验室用小型隔膜跳汰机结构示意图

1——电动机；2——传动部分；3——分水器；4——摇臂；5——连杆；6——橡胶隔膜；7——筛网室；8——隔膜室；9——跳汰室；10——机架；11——排矿阀门

三、仪器设备及材料

(1) 实验室型 XCT200×300 隔膜跳汰机 1 台；

(2) 天平1台,台秤1台,秒表1块;

(3) 给矿铲1个,活动扳手及螺丝刀各1个;

(4) 中号搪瓷盘5个,大小号搪瓷盆各2个;

(5) 6～0.5 mm粒级、密度级为$-1.3\ g/cm^3$与$+1.6\ g/cm^3$的煤样各1 kg(也可选用相差较大的其他密度范围)。

四、实验步骤与操作技术

(1) 学习设备操作规程,熟悉实验装置。

(2) 调试设备,使其运转正常。

(3) 用2 mm标准筛对两种密度级的煤样分别筛分,然后称重、混合,得到6～2 mm粗粒级混合煤样和2～0.5 mm细粒级混合煤样各1份,两种煤样组成均为:低密度级物料200 g,高密度级物料100 g。

(4) 取粗粒级混合煤样放入小搪瓷盆中湿润混匀后给入跳汰机。

(5) 固定冲程及冲次,启动机器观察物料的分层情况,记录跳汰时间(跳汰开始至物料基本分层结束的时间)。

(6) 跳汰结束后,关闭机器,放出跳汰机箱内的水,将精煤与尾煤小心取出、烘干、称重,可对产品做浮沉实验,研究其分选效果。

(7) 将细粒级混合煤样给入跳汰机按粗粒级分选步骤进行实验,观察比较两种粒级物料在跳汰机内的分层现象。

(8) 选择其他工艺参数进行实验(主要通过调节冲程、冲次、筛下补加水以及给料量等),操作过程中要注意观察并记录分层现象。

(9) 清理设备及实验场所。

五、数据处理与实验报告

(1) 将实验数据和分析结果填入跳汰选煤实验结果表4-10中。

表4-10　跳汰选煤实验结果记录表

实验序号	产品名称	质量/g	灰分/%	产率/%	实验条件
1	精煤				
	尾煤				
	原煤				
2	精煤				
	尾煤				
	原煤				
3	精煤				
	尾煤				
	原煤				

实验人员:______________　　日期:______________　　指导教师:______________

(2) 根据实验数据和计算结果分析跳汰实验分选效果。

(3) 撰写实验报告。

六、思考题

(1) 根据实验中观察到的现象及计算结果,分析哪些因素对分选有影响?如何影响?

(2) 结合跳汰周期曲线,简要说明跳汰过程中的水流特性。

(3) 何为吸入作用?在实验中如何考察它的作用?

(4) 如何评价跳汰机的分选效果?

第六节　细粒物料螺旋分选实验

一、目的与要求

(1) 了解螺旋分选机的结构和工作原理。

(2) 学习螺旋分选实验的基本操作过程。

(3) 观察物料在螺旋分选机中的运动状态和分离现象。

(4) 了解影响螺旋分选的主要因素。

二、基本原理

螺旋分选机是近代用于分选粗煤泥的一种较好设备,它具有结构简单、分选效率较高、无噪声、无转动部件、无动力、维修量极少、使用期限较长等优点。物料在螺旋分选机内基本是在轴向液流和径向液流的复杂作用下对轻重矿物按密度进行分选。在螺旋槽内重矿物在内缘聚集,轻矿物在外缘聚集,轻重物料产品在末端分别接取。分选效果除了与矿物本身性质有关外,还与螺旋分选机的结构参数如倾角、螺距、直径、断面形状等有关。

在螺旋分选机螺旋溜槽中,水流做曲线运动。当水流做曲线运动时,除了受重力作用外,还受到离心力的作用,离心力的方向是从螺旋槽过水断面的内缘指向外缘。在离心力作用下,外缘附近水面高于内缘附近水面。

假设在断面环流上取一个微小水柱,微小水柱所受到的动压力自上而下逐渐增大。因为在垂线上各点的纵向流速自上而下逐渐减小,因此作用在水柱上各质点的离心力也是由表面向底部逐渐减小,如图 4-7(a)所示;横向水面坡度所引起的压强差与离心力叠加,可以得到作用于水柱的合力分布,如图 4-7(b)所示;由图 4-7(c)可以看出,当水柱某点处的离心力和动水压强差相平衡时,该点所受横向合力为零,该点以上各点离心力大于动水压强差,其合力指向外缘,所以在水流上都出现指向外缘的横向流动,反之在该点以下各点离心力小于动水压强差,水流下部出现指向内缘的横向流动。

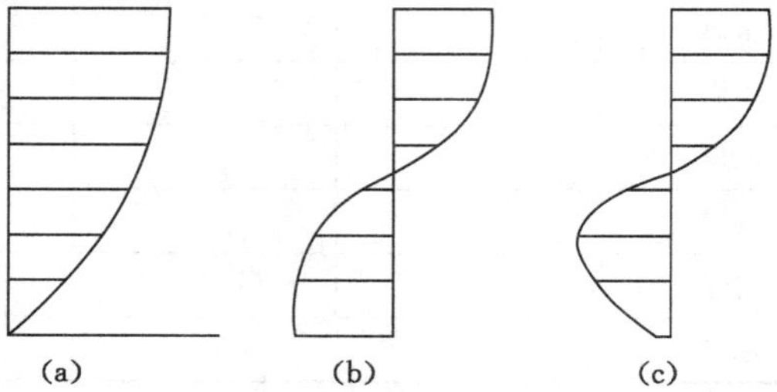

图 4-7　水柱受力分布图

(a) 离心力横向分布图;(b) 合力分布图;(c) 横向流速分布图

矿粒在螺旋溜槽分选主要受水流运动特性影响，不同密度的粒群在螺旋槽面除受到重力、惯性离心力和摩擦力作用外，还有横向环水中上层液流向外侧的动压力和下层液流向内侧的动压力以及环流的法向分速度与紊流的脉动速度所形成的动压力。矿粒在螺旋槽内进行松散和分层的过程与一般弱紊流中的作用是一样的，矿粒群在沿螺旋槽底运动过程中，重矿颗粒逐渐转入下层，而轻矿颗粒转入上层，大约经第一圈后分层就能基本完成。由于断面环流从入料时即产生，所以分层的同时，低密度颗粒在离心力和断面环流上层液流向外的冲击力作用下向外缘移动，而高密度颗粒在断面环流底层液流向内的冲击力和重力产生的下滑力作用下向内缘移动。

按密度分好层的颗粒群，位于上层的低密度颗粒在离心力和断面环流上层液流指向外缘的冲击力作用下，继续向外缘移动，沉于槽底的细颗粒，由于粒度较细，摩擦力较小，在断面环流向内冲击力和重力分力产生的下滑力作用下，克服离心力被输送到内缘(由于渡流的扰动作用，沉于槽底的低密度细颗粒较少)。沉于槽底的粗颗粒(由于渡流扰动作用较弱，混杂着部分低密度大颗粒)，其中低密度颗粒与槽面间摩擦系数较小，沿着位于螺旋槽外缘的螺旋线轨迹运动，而高密度颗粒则与之相反，从而完成了颗粒群沿螺旋槽的横断面按密度由高至低的顺序从螺旋槽的内沿至外缘均匀排列(分带)。按密度分带的颗粒，沿各自的回转半径运动，直至排料端，设在排料端的分料板将不同密度的颗粒沿横向分割成需要的几部分，由相应的排料管排出，从而完成分选。

因螺旋分选机具有工作无须动力、若有高差可实现无能耗工作、操作维护简单、工作稳定、使用寿命长、基本无须检修等特点，已广泛应用于铁矿、钛铁矿、海滨砂矿、锡矿、砂金、钨矿等金属矿以及煤炭等非金属矿的选别及脱泥。螺旋分选机结构如图 4-8 所示。

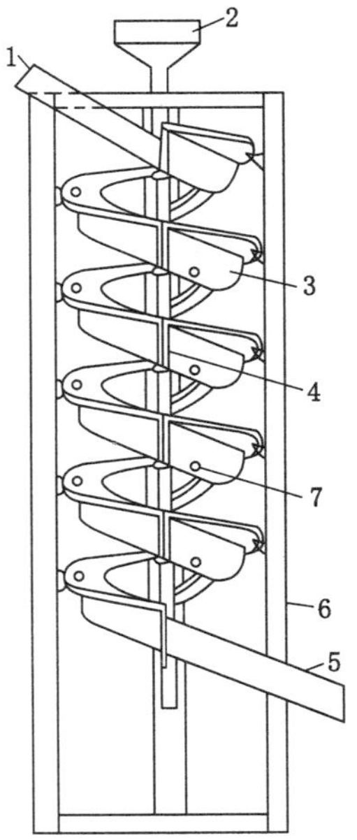

图 4-8 螺旋分选机结构

1——冲洗水导管；2——给料槽；3——螺旋槽；4——连接法兰盘；5——低密度产物导出管；6——机架；7——高密度产物导出管

三、仪器设备及材料

(1) ϕ600 mm 单头螺旋分选机 1 台；

(2) 30 L 搅拌桶 1 台，给料泵 1 台；

(3) 天平 1 台；

(4) 20 L 接样桶 3 个，中号搪瓷盘 5 个，小盆 10 个；

(5) −6 mm 物料(煤或其他矿样与物料)20 kg。

四、实验步骤与操作技术

(1) 学习设备操作规程，熟悉实验系统。

(2) 缩制两份试样，其质量分别为 2.5 kg 和 5 kg。

(3) 启动搅拌桶，加入一定量水的情况下加入矿样并加水至所需浓度。将接料桶放置在螺旋溜槽的相应位置。

(4) 打开搅拌桶放料阀门，开启给矿泵，将入料桶中的悬浮液混合物给入螺旋分选机中。

(5) 料浆排完后，用适量水冲洗黏附在槽壁上的物料，并入接料桶。

(6) 彻底冲洗给料搅拌桶和分选机，将各产品脱水、烘干、化验。

五、数据处理与实验报告

（1）将实验数据和分析结果填入螺旋分选实验结果表 4-11 中。

表 4-11　　螺旋分选实验结果表

序号	入料粒度 /mm	入料浓度 /(g/L)	入料品位 /%	产品 1			产品 2			产品 3			计算入料		
				质量 /g	产率 /%	品位 /%	质量 /%	产率 /%	品位 /%	质量 /%	产率 /%	品位 /%	质量 /%	产率 /%	品位 /%
1															
2															

实验人员：__________　　日期：__________　　指导教师：__________

（2）撰写实验报告。

六、思考题

（1）影响螺旋分选效果的主要结构因素有哪些？如何影响？

（2）简述螺旋分选技术的特点、适用范围及应用领域。

第七节　细粒物料摇床分选实验

一、目的与要求

（1）了解摇床的基本结构和工作原理。

（2）观察分选过程中物料在床面上的扇形分布，验证摇床分选的基本理论。

（3）了解影响摇床分选效果的主要因素与调节方法。

二、基本原理

摇床选矿是在一个倾斜的宽阔床面上，借助床面的不对称往复运动和薄层斜面水流的作用进行矿石分选的。摇床结构示意如图 4-9 所示。

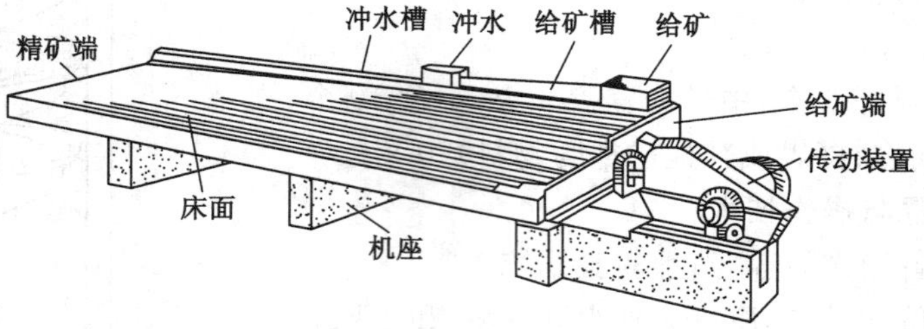

图 4-9　摇床结构示意图

摇床分选过程主要包括以下两个环节。

1. 物料在床面上的松散分层

在摇床分选过程中，水流沿床面横向流动，不断跨越床面隔条，流动变化的大小是交替的，每经过一个隔条即发生一次水跃。水跃产生的涡流在靠近下游隔条的边沿形成上升流，而在沟槽中间形成下降流。水流的上升和下降是矿粒松散、悬浮的动力，而松散悬浮又是发生颗粒分层使得重颗粒转入底层的前提。由于底层颗粒密集且相对密度较大，水跃对底层的影响很小，因此在底层形成稳定的重产物层。而较轻的颗粒由于局部静压强较小，不能再进入底层，于是在横向水流的推动下越过隔条向下运动。沉降速度很小的颗粒始终保持悬浮，随横向水流排出。

2. 物料在床面上的分带

(1) 横向水流包括入料悬浮液中的水和冲洗水两部分。由于横向水流的作用，位于同一高度层的颗粒，粒度大的要比粒度小的运动快，密度小的又比密度大的运动快。这种运动差异又由于分层后不同密度和颗粒占据了不同的床层高度而愈加明显：水流对于那些接近隔条高度的颗粒冲洗力最强，因而粗粒的低密度首先被冲下，即横向运动速度最大；沿着床层的纵向运动方向，隔条的高度逐渐降低，原来占据中间层的颗粒不断地暴露到上层，于是细粒轻产物和粗粒重产物相继被冲洗下来，沿床面的纵向产生分布梯度。

(2) 由于床面前冲及回撤的加速度及作用时间不同导致的床面差动运动，引起颗粒沿床面纵向的运动速度不同，特别是颗粒群分层以后更加剧了不同密度和粒度的颗粒沿床面的纵向运动差异。底层密度较高的颗粒由于与床面间的摩擦系数较大，因而具有随床面一起运动的倾向，而位于上层的颗粒由于水的润滑及所具有的相对松散的状态，摩擦力较小，因而随床面一起运动的趋势较弱。所以低密度颗粒尽管与床面间具有较大横向运动速度，但综合的结果是低密度颗粒沿床面的纵向距离较短，而高密度不但沿床面的横向运动速度较小，且由于每次负加速度的作用，可以获得一段有效的前进距离，进一步导致了轻重颗粒的运动差和距离差异。

颗粒在床面上的实际运动是横向运动与纵向运动的合成，运动方向是横向与纵向运动方向的向量和。矿浆给到摇床床面上以后，矿粒群在床条沟内因摇动作用和水流冲洗作用产生松散和分层，不同密度和粒度矿粒沿床面的不同方向移动，分别自床面不同区间内排出(图 4-10)。最先排出的是漂浮于水面的矿泥，然后依次为：粗粒轻矿粒、细粒轻矿粒、粗粒重矿粒。最后，从床面最左端排出的是床层最底层的细粒重矿粒。

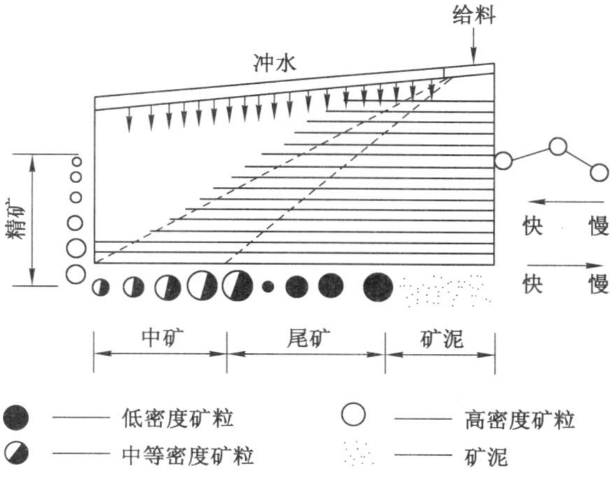

图 4-10　摇床工作过程

生产中应用的摇床种类很多，分选方法各异。摇床按处理物料粒度可分为粗砂摇床、细砂摇床、矿泥摇床；按床面层数可分为单层摇床和多层摇床；按安装方式可分为落地式和悬挂式；按分选的主导作用力可分为重力摇床和离心摇床；按摇动机构可分为凸轮杠杆式、惯性弹簧式、偏心肘板式等；按支撑方式可分为滑动支撑、滚动支撑、弹性支撑等。目前，摇床分选技术已广泛用于钨、锡、钽、铌及其他稀有金属和贵金属矿石的分选，也可以用于铁、锰、铬、钛、铅等矿石及煤等非金属矿的分选；可用于粗选、精选、扫选等作业。

三、仪器设备及材料

(1) 实验室用摇床 1 台；

(2) 20 L 接样桶 5 个，瓷盆若干，量筒 1 个(1 000 mL)；

(3) 毛刷 1 把，秒表 1 块，钢尺 1 把，电子秤 1 台；

(4) 3～0.5 mm 细粒煤粉与石英砂的混合试料。

四、实验步骤与操作技术

(1) 学习操作规程，熟悉设备结构，了解调节参数与调节方法。

(2) 试运转检查，确保实验过程的顺利进行与人机安全。

(3) 称取混合试样两份，每份质量 1 kg。

(4) 选定工作参数，清扫床面，调节好冲水后确定横冲水流量；将润湿好的矿样在 2 min 内均匀地加入给料槽，调整冲水及床面倾角，使物料在床面上呈扇形分布，同时调整接料装置，分别接取各产品。待分选过程结束后，停机，继续保持冲水，清洗床面，将床面剩余颗粒归入重产物。

(5) 按照上述参数，用备用样做正式实验，接取 3 个产物。

(6) 实验结束后清理实验设备，整理实验场所。

五、数据处理与实验报告

(1) 将实验条件与分选结果数据记录于摇床分选实验结果表 4-12 中。

表 4-12　摇床分选实验结果表

单元实验条件	入料粒度/mm	处理量/(kg/h)	横向倾角/(°)	冲水量/(L/min)	冲次/min	冲程/mm
单元实验结果	产品	质量/g	产率/%	品位(灰分)分析/%		接料点距床尾距离/mm
	产品 1					
	产品 2					
	产品 3					
合计						

实验人员：__________　　日期：__________　　指导教师：__________

(2) 分析实验条件与分选结果间的关系。

(3) 撰写实验报告。

六、思考题

(1) 设想隔条的高度沿纵向不变会发生什么现象？为什么？

(2) 粒群在摇床床面上松散、分层作用是怎样发生的？在分层过程中最易混淆和分清的是哪些颗粒？为什么？

(3) 简述影响摇床工作的因素。

第八节　粗煤泥干扰床分选机(TBS)分选实验

一、目的与要求

(1) 了解干扰床分选机(Teeter-Bed Separator,TBS)的结构和工作原理。

(2) 掌握干扰床分选机(TBS)分选效果的影响因素。

(3) 通过粗煤泥分选实验加深对选煤工艺和粗煤泥分选技术的理解。

二、基本原理

粗煤泥是指粒度接近于煤泥,通常为 0.3～2 mm,不宜采用浮选处理的颗粒。长期以来我国选煤厂已形成了以粗粒煤重介分选、煤泥浮选为主的成熟分选工艺,发展趋势是重介旋流器向大型化方向发展,煤泥浮选向着提高煤泥选择性的方向发展。目前我国拥有自主知识产权的大直径旋流器和具有更高选择性的浮选柱都在我国选煤工业中得到了广泛应用。由于大直径旋流器有效分选下限的提高和微泡浮选柱入料粒度上限的降低,最终导致介于重介质旋流器有效分选下限和浮选柱有效分选上限之间的粗煤泥成分得不到有效分选。近年来对粗煤泥的分选越来越受到重视,干扰床分选机(TBS)可以实现 2～0.15 mm 粒级煤泥的有效分选,有效分选密度为 1.4～1.9 kg/L,不仅适用于动力煤选煤厂,也适用于炼焦煤选煤厂,是目前较为理想的粗煤泥分选设备,其原理与结构如图 4-11 所示。

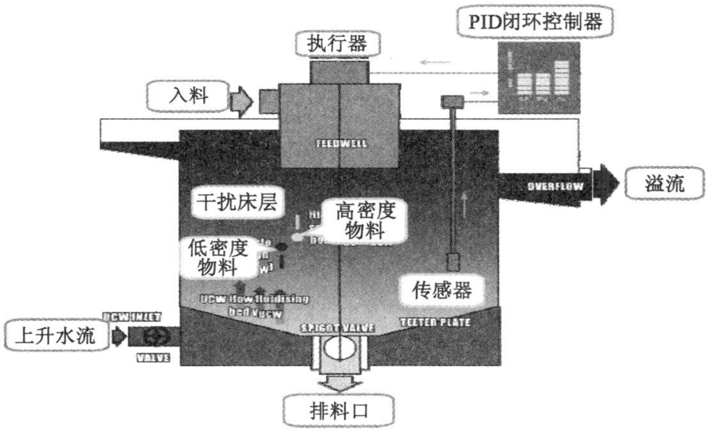

图 4-11　干扰床分选机(TBS)原理与结构示意图

干扰床分选机(TBS)分选基本原理为:颗粒的密度、粒度不同,在同一流体中的沉降速度也不同,高密度粗粒具有较大的沉降速度,低密度细粒的沉降速度则较小。如果提供一个上升流体速度,使其介于高密度粗粒的沉降速度和低密度细粒的沉降速度之间,则高密度粗粒将在该上升水流中沉降,而低密度细粒将上浮,从而实现多组分粒群按密度和粒度实现分离。如果粒群的粒度相等或处于很窄的粒度范围内,则颗粒的沉降速度取决于颗粒的密度,不同密度的颗粒在一定上升水流作用下将按密度进行分选。

干扰床分选机(TBS)是一种利用上升水流在槽体内产生干扰沉降和矿浆颗粒悬浮于干扰床层中形成自生介质的分选机。入料从槽体的上端沿切线给入,上升水流以一定的压力和流量从槽体底部给入，入料和上升水流在槽体中部相遇产生干扰沉降床层，同时悬浮于干扰床层的颗粒形成自生的分选介质，被分选的颗粒在分选机槽体内既做干扰沉降运动又在自生介质中进行分选，轻物料上浮至溢流收集槽，从溢流口排出，成为精矿，高密度的物料穿过分选床层聚集到分选机槽体下部，最终通过底部排料阀排出，成为尾矿。密度传感器浸入紊流层中相应高度，对槽体内的床层密度进行不间断的监测，通过 PID 控制器控制排料阀开启，使槽体内干扰床层保持稳定的设定密度。

三、仪器设备及材料

(1) 干扰床分选机(TBS)分选实验研究系统 1 套(图 4-12)；

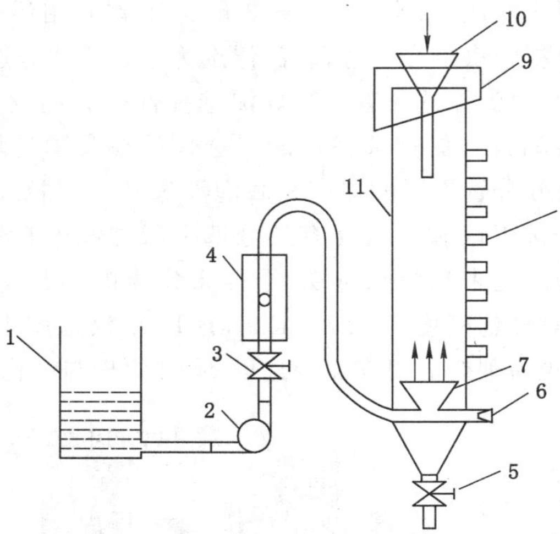

图 4-12　干扰床分选机(TBS)分选实验研究系统

1——水箱；2——小型水泵；3——上升水流调节阀；4——玻璃转子流量计；5——排料阀；6——橡胶塞；7——布水板；8——取样口；9——溢流槽；10——给料漏斗；11——液固流化床分选机

(2) 秒表 1 块；

(3) 台秤 1 台；

(4) 20 L 水桶 1 个，接样瓷盆若干；

(5) 3～0.25 mm 粗煤泥试样 5 kg。

四、实验步骤与操作技术

(1) 检查并熟悉实验分选系统。

(2) 将水箱加满水，开启水泵，向分选机中加入清水，清洗系统。

(3) 将上升水速调整到较小，缓缓向系统中加入粗煤泥，然后加大上升水流到一定程度(通过流量计读数)，记录分层时间。

(4) 从各取样管取出样品，可将上部几个样品与溢流合并作为精煤产品，中间几个样品合并作为中煤产品，下部几个样品合并作为尾煤产品，对各产品分别做浮沉实验，并记录数据。

(5) 每组可取不同的上升水流速度重复实验。

(6) 关闭电源，清理实验系统。

五、数据处理与实验报告

(1) 将数据录入粗煤泥干扰床分选结果表 4-13 中，并分析整理。

表 4-13　　粗煤泥干扰床分选结果表

实验条件	上升水速/(L/min)				分层时间/s			
样品	入料		上部		中部		尾煤	
密度 /(kg/L)	质量 /g	灰分 /%	产率 /%	灰分 /%	产率 /%	灰分 /%	产率 /%	灰分 /%
−1.4								
1.4～1.5								
1.5～1.6								
1.6～1.8								
+1.8								
合计								

实验人员：______________　　日期：______________　　指导教师：______________

(2) 结合所学知识对实验结果进行分析(建议不同组学生之间在各自不同的实验条件下对实验结果进行汇总处理)。

六、思考题

(1) 当前常见的粗煤泥分选设备有哪些？各有何优缺点？

(2) 简述粗煤泥干扰床分选机的工作原理。

(3) 画出几种常见的粗煤泥分选工艺流程图,并进行分析。

第九节　风力分选实验

一、目的与要求

(1) 了解风力分选的基本原理和基本方法。

(2) 熟悉干法分选在选煤中的应用情况。

二、基本原理

传统的湿法选煤过程需要耗费大量的水,而水资源的贫乏是全球性问题,这一问题在我国西部地区更为突出。因此,为了顺应中国煤炭工业的战略西移,促进洁净煤事业的全面发展,就需要研究高效的干法选煤技术,开发适合西部干旱缺水特点的高效干法选煤设备,解决西部煤炭资源的经济、高效和合理利用。干法选煤主要是利用煤与矸石的物理性质差别实现分选的,目前研究较多和应用较成功的是复合式干法分选技术和空气重介质流化床分选技术。

复合式干法分选机由分选床、振动器、风室、机架和吊挂装置等组成,分选床由床面、背板、格条、排料挡板组成。床面下有可控制风量的风室,气流通过床面上的风孔作用于分选物料,由吊挂装置将分选床、振动器悬挂在机架上,可任意调节分选床的纵向和横向角度,结构如图 4-13 所示。复合式干法分选技术采用自生介质与空气组成的气固两相混合介质分选,借助机械振动使分选物料做螺旋翻转运动,形成多次分选。研究表明,复合式干法分选物料粒度范围可达到 80～0 mm,适用于易选、中等可选和矸石含量较高的煤炭分选。

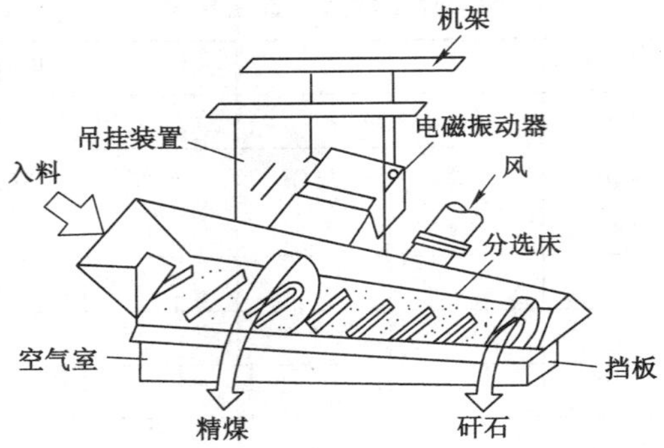

图 4-13　复合式干法分选机结构示意图

空气重介质流化床干法分选机由空气室、气体分布器、分选室和产品输送刮板装置组成。空气重介质流化床分选系统主要由原煤准备、重介质分选、介质净化回收、供风除尘等部分组成，结构如图 4-14 所示。空气重介质流化床干法分选技术以空气和加重质形成的具有似流体性物质和一定密度的流化床层为分选介质，能够使粒级为 50～6 mm 的粗粒煤得到有效分选，有能量引入的振动空气重介质流化床和磁场流化床可使－6 mm 粒级的细粒煤炭得到有效分选。

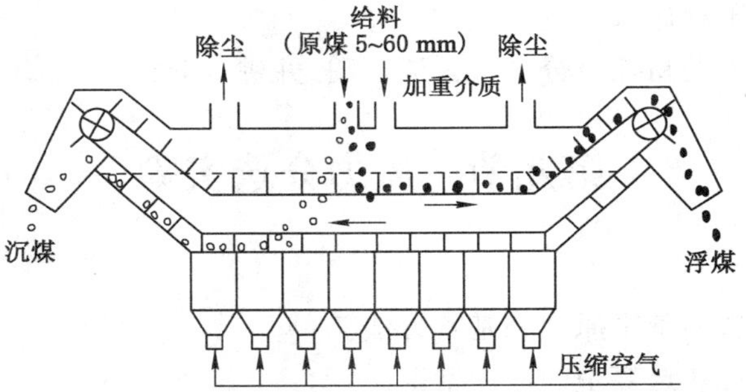

图 4-14　空气重介质流化床干法分选机结构示意图

本实验采用水平气流风力分选机模拟煤炭干法分选过程，测定在不同风速条件下，不同密度颗粒的分选效果与风速的关系。该分选机从侧面送风，细粒物料定量给入分选腔内，当物料下落时，被鼓风机送入的水平气流吹散，物料各组分沿不同运动轨迹分别落入不同的产品收集槽中。水平气流风力分选机结构如图 4-15 所示。

三、仪器设备及材料

（1）水平气流风力分选机（有机玻璃材质）1 台，尺寸：长×宽×高＝1.6 m×0.5 m×1.0 m；

（2）涡流式鼓风机 1 台，功率 1.5 kW；

（3）风速测定仪 1 台；

（4）电子秤 1 台，秒表 1 块，瓷盆若干，毛刷 2 个；

（5）－2 mm 煤样（两种密度相差较大的混合试样）10 kg。

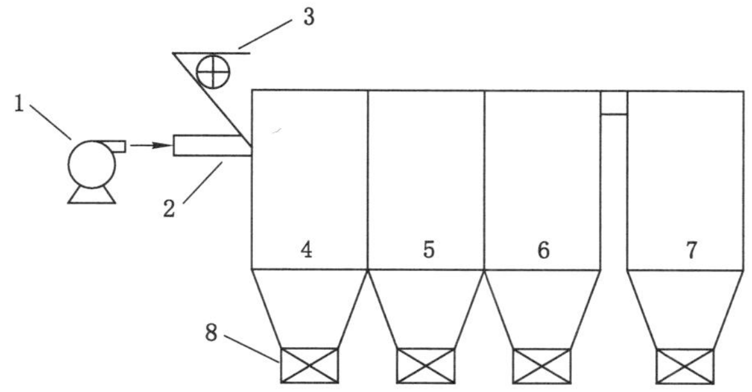

图 4-15　水平气流风力分选机示意图

1——风机；2——进风口；3——进料斗；4——重物质槽；
5——中重物质槽；6——轻物质槽；7——除尘器；8——出料口

四、实验步骤与操作技术

(1) 检查并熟悉实验分选系统。

(2) 开启风机后，利用风速测定仪测定风机风速，将 1 kg 混合煤样按一定速度均匀给入风力分选机内，观察物料在风力分选机内的运动状态，收集各分选产物并称重化验。

(3) 固定给料速度，调节不同的风速重复上述实验。

(4) 根据分选现象及分选精度，固定一风速，改变混合煤样的给料速度进行实验，收集各分选产物并称重化验。

(5) 可将各产物进行筛分分析，研究不同风力参数条件下的物料粒度分布情况。

五、数据处理与实验报告

(1) 将实验数据记录在风力分选实验结果表 4-14 中。

表 4-14　　**风力分选实验结果表**

实验序号	风速 /(m/s)	给料时间 /min	重质颗粒		中质颗粒		轻质颗粒	
			产率/%	灰分/%	产率/%	灰分/%	产率/%	灰分/%
1								
2								
3								
4								
5								

实验人员：______　　日期：______　　指导教师：______

(2) 分析各因素对分选效果的影响。

(3) 撰写实验报告。

六、思考题

(1) 简述影响水平气流风力分选机分选效果的影响因素。

(2) 简述干法选煤的应用研究现状及所面临的问题。

第十节 Falcon离心重力分选实验

一、目的与要求

(1) 了解Falcon离心重力分选机的结构和工作原理。

(2) 掌握Falcon离心重力分选机的操作方法。

二、基本原理

随着水力学、两相流及选矿理论的发展,煤炭重力分选设备已从简单地利用重力、水流阻力分选发展到利用重力、离心力、水流阻力、机械振动力等构成的复合力场进行分选,从而使重力分选设备对细粒甚至微细粒的分选能力得到极大提高。Falcon离心重力分选机即被称为目前最为有效的细粒煤重选设备之一,该设备利用离心力场来强化细粒物料按密度进行有效分离。

Falcon离心重力分选机工作原理是:分选细粒煤经搅拌桶调浆后,由蠕动泵给入Falcon离心机入料盘,经入料管进入转筒底部,矿浆在离心力的作用下均匀地甩向转筒内壁,由转筒的分层区自下而上移动,在分层区实现流膜分层,然后向上移动至来复圈槽构成的分选区,同时,带有压力的反冲水从内外转筒之间的水套,由外垂直射入来复圈底的进水孔,使沉积在来复圈槽底的物料松散或流态化,在离心力和反冲水的共同作用下,高密度、大颗粒的矸石和黄铁矿颗粒能够克服水流的径向阻力而离心沉降至锥壁,而小颗粒、低密度的轻产物因所受的离心力小于反冲水流所造成的径向水流阻力而难以沉入床层底部,经溢流收集为精矿。Falcon离心重力分选机的结构如图4-16所示。

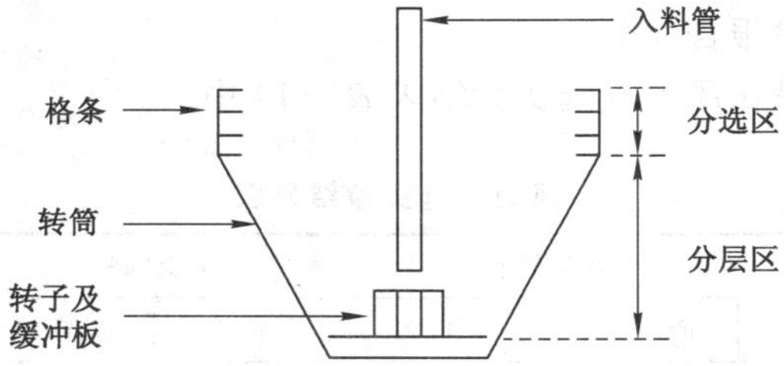

图4-16 Falcon离心重力分选机结构简图

Falcon离心重力分选机区别于其他类型重力分选设备的重要特征之一是能够产生较大的离心加速度,最大能够达到重力加速度的300倍,高强度的离心加速度可以弥补微细颗粒由于粒度小而导致的沉降时间长的缺点,从而实现快速沉降。此外,通过调节反冲水的压力,可实现来复圈中的物料处于流态化状态,使高密度的颗粒很容易就能穿过流态化床层达到来复圈的底部,而原来处于床层底部的低密度物料将被重颗粒取代进入来复圈外部,被轴向水流冲出旋转滚筒外,从而最终实现轻、重物料的分离。

三、仪器设备及材料

(1) Falcon离心重力分选机1台;

(2) 调浆桶、给料蠕动泵各1台;

(3) 秒表1块,电子秤1台,大号量筒2个;

(4) 洗瓶2个,搪瓷盆若干,20 L水桶1个;

（5）－1 mm 煤样 3 kg。

四、实验步骤与操作技术

（1）检查连接并熟悉实验系统。

（2）向调浆搅拌桶中加入约 20 L 水，开启搅拌桶，加入 2 kg 煤样，准备好接尾矿的桶。

（3）将煤样搅拌一段时间后，设定好分选机转筒变频器的频率，开启转筒。

（4）开启反冲水，将压力调至合适的位置。

（5）打开搅拌桶排料阀，开启给料蠕动泵，调至合适转速，给料约 1 min，停止给料，关闭搅拌桶阀门。

（6）等尾矿排出水变清澈时，先将反冲水关掉，再将分选机转筒停掉。

（7）等转筒停止后，取出转筒，将内部残留的精煤取出，然后将转筒冲洗干净。

（8）改变操作条件，重复上述实验过程。

（9）将分选得到的精煤与尾煤分别过滤、称重并化验。

五、数据处理与实验报告

（1）将实验数据记录在 Falcon 离心重力分选机分选结果表 4-15 中。

表 4-15　　Falcon 离心重力分选机分选结果表

实验序号	给矿频率/Hz	给矿时间/s	给矿浓度/%	转筒频率/Hz	反冲水压力/MPa	精煤		尾煤	
						质量/kg	灰分/%	质量/kg	灰分/%
1									
2									
3									
4									
5									
6									

实验人员：＿＿＿＿＿＿　　日期：＿＿＿＿＿＿　　指导教师：＿＿＿＿＿＿

（2）分析各因素对分选效果的影响。

六、思考题

（1）分析 Falcon 离心重力分选机的适用范围。

（2）简述 Falcon 离心重力分选机的应用前景。

第十一节　重选技术发展现状及展望

选煤是使用物理或物理化学方法将原煤分成不同质量、不同规格产品的加工过程。选煤的目的是除去煤中的杂质，包括矸石和硫分，提高煤炭产品的质量，增加煤炭品种，减少无效运输，提高热效率，节约能源，减少二氧化硫和烟尘等污染物的排放量。选煤过程需要根据所选煤质的具体情况，综合采用各种可行的分选方法，以得到符合客户需求的合格产品的过程。

重选是利用煤与矸石的密度差异，在水或重介质（重液、重悬浮液）和空气（干法）介质中进行分选的方法，目前主要的重选设备有浅槽重介质分选机、重介质旋流器、跳汰机、粗煤泥干扰床分选机等，重介斜轮、立轮、重介滚筒、水力螺旋滚筒等重选设备已经用得比较少。下面主要从跳汰选煤、重介质选煤、干法选煤以及粗煤泥分选等几个方面对重选技术进行简要论述。

一、跳汰选煤技术

跳汰选煤技术对不同煤质具有广泛的适应性，且具有系统简单可靠、生产成本低、分选效果好等诸多优点，长期以来一直被作为主要的选煤方法之一，在我国的各种选煤方法中占有较大比例。另外，跳汰选煤处理的粒度级别较宽，最大处理粒度可达 150 mm，既可不分级入选，也可分级入选。跳汰选煤的适应性较强，除非极难选煤，均可优先考虑采用跳汰法处理。跳汰分选工艺流程简单，设备操作维修方便，处理能力大，对易选煤具有较高的分选精度。因此，在生产中应用较普遍，是重选中非常重要的一种分选方法。

跳汰机是实现跳汰分选过程的装备。煤用跳汰机主要有空气脉动跳汰机和动筛跳汰机，其中空气脉动跳汰机按其结构可分为筛侧空气室跳汰机和筛下空气室跳汰机。近年来，专家们通过对大量实践经验的积累和总结，在跳汰机的结构和自动控制方面做了大量的改进完善，从而使跳汰机的分选效果和智能化控制水平进一步提高。因筛下空气室跳汰机与筛侧空气室跳汰机相比，具有占地面积小、水流脉动均匀等优点，现在国内外绝大多数跳汰机都采用筛下空气室结构，大型跳汰机更是如此。

最近几年，动筛跳汰机以其处理能力大、运行成本低、可靠性高而受到国内外用户的青睐。动筛跳汰机的工作原理是靠动筛机构在水介质中的上下往复运动，使筛板上的物料形成周期性的松散，实现物料按密度分层。动筛跳汰机按驱动装置可分为液压驱动式（图 4-17）和机械驱动式（图 4-18）两大类。不论是液压驱动式动筛跳汰机还是机械驱动式动筛跳汰机，它们都是由主机、驱动装置和控制装置三部分组成，所不同的是液压驱动式动筛跳汰机，其动筛机构和排矸轮的动力由液压站提供，而机械驱动式动筛跳汰机则通过曲柄的连续传动，使摆杆绕固定轴做往复摆动，带动动筛工作。分好层的物料中，轻产物通过溢流槽排出，重产物通过排矸辊排出，透筛细粒物料一般采用斗提机排放方式。物料上升时的液压压力值作为床层的厚度测值，同时转化为电信号调控排矸辊的速度参数，从而达到控制床层厚度的目的。

跳汰机作为我国的传统选煤设备，经历了半个世纪的发展，已经取得了长足的进步。但与国外先进跳汰机技术相比，仍有一定差距，主要表现在：

（1）作为我国有代表性的 SKT 系列和 X 系列跳汰机，其适应煤质的能力、自动化程度都可与国外同类设备相媲美，但处理能力不如同规格的进口巴达克跳汰机。

（2）在机械结构、风阀和排料的控制系统以及分选指标等方面与国外先进跳汰机相比毫不逊色，但在设备的制造水平和使用可靠性方面差距明显。在检测技术、检测元件的精确度和可靠性以及系统控制方面也存在较大差距。

（3）在设备大型化、系统集成化、部件模块化技术方面还缺乏足够的经验，还有进一步提高的空间。在跳汰机进一步向智能化、全自动化方向发展方面还需要做大量工作。

（4）我国在跳汰参数的检测手段上相对比较单一，在生产中还是利用浮标传感器检测床层厚度，以此来实现排料和给料的自动控制。对于加装精煤在线测灰仪，实现跳汰精煤灰分自动控制方面还有差距。

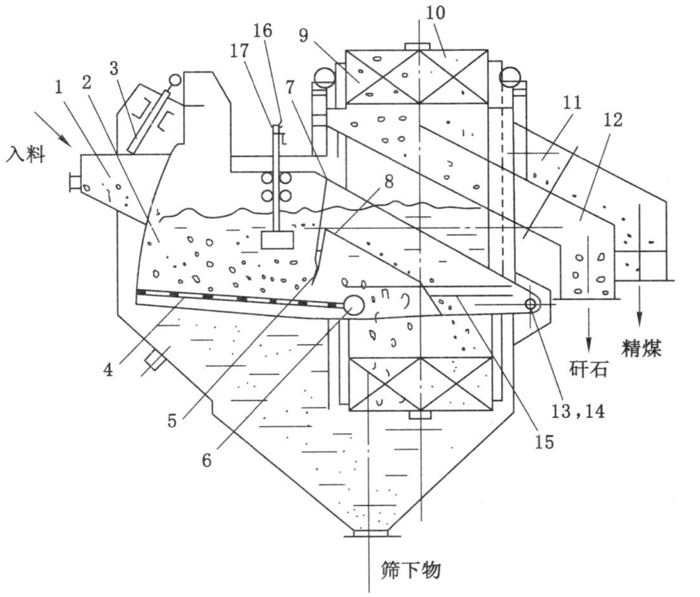

图 4-17　液压驱动式动筛跳汰机结构简图

1——槽体；2——动筛机构；3——液压油缸；4——筛板；5——闸门；6——排矸轮；7——手轮；8——溢流堰；9——提升前轮；10——提升轮后段；11——精煤溜槽；12——矸石溜槽；13——销轴；14——油马达；15——链；16——传感器；17——浮标

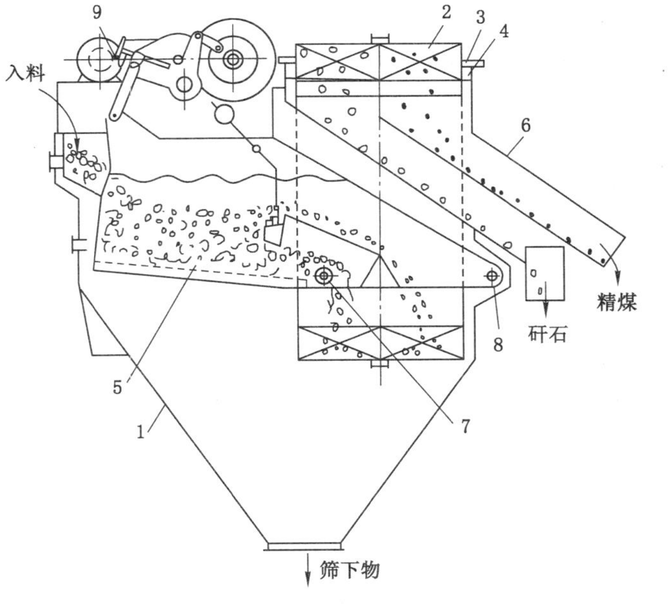

图 4-18　机械驱动式动筛跳汰机结构简图

1——槽体；2——提升轮；3——挡轮；4——托轮；5——动筛；6——溜槽；7——排矸轮；8——销轴；9——拉杆(驱动机构)

(5) 我国跳汰机制造厂商分散、数量庞大、规模小，缺乏技术创新、缺乏资金支持，使跳汰机产品的质量受到较大影响，这对于走向国际化是非常不利的。

(6) 动筛跳汰机与其他分选设备一样，也有其自身限制条件。由于动筛机构笨重，设备的大型化受到一定限制。由于筛板长度受限制，加之调节参数少，不适于处理 20 mm 以下的细粒物料。

目前，国际、国内大量使用的跳汰机在技术上已经发展到比较高的水平，但仍需要针对存在的实际问题做出改进，跳汰机发展趋势主要表现在以下几个方面：

(1) 目前，实际使用的跳汰机最大面积为 40 m^2，最大处理量为 500～700 t/h。而重介浅槽的单台处理量已经接近 1 000 t/h。两者相比，跳汰机的处理量明显偏小。所以，今后应该开发出更大面积的跳汰机，特别是适用于动力煤排矸用的大面积跳汰机，可以考虑开发双室跳汰机。

(2) 我国现在应用的跳汰机，从设计上说，基本上都是来源于选出合格炼焦精煤的思路。而我国目前最需要的是大量物美价廉的、能够排除纯净矸石的、主要适合动力煤单纯排矸用的系列跳汰机。

(3) 现在的跳汰机用水量比较大，今后研发跳汰机应该注意节风、节水，以降低选煤厂煤泥水处理系统的投资，进一步减少跳汰机的实际运行费用。

(4) 现在实际运行的跳汰机还不能完全实现分选密度自动控制，今后应该向智能化、自动化方向发展，从而提高其分选效果。

(5) 目前，动筛跳汰机主要用于地面生产系统，今后应设计适合井下使用的机型，用于矿井井下预排矸，这对于采区回填矿井应用前景会更大，由此可减轻矿井提升负荷，并减少地面排矸造成的环境污染。

总的来说，跳汰机的发展是朝着面向动力煤分选、设备大型化、降低制造和运行成本、更加精确地实现分选、提高单机及系统的自动化程度等方向进行的。

二、重介质选煤技术

重介质选煤是一种采用密度介于煤与矸石之间的重液或重悬浮液作为分选介质的高效率重选方法。经过几十年的科学研究和生产实践，重介质选煤技术日趋成熟，重介质选煤设备取得了重大发展，重介质选煤设备主要有重介质旋流器、重介浅槽分选机等，斜轮、立轮已很少使用。

国内开始应用重介浅槽分选机是在 20 世纪 80 年代，经过较短时间的发展，重介浅槽分选机已经成为一种应用十分广泛的高效重介质分选设备，主要用于块煤的分选。重介浅槽分选机主要由槽体、排矸刮板及驱动装置构成(图 4-19)。重介浅槽分选机的分选槽为敞开式，悬浮液经过三个喷嘴进入给料端的水平介质槽，形成沿槽宽全断面的水平介质流，以输送物料并补充槽内悬浮液。槽底部的上升介质可形成上升悬浮液，以保持悬浮液密度的稳定性，同时促进分选过程的实现。原煤由给料端进入分选槽后，在水平介质流和上升介质流的共同作用下按密度完成分选过程，轻产物主要随溢流排出，重产物由刮板沿脱水段经排料口排出。

我国重介质选煤技术研究工作开始较早，经过几代人的努力，重介质选煤技术及装备总体上已基本达到了世界先进水平，但也有某些技术需要进一步发展与研究。

(1) 重介质工艺流程比较简单，如采用大型三产品重介质旋流器为主选设备，配以粗煤

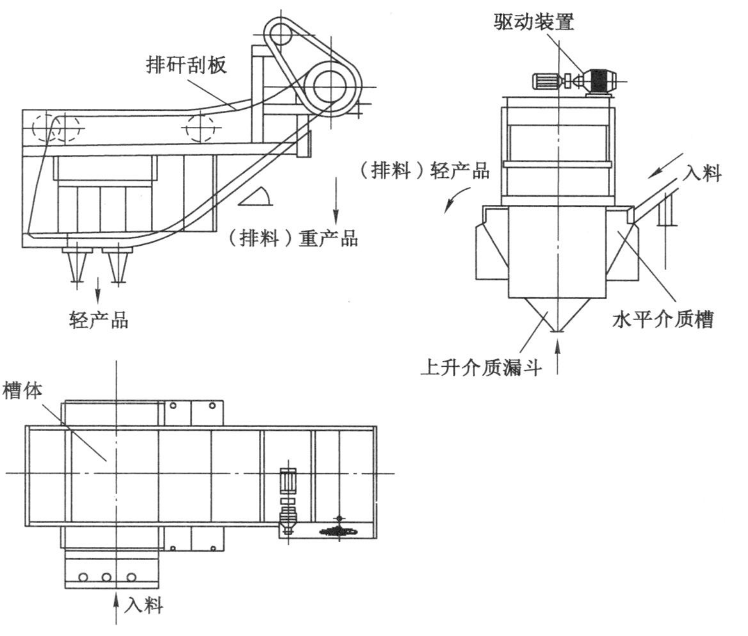

图 4-19　重介浅槽分选机结构图

泥分选回收设备与直接浮选组成选煤工艺，就能实现只用单一低密度悬浮系统一次分选出精煤、中煤和矸石三种产品；原煤不脱泥、不分级入选与传统的两产品重介质选煤工艺相比，大大减少了生产环节。

(2) 三产品重介质旋流器设备处理能力大，单系统处理能力最大可达 450～550 t/h，分选粒级宽，可入选 85～0 mm 粒级原煤，分选精度高，分选下限低。

(3) 由于大直径重介质旋流器、有压给料和无压给料三产品重介质旋流器的出现，重介质旋流器选煤已成为首选技术，用于动力煤分选的大直径有压两产品重介质旋流器、用于炼焦煤分选的大直径无压三产品重介质旋流器将会得到越来越多的应用。

(4) 重介浅槽在国外已经过了半个世纪的应用，从悬浮液的分布、分选槽内流态的模拟、刮板高度及速度的确定等，各项技术均已经非常成熟，但在国内刚刚起步，尚没有做比较系统的理论研究。

(5) 国内仿制的浅槽可靠性较差，如刮板链易断、传动机构易出现故障等，设备耐磨、耐腐蚀性不够好。

近年来，重介质选煤技术发展非常迅速，特别是在设备大型化和可靠性方面均做了大量的实践与研究，但仍需要做很多的工作来促进重介质选煤技术的发展。

(1) 国内新建的选煤厂厂型越来越大，迫切需要开发规格更大的重介浅槽，以达到简化工艺环节、减少厂房体积的目的。

(2) 目前的重介浅槽单台设备通过能力大，但对于矸石含量大的块原煤适应性还不够，经常造成矸石排不及。今后，应进一步开发排矸量大的重介浅槽，尤其是对煤质波动大的露天矿有较强的适应能力，能及时排除大量矸石。

(3) 进一步开发出耐磨性强、工作可靠、运行寿命长的刮板链条，以减少重介浅槽的维护量。

（4）进一步优化与创新重介质旋流器选煤工艺，进一步提高重介质旋流器选煤的效率，进一步降低投资与生产费用，是重介质选煤工艺研究的重点。

（5）重介质旋流器基础理论的研究还有待突破，目前还不能从理论上解决重介质旋流器参数优化的定量计算问题。

（6）两产品重介质旋流器的结构已基本成熟，主要对入料形式需作进一步的优化；但三产品重介质旋流器的结构还有进一步优化的余地，在改进旋流器结构、减少紊流的影响、适应各种煤质的要求方面仍然需要做大量的工作。

（7）我国已经开展了多口供介、多产品的大直径重介质旋流器（图 4-20）的研发，这对于重介质选煤技术的进一步发展具有重要的意义。

图 4-20　1500/1100 四供介无压给料重介质旋流器

三、干法选煤技术

我国煤炭的入选比例一直较低，资源浪费和环境污染问题严重，造成这种现状的原因是多方面的，其中水资源短缺是主要的原因之一，占有全国煤炭保有储量三分之二以上的干旱缺水地区的煤炭采用湿法分选耗水严重，如湿法跳汰选煤，入选 1 t 原煤需 3～5 t 的循环水，还需补加部分清水；其次，中国相当数量的年轻煤种遇水易泥化，不宜采用湿法分选；第三，湿法分选产品外水较高，严寒地区冬季冻结、贮运困难。因此，为了促进洁净煤技术的全面发展，就需要研究高效的干法选煤技术。

干法选煤主要是利用煤与矸石的物理性质差异进行分选的。干法选煤方法主要有风选、拣选、摩擦选、空气重介质流化床选煤等，其中在工业上应用的主要有复合式干法分选机和空气重介质流化床分选设备（工业示范）。

干法选煤具有广阔的应用市场，符合国家节能减排的政策方针，生产系统简单，成本低，在迅速推广应用过程中不断扩大其应用范围。

（1）动力煤分选。动力煤分选是复合式干法选煤应用最广泛的类型。用简单、经济、有效的复合式干法分选机排除原煤中的矸石、硫铁矿等杂质，降低商品煤的灰分、硫分，提高商品煤的发热量，一定程度上解决了困扰动力煤分选加工中存在的难题，如煤泥水处理、煤泥销售、产品水分高、冬季冻结等问题，为提高我国动力煤入选比例提供了一种经济实用的选煤方法。

(2) 湿法预排矸。近年来，由于现代化矿井采用综采技术，原煤中含矸量大增。矸石量大对湿法选煤工艺产生很多影响，例如，管道、设备磨损；矸石泥化对煤泥水处理带来困难并影响分选；增加电耗、水耗、介耗等。我国大部分湿法选煤厂都可采用干法选煤技术预先排矸，具有较好的市场前景。

(3) 煤矸石综合利用。利用干法选煤技术，在煤矸石中回收低热值煤，为煤矸石的综合利用提供一条可行的技术途径。

(4) 解决褐煤等易泥化煤的分选加工难题。由于褐煤含泥质页岩较多，遇水泥化严重，导致煤泥水处理困难，恶化分选效果，不适于湿法分选加工。干法选煤是褐煤分选加工的首选方法，有较好的市场应用前景。

煤炭分选加工技术不断进步，干法选煤技术也要得到长远的发展。

(1) 研发组合式大型干选设备系列，提高单机处理量，以适应特大型现代化矿井需要。

(2) 进一步提高大型干选设备的自动化程度，实现干选机产品质量的自动控制。

(3) 提高干法选煤设备的分选精度，改善干选机分选效果，扩大干法选煤的应用范围。

(4) 实现干法选煤系统的装配式和模块化设计。

(5) 对分选精度高的空气重介质流化床分选技术进一步研究，拓展其煤炭适用范围，以使其得以大规模工业推广。

四、粗煤泥分选技术

近年来我国选煤技术得到快速发展，基本上形成了以粗粒煤重介质旋流器分选、细粒煤泥浮选为主的成熟分选工艺，发展趋势是重介质旋流器向大型化方向发展，煤泥浮选则向着提高煤泥选择性的方向努力。随着重介质旋流器不断向大型化发展，其分选粒度下限不断上升，在浮选中具有更高选择性的旋流微泡浮选柱的广泛应用使得浮选粒度上限下降，最终导致介于重介质旋流器有限分选下限和浮选有效分选上限之间的 2～0.25 mm 粒级的粗煤泥得不到有效分选。对 2～0.25 mm 粒度范围内粗煤泥的分选，是现有选煤工艺的薄弱环节。采用分级设备回收粗煤泥工艺在我国大部分未经改造的老选煤厂中应用比较普遍，由于分级设备对粗煤泥的分选作用较弱，导致回收的粗煤泥灰分较高。粗煤泥回收主要包括粗精煤泥回收工艺及中矸粗煤泥回收工艺。与粗煤泥回收工艺配套的常用设备有煤泥离心机、高频筛、沉降过滤离心机，此外还有煤泥直线振动筛、弧形筛等。只有解决粗煤泥处理环节的有效分选问题，才能减少对精煤的污染，保证全粒级精煤质量和产率的最大化。粗煤泥分选设备主要有：煤泥重介质旋流器、水介质旋流器、螺旋分选机、液固流化床分选机等。

(1) 煤泥重介质旋流器的煤泥分选是在重介质和离心力场中进行的，一定程度上使分选效果得以改善，往往和末煤重介质旋流器并存，一般很少单独设置。煤泥重介质旋流器单台处理量小，入料压力大，电耗高，磨损大；需要使用超细磁铁矿粉作为介质，介质制备、回收系统复杂，回收困难，介耗高，系统稳定性较差；煤泥重介质旋流器的分选下限不能达到 0，不能完全代替浮选，过低强调分选下限，没有太大的意义。

(2) 水介质旋流器是以水为介质在离心力场中进行分选的设备。一般入料粒级比较窄，适合易选煤和中等可选煤，一般与其他主选设备配套使用。水介质旋流器单台处理量大，设备投资少，建设周期短，但分选精度差，分选下限高，溢流不经过脱泥达不到精煤灰分要求。

(3) 螺旋分选机是利用重力和离心力分选粗煤泥的重力分选设备。螺旋分选机具有结构简单、无运动部件、占地面积小、基建费用低、入料不需压力、操作管理方便、能耗低、维修工作量少等优点。但螺旋分选机在较低分选密度时其分选效率较差，此外螺旋分选机存在单台处理量小、浓度不易控制、入料分配不均等问题，一般用多头螺旋和多台螺旋分选机组成的分选机组进行分选，目前国外设计的选矿厂大多数采用螺旋分选机分选粗煤泥。

(4) 液固流化床分选机(TBS)是一种利用上升水流在槽内产生干扰沉降和矿浆颗粒悬浮于干扰床层中形成自生介质的分选机。分选粒度范围较宽，分选效果好，精煤灰分低，单台处理量较大；电耗低，运行费用低，操作简便，分选工艺简单。TBS 的运行条件一般为：① 入料浓度 40%～60%，粒度 2～0.25 mm 为佳；② 为使物料在箱体中保持必要的连续的紊流状态，供水水压范围为 70～100 kPa，并保持供水压力稳定，由恒定的专用供水水源及管路供水，上升水流量为 10～15 $m^3/(h \cdot m^2)$；③ 供 TBS 用的循环水如果浓度过高会影响分选效果，如浓度过高可考虑加一部分清水；④ 电液动执行机构灵敏性较高，气动执行机构所需的气源为干燥后的压缩空气，压力为 0.4～0.6 MPa。TBS 典型粗煤泥分选工艺流程如图 4-21 所示。

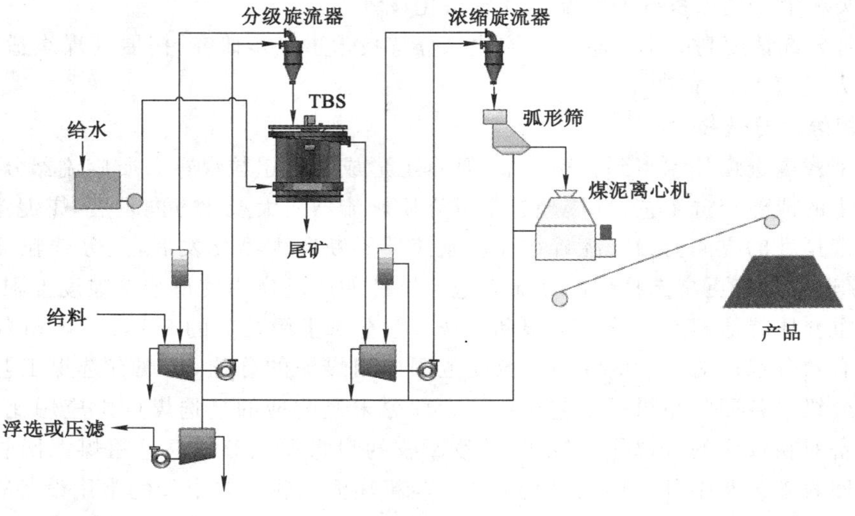

图 4-21　TBS 典型粗煤泥分选工艺流程

总体说来，近几年我国重力选煤技术在简化工艺系统、设备大型化、提高重介质旋流器入料上限、降低有效分选下限以及生产过程自动控制等方面均取得了较大程度的发展。重选技术发展趋势，概括起来主要有以下几个方面：

(1) 在整体格局上除保持厂型和设备合理大型化、系统简单化、全厂高度自动化的发展模式外，重点放在高效能单机设备开发利用上，并注重开发脱硫降灰、提高煤质、减少环境污染的重力分选设备和工艺。

(2) 新建选煤厂采用的选煤工艺主要是以重介质分选槽和重介质旋流器为主要分选设备的重介选，其次是跳汰分选，对于粗煤泥的分选回收趋向于采用干扰床分选机或螺旋分选机。

(3) 在分选技术上，大直径重介质旋流器的开发与应用；重介质分选工艺在炼焦煤和动力煤分选中的应用；为简化流程，开发选别深度更大的各种分选设备如跳汰机、TBS 干扰床分选机和新型的重介质分选机等仍是研究的重点。

第五章　磁电分选

第一节　矿物比磁化系数的测定实验

一、目的与要求

(1) 了解比磁化系数测定的用途。

(2) 熟悉使用磁力天平测定弱磁性矿物比磁化系数的原理和方法。

(3) 熟悉使用磁力天平测定强磁性矿物比磁化系数的原理和方法。

二、基本原理

矿物磁性分析的目的是确定矿石的比磁化系数(磁性率)和磁性成分的含量。矿物磁性分析对矿石的可选性、矿床的工艺评价、选矿厂的生产流程考察和产物分析等工作均具有重要的指导意义。

矿物比磁化系数是判断磁选分选各种矿物可能性的依据,可通过比较法和古依法测定。

1. 比较法

比较法一般用来测定弱磁性矿物的比磁化系数。将一已知比磁化系数的样品和待测样品先后装入同一个小玻璃瓶中,并置于磁场的同一位置,使两次测量的 $H\mathrm{grad}\,H$ 相等,则两试样在磁场中所受的比磁化力分别为:

$$f_1 = \mu_0 X_{标}\ H\mathrm{grad}H \tag{5-1}$$

$$f_2 = \mu_0 X_0 H\mathrm{grad}H \tag{5-2}$$

式中　f_1, f_2——分别为标准样品和待测样品所受的比磁化力;

$X_{标}$——标准样品的比磁化系数,m^3/kg;

X_0——待测样品的比磁化系数,m^3/kg;

μ_0——真空导磁系数,$4\pi\times10^{-7}\ N/A^2$。

由式(5-1)和式(5-2)可得:

$$\frac{f_1}{f_2} = \frac{X_{标}}{X_0} \tag{5-3}$$

即测定的任务就是测定 f_1 和 f_2。

测定时,采用化学性质比较稳定并已知比磁化系数的物质作为标准试样。若试样的重力分别为 $m_{标}g$ 和 $m_{测}g$,它们在磁场中的增量分别为 $g\Delta m_{标}$ 和 $g\Delta m_{测}$,则待测样品的比磁化系数 X_0 为:

$$X_0 = \frac{X_{标}\ f_2}{f_1} = \frac{X_{标}\ \Delta m_{测}\ m_{标}}{\Delta m_{标}\ m_{测}} \tag{5-4}$$

2. 古依法

将一全长等截面的强磁性矿物试样装在圆柱形薄壁玻璃管并置于磁场中,使其一端处于强磁区,另一端处于弱磁区,则试样在其长度方向上所受的磁力 $F_{磁}$ 为:

$$F_{磁} = \int_V \mu_0 X_0 \rho H \frac{dH}{dX} dV = \int_V \mu_0 X_0 \rho H \frac{dH}{dX} S dX = \frac{1}{2} \mu_0 X_0 \rho S (H^2 - H_1^2) \tag{5-5}$$

式中 μ_0——真空导磁系数，$4\pi \times 10^{-7}$ N/A²；

S——试样的截面积，m²；

X_0——试样的比磁化系数，m³/kg；

ρ——试样密度，kg/m³；

dV——试样体积元；

H——试样两端所处的最高场强，A/m；

H_1——试样两端所处的最低场强，A/m。

由于试样足够长，且 $H \gg H_1$，所以上式可简化为：

$$F_{磁} = \frac{1}{2} \mu_0 X_0 \rho H^2 S = \frac{\mu_0 X_0 m}{2L} H^2 \tag{5-6}$$

因为 $F_{磁} = g\Delta m$，所以

$$X_0 = \frac{2g\Delta mL}{\mu_0 m H^2} \tag{5-7}$$

式中 Δm——试样在磁场中的质量增量，kg；

m——试样质量，kg；

L——试样长度，m。

三、仪器设备及材料

1. 比较法

(1) 测量弱磁性矿物的比磁化系数的普通磁力天平，如图 5-1 所示；

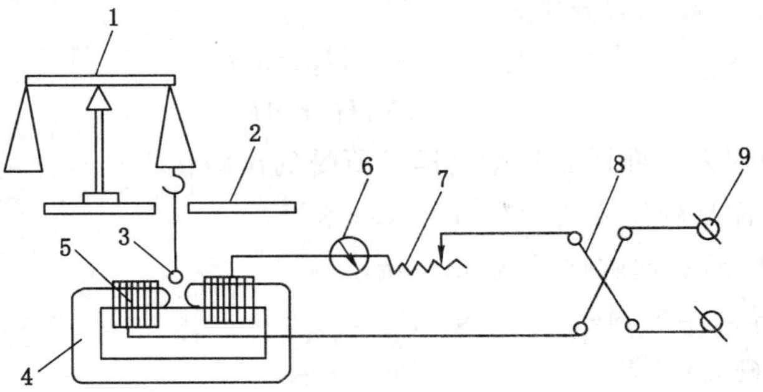

图 5-1 普通磁力天平测量装置

1——分析天平；2——非磁性材料板；3——装样品的球形玻璃(直径约 10 mm)；4——电磁铁芯；5——线圈；6——直流电流表；7——变阻器；8——转移开关；9——直流电源

(2) 氧化钆标准物质：比磁化系数为 1.64×10^{-6} m³/kg；

(3) 黑钨矿细粉。

2. 古依法

(1) 古依法测定矿物比磁化系数装置 1 套，主要由分析天平、直流电源、多层螺管线圈及薄壁玻璃管组成，如图 5-2 所示；

(2) 磁铁矿，钛磁铁矿等。

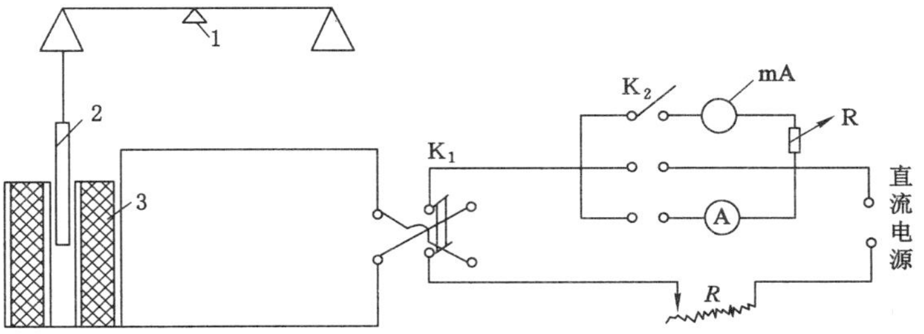

图 5-2　古依法测定矿物比磁化系数装置图

1——分析天平；2——薄壁玻璃管；3——多层螺管线圈

四、实验步骤与操作技术

1. 比较法

(1) 熟悉电光分析天平的使用，校准天平，确定试样品在磁场中的适当位置，并检查整流器激磁线路是否正常。

(2) 将试样瓶刷净称其质量，然后将标准样品(氧化钆)和待测样品(黑钨矿粉)先后装入小玻璃瓶至瓶颈处，并稍用力捣紧，再称其质量。

(3) 接通整流器电源，调节激磁电流至一定值，测量各个电流对样品的增量。

(4) 电流与上相同，测定待测样品在磁场中的增量。

2. 古依法

(1) 先将空的玻璃管刷净后称重。

(2) 将磨细的粉状待测试样小心地装入玻璃管中拧紧，试样装至 250 mm 为止，称其质量后，把它挂在分析天平的左盘上，使其下端插入线圈轴线的中点，但注意不要触及线圈壁。

(3) 将电流通入线圈，分别在不同的激磁电流强度下，称出磁场中装有试样的玻璃管的质量。

五、数据处理与实验报告

(1) 将实验数据分别记录于弱磁性矿物比磁化系数测定结果表(表 5-1)和强磁性矿物比磁化系数测定结果表(表 5-2)中。

表 5-1　　**弱磁性矿物比磁化系数测定结果表**

电流/A	试样名称	瓶质量/mg	瓶＋样质量/mg	样质量/mg	磁场中瓶＋样质量/mg	增加质量 Δm/mg	X_0 的计算值/(cm^3/g)	X_0 的平均值/(cm^3/g)
1	标准样							
	待测样							
2	标准样							
	待测样							
2.5	标准样							
	待测样							
3	标准样							
	待测样							

实验人员：______________　　日期：______________　　指导教师：______________

表 5-2　　强磁性矿物比磁化系数测定结果表

激磁电流 /A	试　样	管质量 /mg	管＋样质量 /mg	样质量 /mg	磁场中管＋样总质量 /mg	增重 Δm /mg	X_0 /(cm^3/g)
0.5	待测样						
1	待测样						
1.5	待测样						
2.0	待测样						

实验人员：________　　日期：________　　指导教师：________

(2) 计算各自的比磁化系数。

(3) 撰写实验报告。

六、思考题

(1) 简述测定矿物比磁化系数的目的和用途。

(2) 为什么弱磁性矿物比磁化系数测定时，激磁电流不同，测得的数据基本相近？

(3) 为什么强磁性矿物比磁化系数会随场强增高而增大？

第二节　强磁性物料的湿式弱磁选实验

一、目的与要求

(1) 了解实验用弱磁选机的结构、工作原理及其操作方法。

(2) 了解影响磁选效果的主要因素。

(3) 掌握评价磁选效果的方法和指标。

二、基本原理

磁选是在磁选设备的磁场中进行的。被选矿石给入磁选设备的分选空间后，受到磁力和机械力(包括重力、离心力、水流动力等)的作用。磁性不同的矿粒受到不同的磁力作用，沿着不同的路径运动。由于矿粒运动的路径不同，所以分别接取时就可得到磁性产品和非磁性产品(或是磁性强的产品和磁性弱的产品)。进入磁性产品中的磁性矿粒的运动路径由作用在这些矿粒上的磁力和所有机械力合力的比值来决定。进入非磁性产品中的非磁性矿粒的运动路径由作用在它们上面的机械合力来决定，如图 5-3 所示。因此，为了保证把被分选的矿石中的磁性强的矿粒和磁性弱的矿粒分开，必须满足以下条件：

$$f_{1磁} > \sum f_{机} > f_{2磁} \tag{5-8}$$

式中　$f_{1磁}$——作用在磁性强的矿粒上的磁力；

$f_{2磁}$——作用在磁性弱的矿粒上的磁力；

$\sum f_{机}$——与磁力方向相反的所有机械力的合力。

该公式不仅说明了不同磁性矿粒的分离条件，同时也阐明了磁选的实质，即磁选是利用磁力和机械力对不同磁性矿粒的不同作用而实现的。

弱磁选机是一种分选强磁性矿物的有效设备，在国内外应用广泛，在选矿工业中占有重要位置。如我国铁矿石资源以贫矿为主，在矿石储量上占比达到 94.3%。在贫矿中强磁性

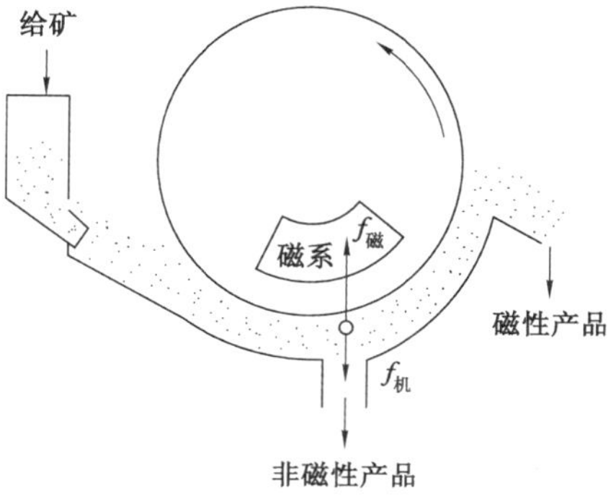

图 5-3　矿粒在磁选机中分离的示意图

矿物占一半以上，大多数通过弱磁选机进行磁选富集才能成为高炉炼铁的原料。

XCRS 湿法鼓形弱磁选机如图 5-4 所示，该设备具有 3 种工作方式，即顺流式、逆流式、半逆流式，用户可以根据被处理矿石或物料的特性、粒度大小和对产物的质量要求及选矿工艺流程的需要，灵活选择进行工作。

图 5-4　XCRS 湿法鼓形弱磁选机

三、仪器设备及材料

(1) 实验室用 XCRS-ϕ400×240 电磁湿法鼓形多用弱磁选机 1 台；

(2) 天平 1 台，烧杯 2 个，洗瓶 1 个，接样桶 3 个；

(3) −0.5 mm 磁铁粉与煤泥的混合样 10 kg。

四、实验步骤与操作技术

(1) 学习操作规程，对设备进行检查并试运转，确保实验过程顺利进行和人机安全。

(2) 在给料桶中配置 20 L 浓度为 30%的试样悬浮液，搅拌使其充分分散润湿。

(3) 调整磁极位置，开启磁选机电源，调节旋钮达到分选所需要的磁场强度。

(4) 将配好的矿浆悬浮液缓慢倒入磁选机中，同时适量开启喷水管和反冲水管。

(5) 用接样桶分别接取精矿和尾矿。

(6) 给矿完毕后，将运转按钮切断，转鼓停止转动，关闭冲水管。

(7) 用清水清洗精矿槽和尾矿槽,并入相应产品中。

(8) 将分选后产品分别过滤、烘干,称重并化验品位。

(9) 记录实验数据,清理实验场所。

五、数据处理与实验报告

(1) 将实验条件与数据记录于强磁性物料的湿式弱磁选实验结果表 5-3 中。

表 5-3　　强磁性物料的湿式弱磁选实验结果表

序号	条件			入料			精矿			尾矿		
	工作方式	磁场强度/(A/m)	磁选时间/min	质量/g	品位/%	浓度/%	质量/g	产率/%	品位/%	质量/g	产率/%	品位/%
1												
2												

实验人员:______　　日期:______　　指导教师:______

(2) 分析实验条件对磁选效果的影响。

(3) 撰写实验报告。

六、思考题

(1) 影响磁选效果的因素有哪些?如何影响?

(2) 顺流式、逆流式和半逆流式的工作方式各有什么特点?

(3) 简述磁性分离技术在选矿、选煤中的应用。

第三节　弱磁性物料的湿式强磁选实验

一、目的与要求

(1) 了解强磁选机的工作原理。

(2) 熟悉强磁选实验的基本操作规程。

二、基本原理

弱磁性物料可以利用强磁场选别设备进行分选,强磁场磁选机磁场强度通常在 800～1 600 kA/m 范围内。

湿式强磁场磁选机种类很多,但这些磁选机结构上有着共同特点:一是它们都采用电磁磁系,磁系都由磁轭、铁芯和激磁线圈构成;二是它们的分选室都安装了不同形式的聚磁介质,以获得较高的磁场强度和磁场梯度。由于各种湿式磁选机的聚磁介质各不相同,因此所获得的选别磁场特性和选别效果各有差别。

实验采用 XCSQ50×70 型强磁选机进行弱磁性物料的选别,设备主要由磁系、给矿、接矿、程序控制器、分选箱、供水、机架等部分组成,如图 5-5 所示。该设备工作过程为搅拌桶内矿浆经过给矿阀及扁嘴进入分选箱内,非磁性矿粒在重力的作用下沿齿板间隙排至尾矿桶,磁性矿粒在磁场作用下吸附在齿板上。给矿完毕后分矿斗摆至中矿桶位置,中矿冲洗电磁阀开启,冲洗分选箱中夹杂的非磁性矿粒,然后分矿斗摆至精矿桶位置,同时切断激磁电源,待分选箱磁场消失后,精矿冲洗电磁阀开启,将吸附在齿板上的磁性矿粒冲入精矿桶,完成一次分选过程，可编程控制器自动复位进行下一次循环分选，达到磁性矿物与非磁性矿物分离的目的，即整个过程为充磁、给矿、中矿冲洗、断磁、精矿冲洗，然后进入下一次循环。

图 5-5 XCSQ50×70 型强磁选机外形图

三、仪器设备及材料

(1) XCSQ50×70 型湿式强磁选机 1 台；

(2) 500 mL 烧杯 2 个，洗瓶 1 个；

(3) −0.5 mm 粒级赤铁矿样 10 kg。

四、实验步骤与操作技术

(1) 检查设备，熟悉设备构造，了解操作方法。

(2) 接通系统电源，调节激磁电流旋钮，设定激磁电流值。

(3) 将适宜的矿浆（浓度一般为 5%～40%）给入搅拌桶，并调节搅拌电机速度适中。

(4) 在触摸控制屏上分别设置给矿时间、中矿冲洗时间和精矿冲洗时间。

(5) 点触“启动”按钮，系统开始按选矿流程与预设参数自动运行。

(6) 清洗矿浆桶，将“模式转换”置暂停，当程序运行到给矿状态时，给矿阀常开，用清水将搅拌桶内残留矿浆冲洗干净，然后将“模式转换”置运行状态，运行一次循环。

(7) 将激磁电流、搅拌电机调零，关闭电源及进水阀门，取出分选箱并将齿板残留矿粒冲洗干净。

(8) 将分选得到的精矿、中矿、尾矿产品分别过滤、烘干，称重并化验其品位。

(9) 记录实验数据，清理实验场所。

五、数据处理与实验报告

(1) 将实验数据和计算结果填入弱磁性物料的湿式强磁选实验结果表 5-4 中。

表 5-4　弱磁性物料的湿式强磁选实验结果表

序号	入料			精矿			中矿			尾矿			操作参数
	质量/g	品位/%	浓度/%	质量/g	产率/%	品位/%	质量/g	产率/%	品位/%	质量/g	产率/%	品位/%	
1													
2													

实验人员：__________ 日期：__________ 指导教师：__________

(2) 分析所设置参数对磁选效果的影响。

(3) 撰写实验报告。

六、思考题

(1) 分析影响弱磁性矿物湿式强磁选效果的因素。

(2) 简述强磁选设备的分类及其分选原理。

第四节　散体物料磁性物含量测定实验

一、目的与要求

(1) 了解磁选管的结构以及工作原理。

(2) 学会利用磁选管测定散体物料磁性物含量的方法。

二、基本原理

在实验室进行磁性分析的设备主要有:磁选管、手动磁力分析仪、自动磁力分析仪、湿式强磁力分析仪和交直流电磁分选机等,其中磁选管应用最为普遍。

具有不同磁性的矿物粒子,通过磁选管形成的磁场,必然要受到磁力和机械力(重力及流体力)的作用。磁选管结构如图 5-6 所示,实验时,向玻璃管中加入水,调节下部排料端水流大小,使玻璃管中的液面稳定在磁极上部。物料由磁选管的上部给入,由于磁性较强和磁性较弱的矿粒所受的磁力不同,便产生了不同的运动轨迹,磁性较强的颗粒富集在两磁极中间,而磁性较弱的颗粒则在水流的作用下排出,由于磁选管与磁极间的相对往复运动,使得磁极间的物料产生"漂洗作用",将夹杂在磁性颗粒间的非磁性颗粒冲洗出来,于是物料颗粒按其磁性不同分选为两种单独的产物。

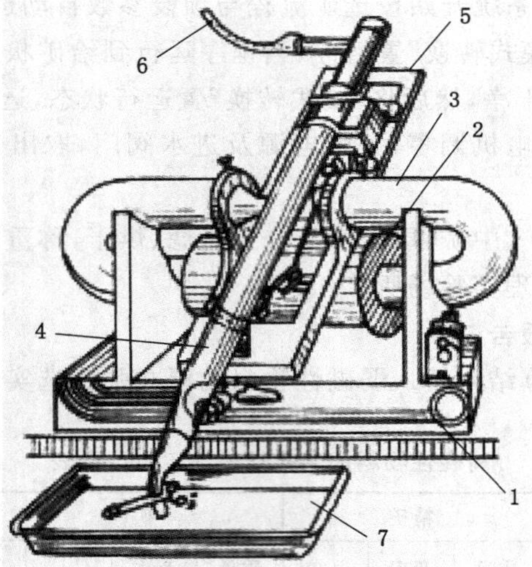

图 5-6　磁选管结构图

1——机架;2——线圈;3——框架铁芯;4——可动玻璃管;5——传动机构;6——给水管;7——收矿槽

三、仪器设备及材料

(1) 磁选管(玻璃管直径 50 mm)1 台;

(2) 500 mL 烧杯 2 个,洗瓶 1 个;

(3) 托盘天平 1 台,接料桶 2 个;

(4) －0.074 mm 磁铁矿重介质粉 100 g。

四、实验步骤与操作技术

(1) 检查设备,熟悉设备构造,了解操作方法。

(2) 接通电源并启动电机进行空转测试,检查机械运转情况及其磁路有无问题。

(3) 用软胶管将玻璃管和来水相连接,注水进玻璃管,但不要溢出管外,调节尾矿管上的夹子,使玻璃管内水的流量大小合适并保持稳定。

(4) 根据实验需要确定磁场强度值。

(5) 调节激磁电流大小,使磁场强度达到要求值。

(6) 称取 20 g 磁铁矿介质粉放入 500 mL 的烧杯中,加入适量清水,用玻璃棒搅拌均匀。

(7) 缓慢将矿浆从给料漏斗中给入磁选玻璃管。给料完毕,用洗瓶将烧杯及玻璃棒上的矿粒冲洗入磁选管,试样中的磁性物料被吸附在磁极附近的管壁上,非磁性物料随水一起从尾矿管排出。

(8) 将矿样给入磁选管后,继续补加清水,并保持管内水位不变。

(9) 分选 5～10 min,当玻璃管内水变清晰且不浑浊时关闭电机。

(10) 先将玻璃管内的水放掉,并用小水将积在管壁上的非磁性物冲到非磁性产品接料桶内。

(11) 关闭激磁电流,将玻璃管内的磁性产品冲入磁性产品接料桶内。

(12) 将精矿和尾矿分别过滤脱水,并放入 105 ℃干燥箱内烘干,干燥后冷却至室温称重、化验。

(13) 改变磁场强度(即改变激磁电流大小),重复上述步骤进行实验。

(14) 清理实验设备,整理实验场所。

五、数据处理与实验报告

(1) 将实验数据和计算结果填入散体物料磁性物含量测定结果表 5-5 中。

表 5-5　　散体物料磁性物含量测定结果表

产品名称	质量/g	产率/%	品位/%	回收率/%	激磁电流/A
磁性产品 1					
非磁性产品 1					
磁性产品 2					
非磁性产品 2					

实验人员:______________　　日期:______________　　指导教师:______________

(2) 计算磁性物含量,对比实验结果,并进行分析。

(3) 撰写实验报告。

六、思考题

(1) 磁性物含量与磁选回收率是一个概念吗?

(2) 进行物料磁性组分含量分析的磁性分析设备有哪些?

(3) 重介质选矿生产过程中,哪些场合需要测定磁性物含量? 有何意义?

第五节　高梯度磁选机分选实验

一、目的与要求

(1) 了解高梯度磁选的基本原理。

(2) 了解高梯度磁选设备的操作方法,熟悉基本操作过程。

二、工作原理

在高梯度磁选中,利用有效电磁体产生的强背景磁场和能产生高磁场梯度的捕集表面,使磁力的增大成为可能。由于在这种磁选机中,即使极细的弱磁性颗粒所受的磁力,理论和实际值也比所受的重力及流体阻力大得多,因而磁选适用的物质和粒度范围,由于高梯度磁选技术的发展,得到了极大扩展。

实验采用 SLon-100 周期式脉动高梯度磁选机,如图 5-7 所示,额定背景场强分别为 1.2 T、1.75 T。该设备可供实验室做小型实验或少量配置矿产品之用,适用于弱磁性金属矿的湿式分选,也可用于非金属矿的除铁提纯。该设备配有脉动机构,冲程、冲次和背景磁场强度可在较大范围内连续无级调节。

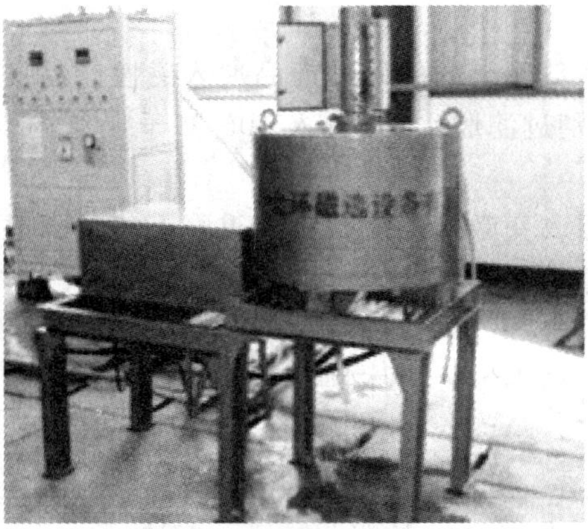

图 5-7　SLon-100 周期式脉动高梯度磁选机

三、仪器设备及材料

(1) SLon-100 周期式脉动高梯度磁选机 1 台;

(2) 球磨机 1 台;

(3) 瓷盆若干个,天平 1 台,洗瓶 1 个;

(4) −0.1 mm 赤铁矿试样 1 kg。

四、实验步骤与操作技术

(1) 检查实验设备,熟悉操作规程。

(2) 称量一定数量的赤铁矿试样,利用球磨机将其磨到细度为−0.074 mm 级含量占 75%。

(3) 将自来水管阀门开到一定程度后恒压从磁选机入口注入,使磁选机内的水面保持在磁极位置以上约 30 cm 处(注水处可通过观测口直接观察),打开磁选机下部开口处水管阀门,使磁选机内进水量与出水量保持平衡。

(4) 打开电源开关，启动交流激磁电源，调节至所需场强对应的电流值。

(5) 将磨细后试样配成矿浆并缓慢给入设备中心槽体，然后用洗瓶冲洗干净。磁性矿粒被吸引到分选槽内，成为磁性产品；非磁性矿粒不受磁力的作用，随水流从磁选机下部开口处流出，成为尾矿产品。

(6) 待分选完毕后，切断激磁电流，将磁性物用水冲出磁选机，直到水清澈为止。

(7) 将分选后产品分别过滤、烘干，称重并化验。

(8) 可根据矿样的性质或一次分选产品质量设计精选或扫选流程进行实验。

(9) 清理实验设备和实验现场。

五、数据处理与实验报告

(1) 将实验条件以及实验数据和计算结果填入高梯度磁选实验结果表 5-6。

表 5-6　高梯度磁选实验结果表

序号	实验条件			精矿产品		尾矿产品	
	激磁电流/A	磁场强度/T	冲程/(m^3/s)	产率/%	品位/%	产率/%	品位/%
1							
2							
3							
4							
5							

实验人员：__________　　日期：__________　　指导教师：__________

(2) 根据实验数据分析影响高梯度磁选效果的主要因素。

(3) 撰写实验报告。

六、思考题

(1) 高梯度磁选机与一般的磁选机有何区别？各适合何种矿样？

(2) 高梯度磁选机的磁选效果如何评价？

(3) 何谓激磁电流？何谓背景磁场？它们之间有何关系？

第六节　磁力脱水槽磁场特性测量实验

一、目的与要求

(1) 了解磁力脱水槽磁场的分布规律。

(2) 掌握磁力脱水槽磁场的测量方法。

(3) 学会磁场测量仪器的使用方法。

二、基本原理

磁力脱水槽也称为磁力脱泥槽，是一种重力和磁力联合作用的选别设备，主要用于脱除物料中非磁性或磁性较弱的细粒级部分，也可用作预先浓缩设备。

在磁力脱水槽的分选过程中，矿浆由给矿管沿切线方向给入给矿筒内，比较均匀地分散在脱水槽的磁场中。磁性颗粒在磁力和重力的作用下克服上升水流的向上作用力而沉降到槽体底部，从排矿口排出；非磁性细颗粒则在上升水流的作用下，克服重力作用与上升水流一起进入溢流中。可见，在分选过程中，磁场对磁力脱水槽的分选效果起着非常重要的作用。

磁力脱水槽的磁场分布特性对磁力脱水槽的分选指标有很大的影响，是评价和选择磁力脱水槽的重要参数。

三、仪器设备及材料

(1) 磁力脱水槽 1 台（顶部电磁磁系）；

(2) 特斯拉计 1 台；

(3) 量具 1 套。

四、实验步骤与操作技术

(1) 在过脱水槽中心轴的平面内取中心轴与一侧锥形槽之间的空间作为测量区域，在该区域选定被测点，如图 5-8 所示的 1,2,3,…,*n* 点。

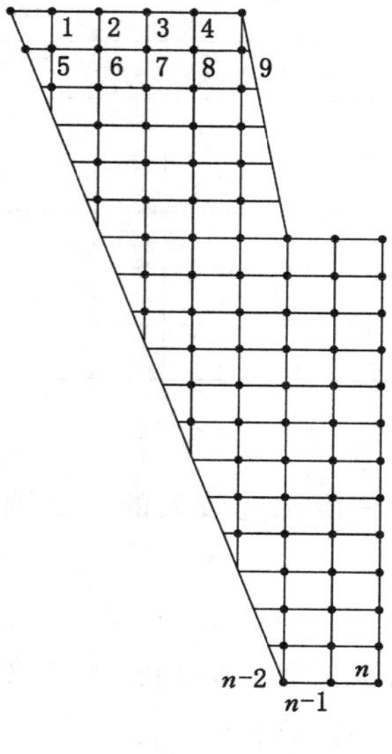

图 5-8　磁力脱水槽磁场测定图

(2) 调试特斯拉计，以国产 HT100 数字式特斯拉计为例，其使用方法为：

① 接通电源，数字电压表开始显示数据；

② 按下量程开关至所需要的挡位，数字显示应为 000，如不为零，则调节面板上的调零电位器，使数字电压表显示为 000；

③ 将霍尔传感器插入仪器前面板的传感器输入处旋紧；

④ 将霍尔传感器有效位置垂直且紧密接触被测材料表面进行测量，表盘数字显示值即为被测材料表面该点垂直于传感器测量面方向的磁场强度值。

(3) 给磁力脱水槽的电磁系通入激磁电流。

(4) 根据被测电磁力走向，将特斯拉计的霍尔变送器在被测点沿与磁力线垂直的平面放置，轻轻转动霍尔变送器，同时在表盘上读取显示的最大值，取该值为被测点的磁场强度值。

(5) 按步骤(4)测试其他选中被测点的磁场强度值，记录结果。

五、数据处理与实验报告

（1）将实验数据填入磁力脱水槽磁场测量结果表5-7中。

表5-7　　磁力脱水槽磁场测量结果

测量点	1	2	3	4	5	6	7	8	9	10	11
磁场强度/(kA/m)											
测量点	12	13	14	15	16	17	18	19	20	…	n
磁场强度/(kA/m)											

实验人员：＿＿＿＿＿＿　　日期：＿＿＿＿＿＿　　指导教师：＿＿＿＿＿＿

（2）用等位线描述磁力脱水槽内部磁场分布特性。

（3）撰写实验报告。

六、思考题

（1）根据实验结果，分析磁力脱水槽的磁系、磁场分布规律。

（2）磁力脱水槽磁场分布规律与鼓式磁选机有何不同？

（3）简述磁力脱水槽的应用现状。

第七节　磁性物料干法分选实验

一、目的与要求

（1）了解干式磁选的基本原理。

（2）了解实验室干式磁选机的基本结构和操作方法。

二、基本原理

相对于湿式磁选复杂的工艺流程，干式磁选具有某些独特的优势，主要体现在以下几点：一是无须用水即可实现矿物的分离，工艺流程简单；二是可以实现较大颗粒甚至大块矿石的分选，抛去大量废石以减少后面的磨矿成本；三是具有较高的磁场强度和磁场梯度，能实现某些弱磁性矿物的分选；四是设备结构简单、投资小、运行成本较低。随着资源的不断枯竭和需求量的不断上升，开发利用低品位的矿石显得越来越重要，尤其是在资源丰富而严重缺水的西部地区，干式磁选越来越受到重视。

选用XCG-Ⅱ型辊式干式磁选机（图5-9）进行实验，该设备由励磁系统、传动系统、给矿系统及产品清扫收集部分组成。励磁系统由固定磁极、辊子旋转磁极和装在两者之上的励磁绕组及激磁直流电源所组成，上下两磁极平行排列。由直径为120 mm的两个辊子与下部平面磁极构成封闭磁回路，两磁极的工作间距可调节。为适应不同矿种的选别需要，该机磁场强度范围可分为强磁场和弱磁场两种。

三、仪器设备及材料

（1）XCG-Ⅱ型辊式干式磁选机1台；

（2）天平1台，秒表1块；

（3）接样盆4个，毛刷2个，烧杯2个；

（4）－1 mm磁铁矿粉与煤粉混合样1 kg，－1 mm赤铁矿粉与煤粉混合样1 kg。

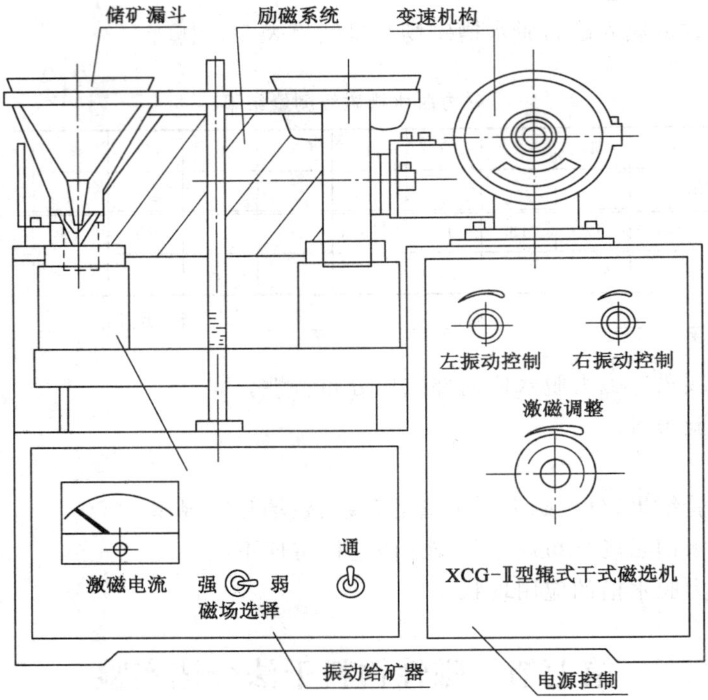

图 5-9　XCG-Ⅱ型辊式干式磁选机结构图

四、实验步骤与操作技术

(1) 阅读设备说明书,熟悉设备的结构及操作方法。

(2) 开机前按分选矿物的磁性要求,选择合适的工作间隙及调节磁场选择强磁场或弱磁场。

(3) 接通电源,旋转磁极即按规定方向以一恒定转速旋转。

(4) 转动面板上的电磁振动器开关,视其给矿性质及矿粒的要求选择合适的振动强度。

(5) 先将激磁电流调零,使限位开关将继电器接通,然后顺时针平滑地增大励磁绕组的激磁电流,视分选矿物磁性差异,调至所要求的磁场强度。

(6) 安放好产品接收槽,并放好接样盆。

(7) 根据给矿粒度大小,选用相应给矿锥体,将排矿口给入储矿漏斗,即可进行给矿,在使用过程中随时注意校准激磁电流,并保持连续均匀地给矿。

(8) 分选完毕后,依次清扫给矿漏斗、锥体、挡板和给矿槽,将全部矿石通过磁场后,先清理非磁性产物溜槽并将此产品移开后将激磁电流降至零位,关闭电源开关,即辊子和给矿器停止工作,将辊子和溜矿槽清扫干净并入磁性产品。

(9) 将分选后的产品分别称重,并记录数据。

五、数据处理与实验报告

(1) 将实验条件和数据记录于干法磁选结果表 5-8 中。

表 5-8 干法磁选结果表

序号	工作条件			精矿		尾矿	
	选择磁场	激磁电流/A	给矿时间/s	产率/%	品位/%	产率/%	品位/%
1							
2							
3							
4							

实验人员：________ 日期：________ 指导教师：________

(2) 分析操作条件对分选效果的影响。

(3) 撰写实验报告。

六、思考题

(1) 根据实验结果分析影响分选效果的因素。

(2) 简述干式磁选设备的分类及其应用范围。

第八节 电选分离实验

一、目的与要求

(1) 了解电选的基本原理。

(2) 了解电选机的基本结构和操作方法。

(3) 熟悉电选实验的基本操作过程。

二、基本原理

电选是利用不同物料间的电性差异,借助于高压电场作用实现分选、分离的一种物料分选方法。在静电选过程中,由于高压电场的作用,不同电导率的物料携带不同性质和大小的电荷,从而受不同的电场力作用而实现分选、分离。

在高压静电场中,物料颗粒受电场的感应而带电。导电性好的颗粒在靠近电极的一端产生与电极极性相反的电荷,而另一端产生与电极极性相同的电荷。颗粒所带有的这种感应电荷在一定的条件下是可以转移的。如果移走的电荷与电极电荷相同,则剩下的电荷与电极电荷相反,此时颗粒将被吸向电极一边;而导电性差的颗粒虽然处于同样感应电场,但只能被电场极化,此时颗粒两端虽然也表现出相反的电荷,但电荷不能被移走,因此不能表现出明显的电性而被吸向电极一边。这样导电性不同的颗粒就出现了明显的分布差异,在其他外力的综合作用下,居于不同的区域,实现分选、分离。

实践应用的电选机多采用电晕电场实现物料的分选。该电场通常由一对辊式电极构成,其中直径较小的为电晕电极。当电场电压达到一定的数值时,通常作为负电极的电晕电极放出大量的电子,在其附近电离气体分子形成气体负电荷,发生电晕放电。在电场的作用下,两电极间的气体不断地被电离形成气体电荷,同时飞向正极,形成所谓的电晕电场。物料颗粒进入分选电场以后,不断与气体电荷碰撞获得负电荷。但由于导电性的不同,不同的物料颗粒表现出不同的行为。导电性好的颗粒迅速将负电荷传递给正极,本身不显示电性,因而不受电场力的作用,在离心力的作用下偏向电极的一侧落下,成为导体产品;而导电性差的物料颗粒电荷传递速度很慢，不同程度地显示出负电性而受到正极的吸引作用，从而被吸在接地的转辊上，直接被刷子刷掉成为非导体产品；而导电性介于中间的物料则成为中间产品落下，这样就实现了不同电性物料颗粒的分离，分选过程示意如图 5-10 所示。入料性质、设备性能、控制参数、给料方式等是影响电选性质的主要因素。实验室通常选用 XDF 型 ϕ250×200 高压电选机，如图 5-11 所示。

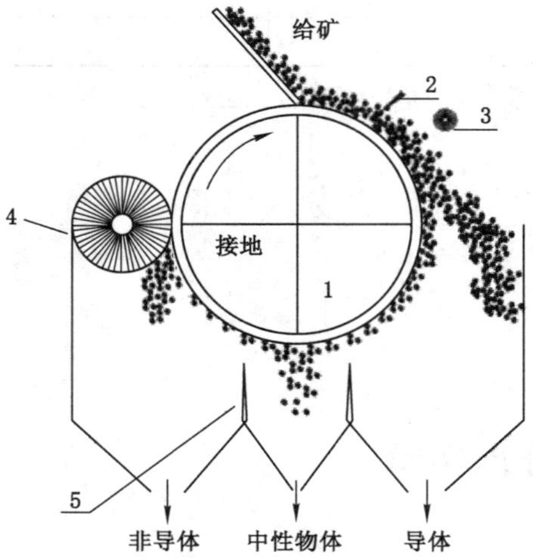

图 5-10　电选分选过程示意图

1——接地鼓筒；2——电极丝（电晕极）；
3——电极管；4——毛刷；5——分矿调节隔板

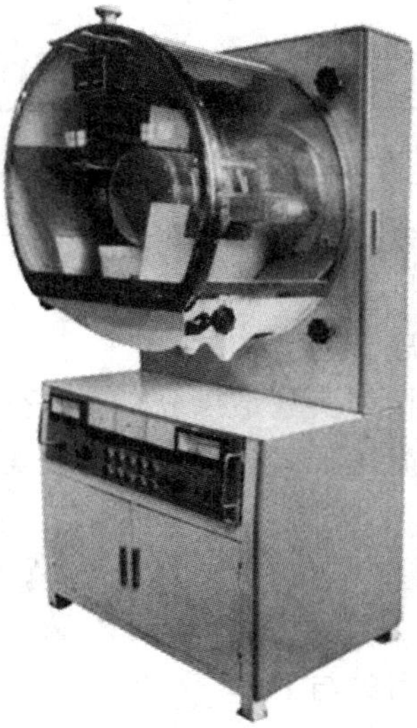

图 5-11　实验室用高压电选机

三、仪器设备及材料

（1）XDF 型 ϕ250×200 高压电选机 1 台；

（2）天平 1 台，秒表 1 块，毛刷 2 个，接样盆 4 个；

（3）2～0.5 mm 煤粉、萤石及钛铁矿等混合干物料若干。

四、实验步骤与操作技术

（1）阅读设备说明书，熟悉设备的结构及操作方法。

（2）对实验用电选机进行检查，确保状态完好，并保证接地。

（3）将待分选试样加入电选机振动给料仓中。

（4）分别在转鼓、给料仓温度调节仪上设定加热温度（如 80 ℃），并将转鼓和给料仓加热到设定温度。

（5）按下"转鼓启动"按钮，并设定转鼓一合适转速值。

（6）按下"毛刷合"按钮，使毛刷靠近转鼓。

（7）检查高压旋钮是否在零位，如不在，调零。然后按下"高压启动"按钮，并调节电压至所需电压值（注意：高压电输入前，一定要确保电选机的前门已关好）。

（8）按下"给料启动"按钮，并调节振动给料量，将试样缓缓给入分选室内，物料由于导电性不同而实现分离。

（9）给料结束后，关好给料仓闸门，并将电压调回零点。

(10) 按“高压停止”“毛刷离”“给料停止”“转鼓停止”的顺序依次按下停车。

(11) 将“电源停止”按钮按下，切断电源。

(12) 打开电选机前门，用毛刷小心清扫分选室，注意不要碰断电极丝。

(13) 将分选得到的导体、中间产品和非导体三种产物分别收集好，称重并取样化验。

(14) 改变实验所用的电压值大小，继续上述实验过程。

五、数据处理与实验报告

(1) 将实验数据和计算结果填入电选实验结果表 5-9 中，同时注意记录观察到的各种现象。

表 5-9　　**电选实验结果表**

电压	U_1(　　)V			U_2(　　)V			U_3(　　)V		
项目 / 产品	质量	产率	品位	质量	产率	品位	质量	产率	品位
	/g	/%	/%	/g	/%	/%	/g	/%	/%
产品 1									
产品 2									
产品 3									
合　计									
实验现象									

实验人员：__________　　日期：__________　　指导教师：__________

(2) 分析电压的大小对分选指标的影响。

(3) 撰写实验报告。

六、思考题

(1) 颗粒导电性差异是如何影响其电选分选行为的？影响电选过程的主要因素有哪些？

(2) 电选入料为什么要保持干燥？适合用电选分离的物料有哪些？

第九节　涡电流分选实验

一、目的与要求

(1) 了解涡电流分选的基本原理。

(2) 了解涡电流分选设备的结构和操作方法。

(3) 熟悉涡电流分选实验的基本操作规程。

二、基本原理

涡电流分选(Eddy Current Separation，ECS)是利用物质电导率的差异而进行的一种分选技术，其分选原理基于两个重要的物理现象：一个随时间而变的交变磁场总是伴生一个交变的电场(电磁感应定律)；载流导体产生磁场(毕奥-萨伐尔定律)。涡电流分选原理如图 5-12 所示。

由永久磁石镶成的磁石转筒高速旋转，产生一个交变磁场，当具有导电性能的金属通过

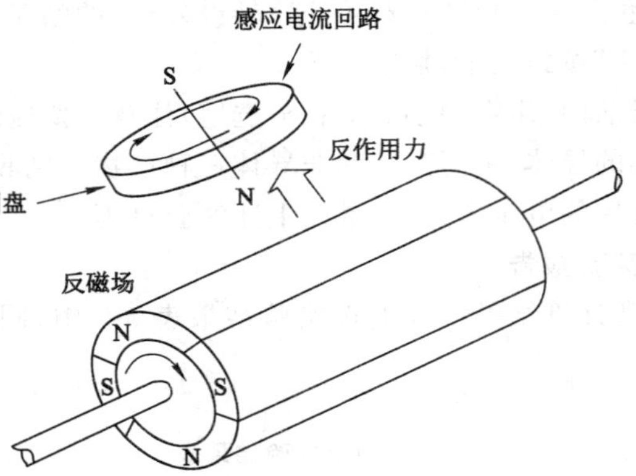

图 5-12　涡电流分选原理图

磁场时，将在金属内产生涡电流。涡电流本身产生交变磁场，并与磁石转筒产生的磁场方向相反，即对金属产生排斥力（洛仑兹力），使金属从料流中分离出来，达到分选的目的。

涡电流对导体产生的斥力与磁场变化强度，导体的导电率、密度、面积及形状等因素有关。对于不同有色金属物料，斥力与成分特性有关，成分力可表示为：

$$F_r \propto \frac{m\sigma}{\rho s} \tag{5-9}$$

式中　F_r——成分力；

m——物料的质量，kg；

σ——电导率，S/m；

ρ——密度，kg/m^3；

s——物料形状因子。

表 5-10 列出了某些金属的比电导（σ/ρ）。由比电导值可以判断物料所受斥力的大小及分选的难易程度。通常，高导电率、低密度材料所受的斥力最大。

表 5-10　某些金属的比电导　$S \cdot m^2/kg$

金　属	铝	锌	锡	铜	黄铜	镁	金	铅	银	镍
比电导	14	2.4	1.2	6.7	1.7	12.9	2.2	0.4	6	1.4

涡电流分选机主要用于从工业或生活废料中回收非铁金属，典型的处理对象有：废铜（铝）电力电缆、铝制品、汽车废料、非铁金属碎屑、印刷电路板、电子废品、多金属混合物等。涡电流分选在环境保护领域，特别是在非铁金属再生行业具有广阔的应用前景。

三、仪器设备及材料

(1) 永磁卧鼓式涡电流分选机（由电磁振动给料机、分选系统及产品收集系统三部分组成）1 台；

(2) 电子秤 1 台，毛刷 2 个；

(3) 模拟物料，塑料片（10 mm×7 mm）200 g，铝片（10 mm×10 mm）200 g，可重复使用。

四、实验步骤与操作技术

(1) 先启动胶带,后启动转子,待转子增速充分并稳定后再开启给料机。

(2) 通过变频器控制调整胶带转速(10 Hz、20 Hz、30 Hz)、转子转速(10 Hz、20 Hz、30 Hz),调整给料速度(振幅调节 10%、30%、50%)。根据不同物料调整有关参数(胶带转速,转子转速,给料速度),以得到最佳分选效果。

(3) 将待选物料放入给料机,给入分选机内进行分选。

(4) 待分选完毕后,将集料箱中的物料收集、分类,分别称重,记录数据。

(5) 按与开机程序相反的步骤关掉分选设备。

(6) 清扫实验装置,清理实验场所。

五、数据处理与实验报告

(1) 将实验数据记录于涡电流分选结果表 5-11 中并分析。

表 5-11　　涡电流分选结果表

给料速度/%	转子变频器频率/Hz	胶带变频器频率/Hz	集料箱 1		集料箱 2		分选效率/%
			铝质量/g	塑料质量/g	铝质量/g	塑料质量/g	

实验人员:________　　日期:________　　指导教师:________

(2) 采用下式计算分选效率:

$$E=\left(\frac{x_1}{x_0}\times\frac{y_1}{y_0}\right)\times 100\% \tag{5-10}$$

式中　E——分选效率;

x_1——集料箱中塑料的数量或质量;

x_0——塑料的总量(数量或质量);

y_1——集料箱中铝的数量或质量;

y_0——铝片的总量(数量或质量)。

(3) 撰写实验报告。

六、思考题

(1) 涡电流分选主要受哪些因素影响?

(2) 涡电流分选机的应用前景如何?

第十节　微细物料摩擦电选实验

一、目的与要求

(1) 了解摩擦电选的基本原理。

(2) 了解摩擦电选设备的结构及其适用范围。

(3) 熟悉微细物料摩擦电选实验的操作规程。

二、基本原理

随着人们对煤烟型污染的重视以及对煤基材料要求的日益增长，煤的洁净化利用已成为人们的共识。为了达到洁净化利用的目的，要求对原煤进行深度脱硫降灰，其前提是在可能的条件下，将煤磨细以使矿物质充分解离后再与煤相互分离开来。对微粉煤的分选应深入研究污染小、成本低、投资省的技术，摩擦电选就是这样一种有效的微粉煤干法分选技术。

颗粒在各种环境中获得或失去电荷，从而使颗粒带电。颗粒主要依靠接触、感应、电晕、摩擦、放射性衰变、离子和电子束热电、光电子场发射、光电带电等方式带电。在电选过程中，普遍认同的颗粒带电途径主要是电晕带电、接触摩擦带电和感应带电。摩擦电选过程中主要依靠接触摩擦方式带电，实现摩擦电选过程的关键是颗粒充分带电和带电颗粒电场中的高效分离。摩擦电选原理如图 5-13 所示，煤和矿物质颗粒在气流夹带作用下通过摩擦器，颗粒与摩擦器壁及颗粒与颗粒之间相互碰撞摩擦，煤和矿物质（包括硫铁矿及其他成灰矿物质）会带上极性和电量不同的电荷，荷电颗粒群经喷嘴进入高压静电场后，在电场力和重力的作用下，具有不同的运动轨迹：带负电荷的矿物质朝正极板运动，带正电荷的煤粉朝负极板运动，从而实现煤与矿物质的分离，达到脱硫降灰的目的。在高压电场中，带电量大的颗粒沿电场方向的加速度大，带电量小的颗粒沿电场方向的加速度小，因而吸附在极板上的不同位置。原料煤性质、气体流量、电场电压等是影响摩擦电选效果的主要因素。

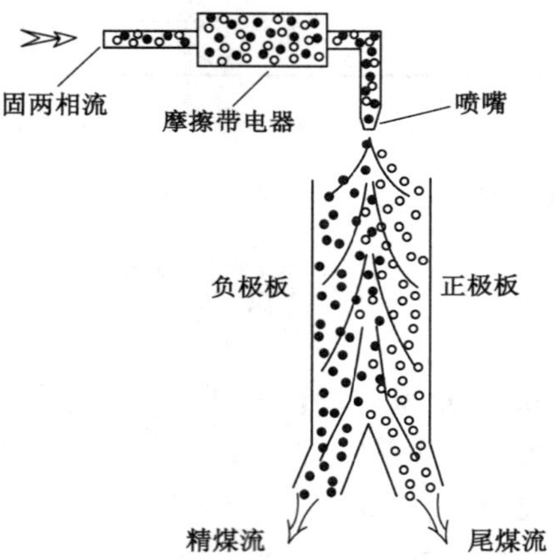

图 5-13　摩擦电选原理示意图

三、仪器设备及材料

(1) 摩擦电选实验装置 1 套；

(2) 直流高压发生器 1 台，风机 1 台；

(3) 电子秤 1 台，毛刷 2 个，漏斗 1 个；

(4) −0.074 mm 粒级煤样 500 g。

四、实验步骤与操作技术

(1) 阅读设备使用说明，熟悉实验操作规程。

(2) 对设备检查并进行试运转，检验装置各部分功能是否完好。

(3) 根据实验需要确定进行的实验组数，并对每组的工艺参数进行选择记录（风量给定范围在 40～80 m^3/h，电压给定范围在 15～45 kV)。

(4) 根据每组实验设定的参数调节电压和风量，先升高电压再开风机。每次称量 −200 网目煤样 8 g，通过漏斗给入摩擦电选实验机内，物料摩擦带电受不同电场力作用得到分选。给料结束后，先关风机，然后将电压调回零点，最后关闭直流高压发生器。

(5) 收集分选后的精煤产品与尾煤产品，分别称重、化验。

(6) 清扫仪器设备，清理实验场所。

五、数据处理与实验报告

(1) 将实验数据与计算结果记录于摩擦电选实验结果表 5-12 中，同时对观察到的实验现象如物料在极板上的吸附状况等进行记录。

表 5-12　　摩擦电选实验结果记录表

实验条件			精煤产品			尾煤产品		
给料量/g	风量/(m^3/s)	电压/kV	质量/g	产率/%	灰分/%	质量/g	产率/%	灰分/%
实验现象								

实验人员：________　　日期：________　　指导教师：________

(2) 根据实验结果分析摩擦电选分选指标与电压、风量大小之间的关系。

(3) 撰写实验报告。

六、思考题

(1) 影响摩擦电选的主要因素有哪些？

(2) 实验过程中有哪些需要注意的安全问题？

第十一节　磁电分选技术发展现状及展望

一、磁选技术发展现状及展望

磁选作为一种利用矿物之间的磁性差异而使不同矿物实现分离的分选方法，因其分选过程简单方便，不产生环境污染，现广泛应用于黑色金属矿石的选别、有色和稀有金属矿石的精选、重介质选矿中介质的回收和净化、非金属矿石原料的除杂、破碎中含铁杂质的排除、从冶炼生产的废渣中回收废钢以及污水处理等方面。我国的铁矿石资源中 80%的矿石都需要应用磁选进行分选。如何提高磁选效率，实现铁矿石的最大化回收，是目前整个磁选行业所要解决的重要问题。

目前，国内外磁选机的种类很多，根据其磁场强度和磁场力的强弱，一般可分为弱磁场磁选机(磁场强度 $H=80\sim120$ kA/m)和强磁场磁选机(磁场强度 $H=800\sim1\ 600$ kA/m)。随着人们对钛铁矿及假象赤铁矿等中磁性矿物回收利用的日益重视，中磁场磁选机也逐步得到发展。

1. 弱磁场磁选机

弱磁场磁选机主要用于强磁性矿物的磁选，如磁铁矿、磁赤铁矿、钛磁铁矿、磁黄铁矿和锌铁尖晶石等亚铁磁性矿物，包括干式弱磁场磁选机和湿式弱磁场磁选机。

(1) 干式弱磁场磁选机

该类设备包括干式圆筒磁选机和大块矿石干式磁选机两类。干式圆筒磁选机主要用于细粒强磁性矿石的干选，也适用于从粉状物料中清除磁性杂质，其优点在于抛废的同时，对矿物具有富集作用，提高了入选品位。然而，干式圆筒磁选机技术指标较低，粉尘难以控制，所以随着环境保护的要求越来越高，干式圆筒磁选机逐渐被湿式弱磁场磁选机取代。大块矿石干式磁选机俗称磁滑轮，主要用于自磨或球磨之前的破碎流程中的预选工作。该设备不断得到推广应用，为选矿厂节能降耗起到重要作用。大块矿石干式磁选机发展很快，设备的技术性能不断提高。

(2) 湿式弱磁场磁选机

目前，我国磁铁矿选矿用的湿式弱磁场磁选机一般都是永磁筒式磁选机，电磁筒式磁选机只在个别需要调整磁场强度的情况下才使用。永磁筒式磁选机广泛用于磁铁矿分选、选矿厂磁性加重质回收以及强磁选矿预选等，它主要由磁系、圆筒、分选槽以及给料、排料、溢流装置和传动装置及机架组成。磁系布置、分选槽型式和磁极数量对分选结果有决定性的影响。根据其槽体结构形式的不同可分为顺流式、逆流式和半逆流式，由于半逆流式结合了顺流和逆流各自的特点，其使用较多。

2. 中磁场磁选机

中磁场磁选机的磁场强度介于弱磁场磁选机和强磁场磁选机之间，一般为 300～800 kA/m，主要用于钛铁矿、假象赤铁矿、风化磁铁矿、磁黄铁矿等中等磁性矿物的磁选。20 世纪 80 年代中期，钕铁硼永磁材料的出现，为中强磁场永磁磁选机的发展提供了可靠的技术基础，并且这种材料的价格比钐钴稀土永磁材料低 2～3 倍，使中强磁场永磁磁选机的研制和应用在经济上成为可能。北京矿冶研究总院为解决强磁作业经常发生的磁性物堵塞问题，通过反复优化设计，找到了磁系最佳排列方式，改进了复合磁系，避免了常规磁选机产生过大的轴向磁场梯度和两侧严重漏磁的问题，研制成功了一种新型大型永磁中磁场磁选机，现场应用效果较好，为该类中磁场磁选机的推广应用创造了有利条件。

3. 强磁场磁选机

强磁场磁选机主要采用闭合磁系和一定形状的感应磁极或磁介质，并在其选分区产生较强的磁场力，从而能够有效地分选弱磁性矿物。我国已自主研发了多种强磁场磁选机，按其工作形式可分为干式和湿式。

干式强磁场磁选机主要用于对粗颗粒的矿物进行分选。在我国使用较长时间的干式强磁场磁选机主要有电磁盘式强磁选机、永磁对辊强磁选机等。目前，生产实践中应用较广泛的干式强磁场盘式磁选机有单盘、双盘和三盘等，其磁系为“山”字形，圆盘可垂直起降。干式强磁辊式磁选机是一种使用时间最长、用于处理粗颗粒矿物的强磁性磁选机，典型产品 80-Ⅰ型电磁感应辊式强磁选机，主要用于粗粒铁、锰矿石的预选，分选效果较好。

湿式强磁场磁选机主要用于弱磁性矿物的磁选作业。由于湿式强磁场磁选机的入料粒度下限可以达到很细，特别适用于对于解离度要求较高的弱磁性矿物的分选，所以近几年湿式强磁场磁选机在弱磁性矿物分选以及非金属物料的提纯中应用较为广泛。

4. 高梯度磁选机

高梯度磁选机也属于强磁场磁选机，但普通强磁场磁选机对于分选物料小于 20 μm 的物料效果均不理想。高梯度磁选机在均匀磁场中通过钢毛、钢板网等聚磁介质，使之被磁化后在径向表面产生高度不均匀的磁场，即高梯度的磁化磁场，因而可产生很强的磁力，对于粒径小于 20 μm 的物料也能有效地回收，可以分选微米级的物料，其磁场梯度比普通磁选机高 10～100 倍，分选区利用率高，处理量大。高梯度磁选机有电磁和永磁两大类型，目前较为常用的是电磁高梯度磁选机。SLon 高梯度磁选机是当前国内较为常用的一种高梯度磁选机，工业生产设备的最大特点是分选环为立式，采用下端给料方式，上部反向冲洗精矿，并配有脉动结构，可有效地防止磁介质堵塞，具有富集比大、回收率高等特点，对各种弱磁性矿物具有较好的适应性。

5. 超导磁选机

超导磁选机是把超导电技术上的超导磁体移植到强磁选机上，以代替普通磁体，从而可产生很高的磁场强度，其磁场强度可达到 6～10 T，而其他磁选机磁场强度一般不超过 2 T。另外，超导磁选机非常节能，重量轻，体积小，稳定性好，均匀度高。

选择磁选机时，除了根据矿石磁性外主要按入选矿石的粒度来确定机型，再根据处理量来选择型号，通常可参考表 5-13 所示进行选定。

表 5-13　　磁选机选择参考

矿石磁性	矿石粒度/mm	选择的设备
强磁性	5～350	磁滚筒
	0～5	干选筒式磁选机
	0～3	湿选筒式弱磁选机、磁力脱水槽、磁团聚重选机
弱磁性	0～40	干选感应辊式强磁选机
	0～2	干选感应盘式强磁选机、湿选辊式强磁选机
	0～0.4	湿选环式强磁选机
	0～0.1	高梯度磁选机
	超细颗粒	超导磁选机

磁选技术的发展趋势，主要概括如下：

(1) 创立自己的品牌，拥有自主核心知识产权，兼并重组，做大做强。

(2) 向大型化、大处理量方向发展。

(3) 向高梯度场方向发展。

(4) 新材料、新磁系研制，以及新工艺、新方法的实践。

总之，设备大型化、专用化、节能智能化和工艺高效化是磁选技术未来发展趋势和市场竞争的焦点。

二、电选技术发展现状及展望

电选是利用各种矿物及物料电性质不同而进行分选的一种物理选矿方法。电选在工业上的应用始于 1908 年，此后在相当长的时间内进展不大，直到 20 世纪 50 年代末期，才有了新的发展，得到了更为广泛的应用。电选涉及面很广，包括电力分选、电分级、摩擦带电分选、介电分选、高梯度电选、电除尘等。

电选机是实现矿物电力分选的设备，种类多达几十种，可以按电场的特征进行分类，也可以按结构型式及给矿方式等进行分类，具体如图 5-14 所示。

- 电选设备
  - 按矿物带电方法分类
    - 传导带电分选机
    - 摩擦电选机
    - 介电分选机
    - 热电黏附分选机
  - 按电场分类
    - 静电场分选机
    - 电晕电场电选机
    - 复合电场分选机
  - 按设备结构形式特征分类
    - 鼓筒式电选机
    - 室式电选机
    - 自由落下式电选机
    - 溜板式电选机
    - 胶带式电选机
    - 圆盘式电选机
    - 摇床式电选机
    - 旋流式电选机
  - 按分选或处理的粒度分类
    - 粗粒电选机
    - 中粒电选机
    - 细粒电选机

图 5-14　电选机的分类

电选是一种很有效的物理选矿方法，且有与其他物理和化学选矿难以比拟的特点，加之它不产生污染，越来越受到人们的重视。目前电选主要应用于有色和稀有金属矿物的分选、黑色金属矿的分选、砂金矿的精选、非金属矿物的分选、各种固体物料的分级以及各种固体物料或废料中回收非铁金属，此外，电选还可用于农业中选种、茶叶与茶杆的分选等。

为了使电选技术得到更长远的发展，要对电选的理论进行更深入的研究与实践，还要对电选设备进行改进和提高其分选效率。现在对电选产品的质量要求更高，因此，原有的电选设备已不能适应形势的要求，为此，提高台式处理能力和一次分选效果仍是电选技术发展的重点。

第六章　泡 沫 分 选

第一节　小浮选实验

一、目的与要求

(1) 了解浮选机实验装置的基本结构与工作原理。

(2) 掌握实验室浮选机的基本操作技术。

(3) 掌握浮选过程基本现象的观察、分析方法。

二、基本原理

矿物表面物理化学性质(特别是表面润湿性)差异是矿物浮选的基础,表面疏水性不同的颗粒其亲气性不同。通过适当的途径(最基本的方法是调浆)改变或强化矿浆中目的矿物与非目的矿物之间表面疏水性差异,以气泡作为分选、分离载体的分选过程即浮选,其示意图如图 6-1 所示。浮选过程一般包括以下几个过程:

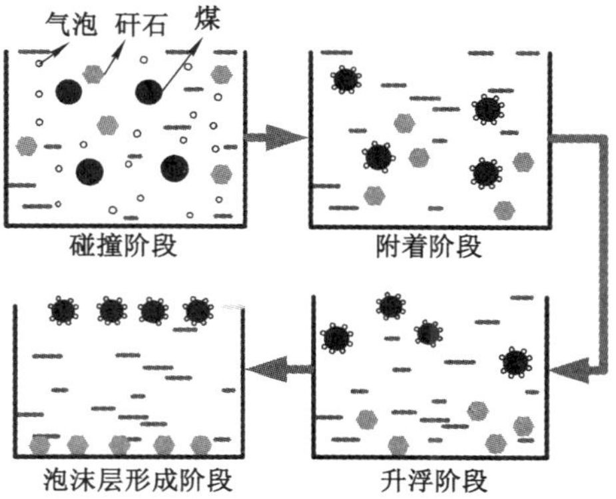

图 6-1　浮选过程示意图

(1) 矿浆准备与调浆:借助某些药剂的选择性吸附,增加矿物的疏水性与非目的矿物的亲水性。一般通过添加目的矿物捕收剂或非目的矿物抑制剂来实现;有时还需要调节矿浆的 pH 值、温度、浓度等其他性质,为后续的分选提供对象和有利条件。

(2) 形成气泡:气泡的产生往往通过向添加有适量起泡剂的矿浆中充气来实现,形成颗粒分选所需的气液界面和分离载体。

(3) 气泡的矿化:矿浆中的疏水性颗粒与气泡发生碰撞、附着,形成矿化气泡。

(4) 形成矿化泡沫层、矿物分离:矿化气泡上升到矿浆的表面,形成矿化泡沫层,并通过适当的方式刮出后即为泡沫精矿;而亲水性的颗粒则保留在矿浆中成为尾矿。

三、仪器设备及材料

(1) 1.5 L 实验室型单槽浮选机(图 6-2)1 台/组;

(2) 可控温烘箱(规格及数量视学生分组数目而定);

(3) 盘式真空过滤机(图 6-3)1 台/2 组,滤纸若干;

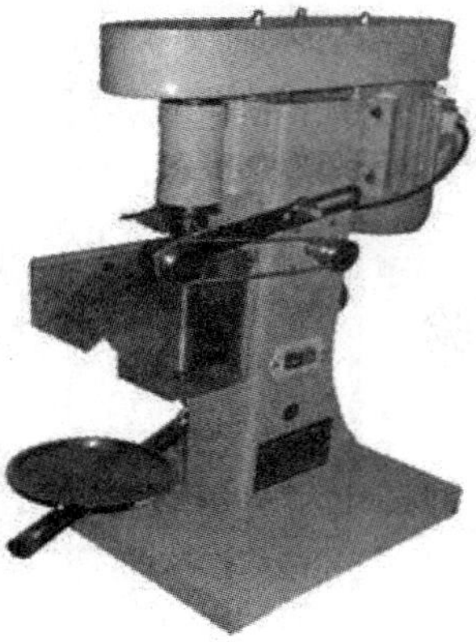

图 6-2 单槽浮选机

图 6-3 盘式真空过滤机

(4) 电子天平(数量视学生分组数目而定);
(5) 微量注射器(图 6-4)2 支/组;
(6) 接样瓷盆(图 6-5)4 个/组;

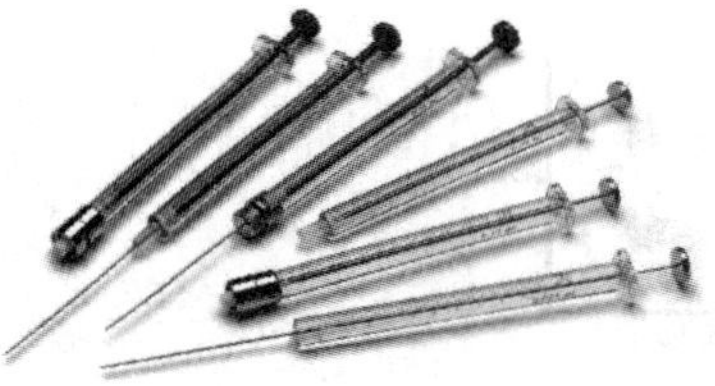

图 6-4 微量注射器

图 6-5 接样瓷盆

(7) 洗瓶 1～2 个/组;
(8) 入浮矿样 1 kg/组;
(9) 浮选药剂适量(具体视矿样种类而定)。

四、实验步骤与操作技术

实验过程以煤泥浮选为例,具体步骤与操作流程如下:

(1) 学习操作规程,熟悉设备结构,了解操作要点;试运转。
(2) 检查、清洗浮选槽并安装就位,熟悉浮选槽的基本结构(图 6-6)。
(3) 计算矿样(煤样)和药剂质量,称取所需试样。

(4) 将试样置入烧杯加少量水搅拌,使矿样充分润湿后全部加入浮选槽,并向浮选槽加水至第一标线(也可将水加至第一标线,开动浮选机开始搅拌,关闭进气阀,然后将干矿样直接加入浮选槽中进行搅拌,实现矿样润湿过程)。

(5) 关闭进气阀,开动搅拌机构开关;待矿浆搅拌均匀后,加水至第二标线。

(6) 用电子天平称取 20 滴药剂(此时用针头滴药剂时必须使针头垂直,且用手缓慢旋转注射器活塞,一滴一滴慢慢滴入,不得出现几滴药剂成连续状)的总质量,计算平均值得到

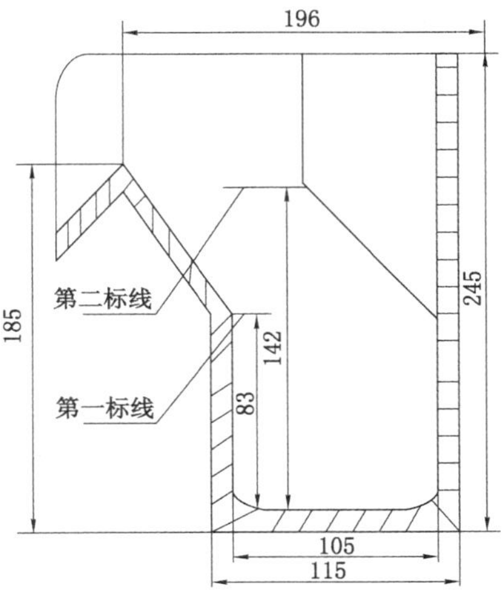

图 6-6　浮选槽结构示意图(单位:mm)

每滴药剂的质量,同时必须做平行样测定,两次测定的滴重不得超过滴重的 10%。

(7) 向矿浆中加入所需用量的捕收剂,搅拌 2 min。

(8) 向矿浆中加入所需用量的起泡剂,搅拌 30 s 后,打开充气开关向矿浆中充气;随即开启刮泡机构刮取泡沫并全部接取。

(9) 随着浮选的进行,浮选槽中的液位会逐渐降低,为了保证均匀刮泡,需要用洗瓶不断补加清水,同时冲洗黏附在搅拌轴、槽壁上的颗粒。清水补加量以不积压泡沫、不刮水为准。

(10) 待无泡沫或泡沫基本为水泡后,关闭充气阀,停机。将浮选槽边壁黏附的矿样颗粒冲入槽中,溢流口及刮板上的矿样颗粒冲入精矿。

(11) 将分选产品(包括精矿和尾矿)过滤,脱水,烘干至恒重,冷却至室温后称重,并制样、分析化验。

(12) 清理实验设备,整理实验场所。

五、数据处理与实验报告

(1) 将实验数据记录、整理于小浮选数据记录表(表 6-1)。

表 6-1　　小浮选数据记录表

<table>
<tr><td rowspan="2">实验条件</td><td>入料浓度
/(g/L)(%)</td><td>捕收剂用量
/(g/t)</td><td>起泡剂用量
/(g/t)</td><td>充气量
/[m³/(m²/min)]</td><td>主轴转速
/(r/min)</td><td rowspan="2">实验现象</td></tr>
<tr><td></td><td></td><td></td><td></td><td></td></tr>
<tr><td rowspan="5">浮选结果</td><td>产品</td><td colspan="2">质量/g</td><td>产率/%</td><td>灰分(品位)/%</td><td rowspan="5"></td></tr>
<tr><td>精矿</td><td colspan="2"></td><td></td><td></td></tr>
<tr><td>尾矿</td><td colspan="2"></td><td></td><td></td></tr>
<tr><td>合计</td><td colspan="2"></td><td></td><td></td></tr>
<tr><td>误差</td><td colspan="2"></td><td></td><td></td></tr>
</table>

实验人员:____________　　日期:____________　　指导教师:____________

(2) 在实验过程中记录实验现象，尤其对于泡沫状况、矿化程度、矿浆充气状况的观察，并进行结果分析。

(3) 撰写实验报告。

六、思考题

(1) 矿样的搅拌润湿及加药调浆阶段为什么不应充气？

(2) 捕收剂和起泡剂的作用机理分别是什么？

(3) 如果将干矿样直接倒入已加好水的浮选槽中进行搅拌，可能会出现什么现象？

(4) 简述浮选药剂的作用以及按用途划分的种类。

第二节　煤泥浮选分步释放实验

一、目的与要求

(1) 通过分步释放实验，了解待测煤泥中不同可浮性物料的数、质量分布规律，建立实验室浮选的理论指标。

(2) 掌握分步释放实验方法。

(3) 掌握分步释放实验结果的处理与分析方法。

(4) 学习评价浮选效果实验设计的标准方法。

二、基本原理

对待测的煤样，在《选煤实验室分步释放浮选实验方法》(GB/T 36167—2018)规定的(或由可浮性优化实验确定的最佳)浮选工艺条件下，通过一次粗选多次精选，将煤泥分选成实际可浮性不同(其相应灰分也不同)的若干产物，实际上该过程是按照不同可浮性煤泥在浮选过程中浮选速度的不同进行归类分选的，并用对应实验结果描述待测定煤样中不同可浮性产物的数、质量分布规律。

三、仪器设备及材料

(1) 1.5 L 实验室型单槽浮选机 1 台/组；

(2) 可控温烘箱(规格及数量视学生分组数目而定)；

(3) 盘式真空过滤机 1 台/2 组，滤纸若干；

(4) 电子天平(数量视学生分组数目而定)；

(5) 微量注射器 2 支/组；

(6) 接样瓷盆 4 个/组；

(7) 洗瓶 1～2 个/组；

(8) 入浮煤泥 1 kg/组；

(9) 浮选药剂适量(具体视煤泥种类而定)。

四、实验步骤与操作技术

1. 实验过程

分步释放浮选实验采用一次粗选多次精选的浮选原则流程，其实验流程按 GB/T 36167—2018 规定进行，如图 6-7 所示。

一次粗选：粗选是在药剂稍微过量的条件下进行的，以尽量将可浮的煤粒回收到粗选精煤泡沫产物中。

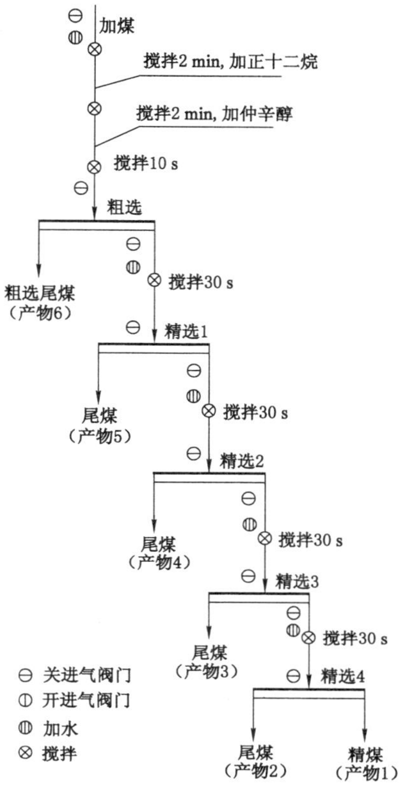

图 6-7 分步释放浮选实验流程

多次精选：每次精选都不加任何药剂，仅补加清水稀释调浆。随着精选次数的增多，矿浆浓度逐渐降低，矿浆中药剂的浓度也逐渐下降，导致实际可浮性越好（一般灰分也越低）的煤粒，被选入最后产物中的可能性越大。

2. 步骤与操作流程

(1) 粗选过程

本实验采用可浮性实验所确定的最佳工艺条件进行粗选（为简化操作，一般也可按照经验估计第一次加捕收剂和起泡剂的 60%，通过浮选刮泡，观察浮选槽中尾矿水的颜色：若出现淡黄，则粗选过程结束；否则，再次加少量捕收剂和起泡剂，继续浮选，精煤与第一粗选的泡沫产品合并，若浮选槽中尾矿水出现淡黄，则粗选过程结束；否则，再次加少量捕收剂和起泡剂，继续浮选……，直至浮选槽中尾矿水出现淡黄）。

预先按本实验规定的煤样量（一般按照 150 g/L 计算）称量煤样（称准到 0.1 g），将捕收剂和起泡剂分别吸入不同的注射器，调试浮选机使其转速和充气量达到规定值。

粗选根据图 6-7 粗选操作预处理程序（药剂置换为可浮性实验确定的最佳药剂或按照上述的经验进行添加）进行调浆。调浆完毕，打开气阀 10 s，即开始粗选刮泡；同时控制清水补加量，保持矿浆液面恒定。后期用洗瓶将黏在浮选槽壁上的煤粒冲洗入煤浆中，直至粗选结束。关闭气阀，记录粗选时间。

(2) 精选过程

按图 6-7 操作程序，分别对粗选精煤及后续各次精选产物依次进行精选。每次精选均先关闭浮选机气阀，在浮选槽内加入少许自来水，将粗选精煤（或上次精选精煤）泡沫产品全部加入浮选槽中，开启浮选机搅拌 2 min 后，加水使煤浆液面低于浮选槽第二标线约 15 mm，再搅拌 30 s 进行调浆，迅速补水使煤浆液面达浮选槽第二标线，打开气阀，同时开始刮泡，直至精选终点，关闭气阀，记录精选时间。当估计浮选出的精煤质量低于入料质量的 30%时，不再进行下一步精选。

（3）产品处理

将分步释放实验各产物按图 6-7 进行相应编号（也可按照尾煤出现的顺序将其编号为尾煤 1、尾煤 2、尾煤 3……，精煤，这种顺序比较方便于直接过滤），分别依次过滤、干燥、称量、制样和化验。

（4）平行实验（选做）

按上述（1）、（2）、（3）的实验条件和步骤重复 2 次。

（5）清理实验设备，整理实验场所。

五、注意事项

（1）精煤和尾煤产品收集方法：将黏在刮泡板及浮选槽溢流槽上的煤粒，冲洗到精煤产物中，供精选用。将浮选槽底及黏在浮选机叶轮盖板上的煤粒，清洗到尾煤产物；然后向浮选槽加水，并开动浮选机进行清洗，直至浮选槽干净为止。在多次精选过程中，应特别重视清洗和过滤工序（过滤时，要使滤饼面积为最小），严防试样损失。

（2）考虑多次精选会造成试样损失超差，当待测煤样的粗选精煤泡沫量较少时（由于粗选浓度偏低或粗选精煤产率偏低造成），可将粗选重复 2 至 3 次，然后将粗选精煤泡沫和粗选尾煤矿浆分别集中收集，集中后的粗选精煤泡沫产品再进行后续精选。

六、数据处理与实验报告

（1）按表 6-2 所示格式记录整理分步释放浮选实验原始数据。

表 6-2　　煤泥分步释放实验结果

试样名称________；试样粒度________；捕收剂滴重________ g/滴；起泡剂滴重________ g/滴；

捕收剂名称________ 用量 ________滴；起泡剂名称________ 用量 ________滴

<table>
<tr><th rowspan="3">产品名称</th><th rowspan="3">质量
/g</th><th rowspan="3">产率
/%</th><th rowspan="3">灰分
/%</th><th colspan="4">累计</th><th colspan="2" rowspan="2">分选次数</th><th rowspan="3">实验现象</th></tr>
<tr><th colspan="2">精煤</th><th colspan="2">尾煤</th></tr>
<tr><th>产率
/%</th><th>灰分
/%</th><th>产率
/%</th><th>灰分
/%</th><th>次数</th><th>精煤产率
/%</th></tr>
<tr><td>产物 1</td><td></td><td></td><td></td><td></td><td></td><td></td><td></td><td></td><td></td><td></td></tr>
<tr><td>产物 2</td><td></td><td></td><td></td><td></td><td></td><td></td><td></td><td></td><td></td><td></td></tr>
<tr><td>产物 3</td><td></td><td></td><td></td><td></td><td></td><td></td><td></td><td></td><td></td><td></td></tr>
<tr><td>产物 4</td><td></td><td></td><td></td><td></td><td></td><td></td><td></td><td></td><td></td><td></td></tr>
<tr><td>产物 5</td><td></td><td></td><td></td><td></td><td></td><td></td><td></td><td></td><td></td><td></td></tr>
<tr><td>产物 6</td><td></td><td></td><td></td><td></td><td></td><td></td><td></td><td></td><td></td><td></td></tr>
<tr><td>合　计</td><td></td><td></td><td></td><td></td><td></td><td></td><td></td><td></td><td></td><td></td></tr>
</table>

实验人员：____________　　日期：____________　　指导教师：____________

(2) 按下列允许误差要求审核实验数据：

① 分步释放浮选实验前试样质量与产物累计质量的误差不得超过2%；

② 分步释放浮选实验入料灰分与产物加权平均灰分的误差：当入料灰分小于或等于20%时，相对误差不超过5%；当入料灰分大于20%时，绝对误差不超过1%。

(3) 根据分步释放实验结果，绘制曲线如图6-8所示。

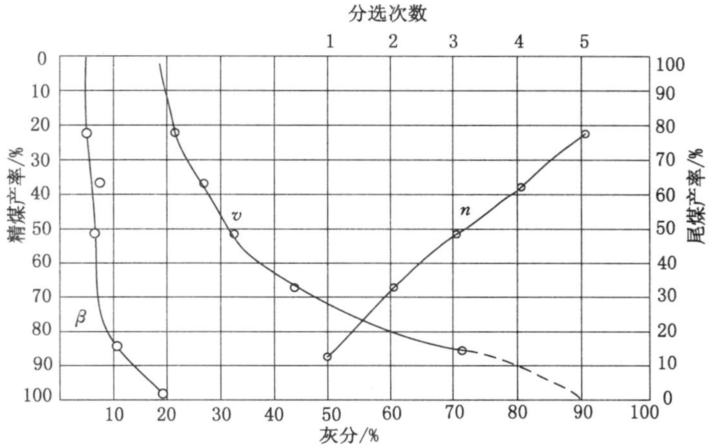

图6-8　分布释放浮选曲线

β——精煤产率-灰分曲线；v——尾煤产率-灰分曲线；n——分选次数-精煤产率曲线

七、思考题

(1) 什么是煤泥的实际可浮性？

(2) 为什么一次粗选多次精选的流程可以分离出实际可浮性不同的产品？

(3) 煤泥可浮性曲线与煤泥可选性曲线有何区别？怎样用它们评价浮选效果？如何解释？

第三节　单泡浮选实验

一、目的与要求

(1) 研究纯矿物表面与药剂作用机理以及磨矿和分级时纯矿物合适的粒级。

(2) 研究单泡浮选实验过程中一定充气量和浮选时间条件下浮出产物的回收率。

(3) 掌握单泡浮选实验过程的基本原理与操作方法。

二、基本原理

单泡浮选实验是一种无泡沫浮选实验，即在浮选过程中不添加起泡剂、不形成泡沫的一种实验方法，适用于研究药剂对矿物可浮性的作用。优点为：需要的纯矿物量少(1～3 g/次)，药剂浓度和容积恒定，可精确控制操作变量。

如图6-9所示为单泡浮选实验装置，其主体部分为单泡管，由玻璃或有机玻璃制成，底部为多孔烧结石英砂滤板或毛细管，孔径为40～60 μm，净化后的气体由此进入单泡管。实验时，单泡管内与水和药剂混合均匀的矿物颗粒在电磁搅拌器的作用下处于悬浮状态，通过一系列调节和控制措施保持向单泡管内的充气量恒速和恒压，这些气体将可浮性好的矿粒带到单泡管的上部，由于没有添加起泡剂，泡沫脆，到上部后泡沫破裂，矿粒脱落后流入盛矿管内，实现矿物的分离。

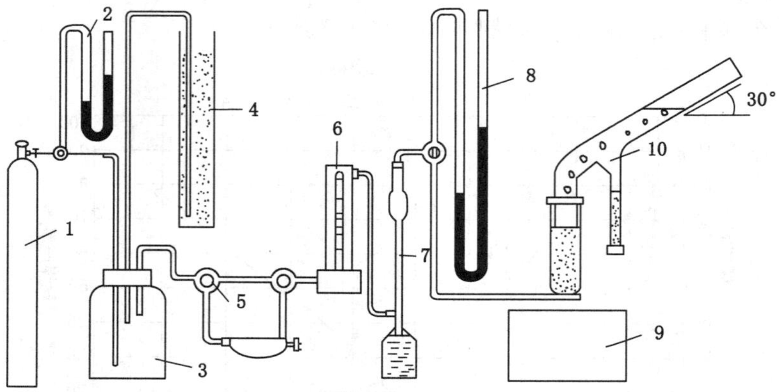

图 6-9　单泡浮选实验装置

1——气瓶；2——水银测压计；3——储气瓶；4——压力调节器；5——针阀；6——转子流量计；7——皂膜流量计；8——水柱测压计；9——电磁搅拌器；10——单泡管

三、仪器设备及材料

(1) 单泡浮选实验装置 1 套/组；

(2) 微量注射器 2 支/组；

(3) 烧杯(数量视实验组数及样品数量而定)；

(4) 洗瓶 1 个/组；

(5) 可控温烘箱(规格及数量视学生分组数目而定)；

(6) 电子天平(数量视学生分组数目而定)；

(7) 实验矿样(粒度在 0.076～0.15 mm)100 g/组；

(8) 浮选药剂适量(具体视矿样种类而定)。

四、实验步骤与操作技术

(1) 学习操作规程、熟悉设备结构、了解操作要点；调试单泡管实验装置，将向单泡管内的充气调节到恒速和恒压后记住各调节装置(阀门等)所处于的位置，停止供气。

(2) 称取一定质量的待测矿样放在烧杯中，并加入一定量(按浓度计算)的水和药剂，搅拌混合均匀。

(3) 将搅拌混合均匀的矿浆移入单泡管内，开动电磁搅拌器，利用磁转子旋转产生的搅拌作用使矿粒处于悬浮状态，搅拌时间一般为 5 min。

(4) 开启单泡管充气装置，并将充气量迅速调节到步骤(1)所确定的恒速和恒压状态。

(5) 浮选一定时间后停止供气和搅拌，将落入盛矿管中的上浮矿物颗粒和未浮矿粒分别转移出，烘干、称重，计算回收率。

(6) 改变矿样、药剂、浓度等条件重复上述实验过程。

(7) 整理仪器，清理实验现场。

注：单元实验的个数以及浮选浓度、药剂用量等实验条件可根据需要由指导教师确定。

五、数据处理与实验报告

(1) 将每个单元实验的数据记录于实验数据表6-3中。

表 6-3　　**单泡浮选数据记录表**

试样名称______　　试样粒度______　　浮选药剂______

第一组	实验条件	浮选浓度/(g/L)(%)	药剂用量/(g/t)	充气压力/Pa	充气量/[m^3/(m^2·min)]	搅拌转速/(r/min)	浮选时间/s	实验现象
	产品	质量/g	产率/%	灰分(品位)/%				
	精矿							
	尾矿							
	合计							
	误差							
第二组	实验条件	浮选浓度/(g/L)(%)	药剂用量/(g/t)	充气压力/Pa	充气量/[m^3/(m^2·min)]	搅拌转速/(r/min)	浮选时间/s	实验现象
	产品	质量/g	产率/%	灰分(品位)/%				
	精矿							
	尾矿							
	合计							
	误差							
第三组	实验条件	浮选浓度/(g/L)(%)	药剂用量/(g/t)	充气压力/Pa	充气量/[m^3/(m^2·min)]	搅拌转速/(r/min)	浮选时间/s	实验现象
	产品	质量/g	产率/%	灰分(品位)/%				
	精矿							
	尾矿							
	合计							
	误差							

实验人员：______　　日期：______　　指导教师：______

(2) 在实验过程中记录实验现象，并进行结果分析。

(3) 撰写实验报告。

六、思考题

(1) 单泡浮选实验与小浮选实验的区别是什么？能否用小浮选实验代替单泡浮选实验？

(2) 单泡浮选实验过程中为什么不添加起泡剂？

(3) 单泡浮选实验装置中储气瓶的作用是什么？为什么用到两个测压计？

第四节　真空浮选实验

一、目的与要求

(1) 通过真空浮选实验，了解气体从矿浆中析出形成微泡的成泡方式及过程。

(2) 研究真空浮选实验中一定真空负压条件下浮出产物的回收率。

(3) 掌握真空浮选的基本原理与操作技术。

二、基本原理

浮选过程离不开气泡，气泡的大小和含量(单位矿浆体积内气泡表面积的大小)对浮选效果的影响很大。目前广泛应用的各种浮选设备中，气泡的生成一般包括三种方法：机械搅拌作用将空气流粉碎成气泡(例如机械搅拌浮选机)、空气通过多孔介质的细小眼孔形成气泡(例如充气式浮选柱)以及气体从矿浆中析出形成微泡(例如旋流-静态微泡浮选柱)。

真空浮选是利用真空负压的方法使溶解在矿浆中的气体因过饱和析出产生微泡实现浮选的过程，其实验装置如图 6-10 所示。实验系统由真空泵、水银压力计、真空浮选器、空气干燥瓶和气体调节阀组成。该实验的原理是：在真空浮选器中加入一定量的水和药剂溶液，振荡使矿粒与药剂发生作用，然后将真空浮选器按照图示与空气干燥瓶、真空泵等连接好，开动真空泵进行抽气，随着真空浮选器内压力的逐步降低，真空浮选器底部的矿粒表面开始析出气泡，矿粒即随气泡上升。到达液面后，气泡破裂，矿粒即落入真空浮选器的接收管中，从而实现矿物分离过程。

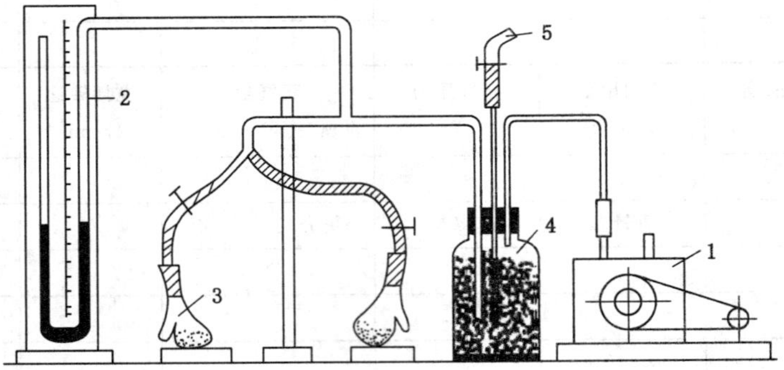

图 6-10　真空浮选实验装置

1——真空泵；2——水银压力计；3——真空浮选器；4——空气干燥瓶；5——调气口

三、仪器设备及材料

(1) 真空浮选实验装置 1 套/组；

(2) 微量注射器 2 支/组；

(3) 烧杯(数量视实验组数及样品数量而定)；

(4) 洗瓶 1 个/组；

(5) 可控温烘箱(规格及数量视学生分组数目而定)；

(6) 电子天平(数量视学生分组数目而定)；

(7) 实验矿样(粒度－0.5 mm)20 g/组;

(8) 浮选药剂适量(具体视矿样种类而定)。

四、实验步骤与操作技术

(1) 学习操作规程、熟悉设备结构、了解操作要点;调试真空浮选实验装置,将调气口调节到符合压力要求控制范围的合适位置,并记下该位置,检查实验装置各部分密封性,防止漏气。

(2) 称取一定质量(一般为 0.5～1 g)的矿样,加入浮选器中,并加入一定量(按浓度计算)的水和药剂,振荡使矿粒与药剂发生作用,同时注意矿物表面所附着的空气泡。

(3) 开动真空泵进行抽气,并迅速将调气口调节到合适位置,一般将压力控制在 6×10^4～9×10^4 Pa,由压力计读出。

(4) 当析出的气泡不再带有矿粒时浮选过程完毕。

(5) 将上浮矿物颗粒和未浮矿粒分别收集到烧杯中,烘干、称重,计算回收率。

(6) 改变矿样、药剂、浓度等条件重复上述实验过程。

(7) 整理仪器,清理实验现场。

注:单元实验的个数以及浮选浓度、药剂用量、浮选压力等实验条件可根据需要由指导教师确定。

五、数据处理与实验报告

(1) 将每个单元实验的数据记录于实验数据表 6-4 中。

表 6-4　真空浮选数据记录表

试样名称______　试样粒度______　浮选药剂______

第一组	实验条件	浮选浓度/(g/L)(%)	药剂用量/(g/t)	浮选压力/Pa	浮选时间/s	实验现象
	产品		质量/g	产率/%	灰分(品位)/%	
	精矿					
	尾矿					
	合计					
	误差					
第二组	实验条件	浮选浓度/(g/L)(%)	药剂用量/(g/t)	浮选压力/Pa	浮选时间/s	实验现象
	产品		质量/g	产率/%	灰分(品位)/%	
	精矿					
	尾矿					
	合计					
	误差					

续表 6-4

<table>
<tr><td rowspan="7">第三组</td><td rowspan="2">实验条件</td><td>浮选浓度/(g/L)(%)</td><td>药剂用量/(g/t)</td><td>浮选压力/Pa</td><td>浮选时间/s</td><td rowspan="2">实验现象</td></tr>
<tr><td></td><td></td><td></td><td></td></tr>
<tr><td colspan="2">产品</td><td>质量/g</td><td>产率/%</td><td>灰分(品位)/%</td><td rowspan="5"></td></tr>
<tr><td colspan="2">精矿</td><td></td><td></td><td></td></tr>
<tr><td colspan="2">尾矿</td><td></td><td></td><td></td></tr>
<tr><td colspan="2">合计</td><td></td><td></td><td></td></tr>
<tr><td colspan="2">误差</td><td></td><td></td><td></td></tr>
</table>

实验人员：__________ 日期：__________ 指导教师：__________

(2) 在实验过程中记录实验现象，尤其注意观察真空浮选器内的气泡析出情况，同时记录气泡的大小和生产过程，并进行结果分析。

(3) 撰写实验报告。

六、思考题

(1) 真空浮选的气泡生成方式相对于常规浮选设备有什么不同？

(2) 与目前传统的浮选过程相比，真空浮选应用于工业中将会有哪些优缺点？讨论实际工业生产中为何不采用真空浮选？

(3) 真空浮选过程所产生的泡沫为什么一离开液面就容易破裂？

第五节 纯矿物浮选实验

一、目的与要求

(1) 了解常用浮选药剂及各自应用。

(2) 掌握纯矿物浮选实验技术。

(3) 学会浮选药剂用量的调节与确定。

二、基本原理

实验室浮选实验，通常是指“小型单元浮选实验”，也称“分批浮选实验”，一般都是用天然矿石进行实验，但在探索某一新的药方或研究浮选基础理论时，常进行纯矿物浮选实验。实验室浮选常用到捕收剂、起泡剂、调整剂。捕收剂的主要作用是使目的矿物表面疏水，增加可浮性，使其易于向气泡附着，从而使目的矿物与脉石矿物分离。国内对捕收剂命名结尾常带“药”字(例如黄药、黑药等)，通常硫化矿浮选常用的捕收剂是硫代化合物，氧化矿常用烃基酸类，硅酸盐类矿物常用胺类捕收剂，非极性矿物使用烃油类捕收剂。具体用量取决于浮选矿石性质、矿浆浓度等。起泡剂的作用是使空气在矿浆中分散成微小的气泡并形成较稳定的泡沫，常用的起泡剂有 2# 油、松油、樟油、重吡啶、甲酚酸等。调整剂是调整矿物可浮性、矿浆性质的药剂，对浮选过程起选择性的调整作用，如在浮选过程中，添加捕收剂和起泡剂后，通常可使性质相近的矿物同时浮游，但浮选工艺却要求分离出两种或多种产品，此时就要用到调整剂。

在实验过程中要根据不同药剂、不同矿石的性质，制定实验流程，探索浮选药剂配方。

三、仪器设备及材料

(1) 实验设备:挂槽式浮选机(5～35 g)1台/组(图6-11);

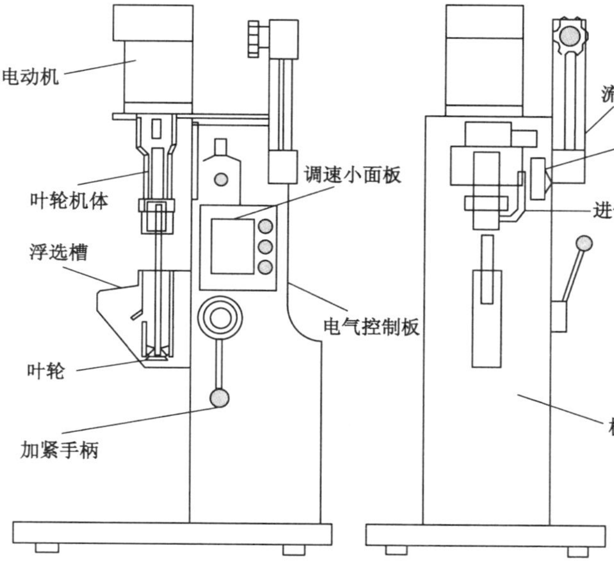

图 6-11　挂槽式浮选机结构图

(2) 注射器2支/组;

(3) 洗瓶1个/组;

(4) pH计(数量视学生分组数目而定);

(5) 温度计1支/组;

(6) 秒表1块/组;

(7) 可控温烘箱(规格及数量视学生分组数目而定);

(8) 电子天平(数量视学生分组数目而定);

(9) 盘式真空过滤机1台/2组,滤纸若干;

(10) 接样瓷盆4个/组;

(11) 实验用天然纯矿物(方铅石、萤石、石英、滑石等);

(12) 浮选药剂:乙黄药(工业品)、丁黄药(工业品)、油酸(工业品)、中性油(工业品)、胺类捕收剂(工业品)、2[#]油(工业品)等。

四、实验步骤与操作技术

浮选实验操作流程如图6-12所示。

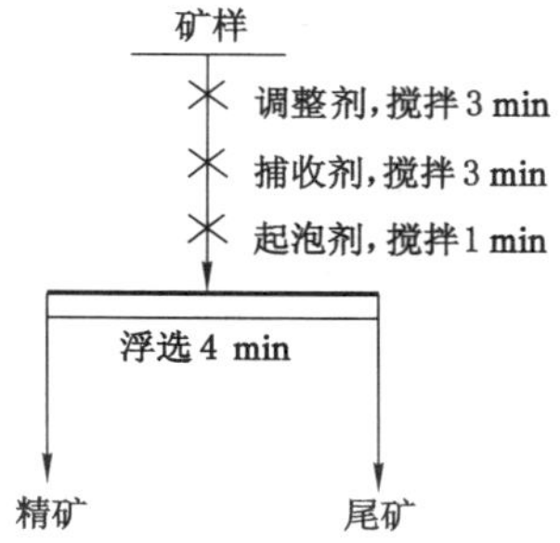

图 6-12　浮选实验操作流程图

(1) 调节浮选槽至合适位置,使叶轮不与槽底和槽壁接触,确保充气良好,并在各单元实验中保持不变。

(2) 称2 g(5 g)矿样加入浮选槽,然后向浮选槽中加水至合适位置后搅拌1 min,使矿粒被水充分润湿。

(3) 按加药顺序依次加入药剂并保证达到各药剂相应的搅拌调浆时间后,充气刮泡,并记录浮选时间。

(4) 将泡沫产品刮入接样瓷盆即为浮选精矿,浮选槽中所剩产物即为浮选尾矿，精矿和尾矿分别经过滤、干燥、称重后，记录数据，计算回收率(因所用矿样为纯矿物，故产品不用化验，只要称出精矿和尾矿质量，即可算出回收率)

五、注意事项

(1) 浮选药剂如黄药之类的药剂，必须当天配当天用，这是因为这些药剂由于分解、氧化等原因变质较快，配制好的溶液不能搁置时间太长。

(2) 实验过程中添加水溶性药剂的量具可用移液管、量筒、量杯等，选择量具时，必须根据每种药剂的用量而选用适当大小的量具。

(3) 非水溶性药剂，如油酸、中性油等，采用注射器直接添加，但需预先测定每滴药剂的实际质量(可用滴出 10 滴或更多滴数的药剂在分析天平上称量的方法测定)；必要时亦可用有机溶剂如乙醇溶解，但必须确定溶剂对浮选的影响。

(4) 实验中要注意测定矿浆温度和 pH 值。

六、数据处理与实验报告

(1) 将实验数据记录于如表 6-5 所示实验数据表中。

表 6-5　　纯矿物浮选实验数据记录表

试样 浮选条件	滑石 $Mg(Si_4O_{10})(OH)_2$	萤石 CaF_2	石英 SiO_2	方铅矿 PbS	方铅矿 PbS
试样质量/g	2	2	2	5	5
捕收剂及用量/(mg/L)	中性油(15)	油酸(15)	胺(15)	乙黄药(15)	丁黄药(15)
起泡剂及用量/(mg/L)	2[#] 油(10)	2[#] 油(10)	2[#] 油(10)	2[#] 油(10)	2[#] 油(10)
矿浆 pH 值					
矿浆温度/℃					
精矿质量/g					
尾矿质量/g					
合计/g					
精矿回收率/%					

实验人员：______________　　日期：______________　　指导教师：______________

(2) 在实验过程中记录实验现象，并进行结果分析。

(3) 撰写实验报告。

七、思考题

(1) 实验过程中如何合理控制泡沫？

(2) 水质对浮选结果和药剂用量有何影响？

(3) 说明捕收剂分子中烃链长度对捕收能力的影响。

第六节　起泡剂起泡性能测定实验

一、目的与要求

(1) 掌握充气法测试起泡剂起泡性能的实验方法。

(2) 了解起泡剂结构与起泡性能的关系。

二、基本原理

泡沫的稳定性和起泡能力是泡沫在实际应用中最重要的两个性质。泡沫的稳定性是泡沫的主要性能。泡沫破坏的过程主要是隔开气体的液膜由厚变薄直至破裂的过程，因此，泡沫的稳定性主要决定于排液快慢和液膜的强度。多年来，研究者开发了许多新型的泡沫稳定性评价方法来指导对泡沫稳定性的研究，在泡沫稳定性的影响因素方面做了大量的研究工作。随着泡沫的应用领域不断被认识，对这两方面的研究将越来越受到重视。

传统的评价起泡剂起泡能力及稳定性的方法有气流法、搅动法和倾注法，现代的评价方法有光学法、近红外扫描仪法、共焦显微镜法、强化电阻技术、电导率法和工业规模定量测试泡沫稳定性技术。中国矿业大学(北京)张荣曾教授认为：充气法是进行起泡剂泡沫性能评价的常用方法之一。该方法是将气体以恒定速度注入溶液而测定泡沫高度(或泡沫体积)及泡沫持续时间。

图 6-13 为充气法测定起泡剂起泡性能实验装置。将充氧泵与测试容器用乳胶管连通，实验容器为高 50 cm、内径 5 cm 的透明有机玻璃浮选柱，其侧壁标有刻度以便读取泡沫高度值。以一定流速的气体通过玻璃砂滤板，滤板上盛有一定的测试溶液，容器内有泡沫层形成。固定气体的流速，记录流动平衡时泡沫的高度 h(代表了一定气体流速时，泡沫生成与破坏处于动态平衡时的泡沫高度)作为起泡能力的量度，用停止充气后泡沫的高度衰减至一半时所需要的时间(半衰期)作为泡沫寿命 t。

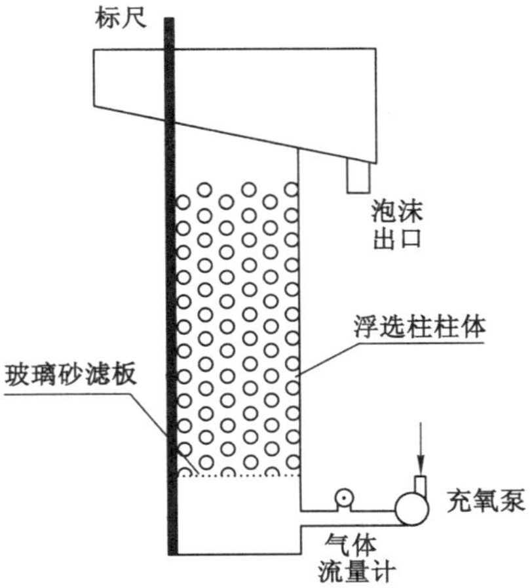

图 6-13　充气法测定起泡剂起泡性能实验装置

三、仪器设备及材料

(1) 充气法测试起泡剂起泡性能实验装置 1 套/组；

(2) 玻璃仪器：1 mL 移液管 1 根/组，1 000 mL 容量瓶 1 个/组，100 mL 量筒 1 个/组，250 mL 容量瓶 10 个/组；

(3) 秒表 1 个/组；

(4) 实验药剂：松醇油(工业品)，正乙醇(工业品)，仲辛醇(工业品)等。

四、实验步骤与操作技术

(1) 实验温度为(26±2) ℃。

(2) 用 1 mL 移液管准确移取 1 mL 待测液并注入 1 000 mL 容量瓶中,标定至刻度。用量筒分别移取 10 mL、20 mL、30 mL、40 mL、50 mL、60 mL、70 mL、80 mL、90 mL、100 mL 到 10 个 250 mL 的容量瓶中,标定至刻度,配成试样。

测试时先用试样将圆筒润洗 3 遍,然后将 90 mL 试液倒入圆筒内,调整气速为 200 L/h。记录充气 1 min 后泡沫的高度 h,然后关闭气流开关,用秒表测量泡沫高度衰减 1/2 时经过的时间(即半衰期 t),每个样重复实验 5 次。

五、注意事项

(1) 对于同一种药剂的一系列不同浓度的溶液,测试顺序从低浓度依次向高浓度进行。

(2) 对不同种类药剂的溶液进行测试时,用去离子水清洗容器,以免不同药剂相互影响。

六、数据处理与实验报告

(1) 将每个单元实验的数据记录于如表 6-6 所示实验数据表中(表中 A 为所选取的起泡剂名称,①、②、③……数值为按照配置过程计算而得),并分别做出各起泡剂溶液浓度-半衰时间、溶液浓度-泡沫高度关系曲线。

表 6-6　　A 起泡剂起泡性能测定实验记录表

起泡剂	溶液浓度/(mg/L)	实验次数	泡沫高度 h/cm	半衰时间 t/s	实验现象
A	①	1			
		2			
		3			
		4			
		5			
		平均			
	②	1			
		2			
		3			
		4			
		5			
		平均			
	③	1			
		2			
		3			
		4			
		5			
		平均			

实验人员:＿＿＿＿＿＿　　日期:＿＿＿＿＿＿　　指导教师:＿＿＿＿＿＿

(2) 在实验过程中记录实验现象，尤其观察气泡的大小和生成过程，并进行结果分析。

(3) 撰写实验报告。

七、思考题

(1) 讨论起泡剂起泡性能与其分子结构的关系。

(2) 工业上常用的起泡剂有哪些？

(3) 查阅文献资料，了解新型起泡剂的特点及研发趋势。

第七节　抑制与活化黄铁矿浮选行为实验

一、目的与要求

(1) 了解抑制剂和活化剂的性能及其在矿物浮选中的应用。

(2) 练习纯矿物浮选的实验技能。

二、基本原理

抑制剂抑制矿物的方式主要有：① 从溶液中消除活化离子作用。② 消除矿物表面的活化薄膜。③ 在矿物表面形成亲水的薄膜，提高矿物表面的水化性，削弱对捕收剂的吸附活性。

活化剂活化矿物的方式主要有：① 难溶的活化膜在矿物表面生成。当矿物本身很难被某种捕收剂捕收，在活化剂的作用下矿物表面生成一层难溶性活化薄膜后能够成功地被捕收。② 活化离子在矿物表面吸附。借助活化离子对捕收剂的吸附实现浮选。③ 清洗矿物表面的抑制性亲水薄膜。④ 清除矿浆中有害离子的影响。

如何正确使用抑制剂和活化剂，对改善矿物（特别是硫化矿物）浮选行为、提高矿物分选指标等都非常重要。我国黄铁矿多在有色金属矿床中伴生，常与铅、锌、铜等金属共生。常规浮选为抑制黄铁矿，回收主要金属，再活化选硫。石灰是一种廉价的调整剂，也是黄铁矿、磁黄铁矿等硫化矿物的有效抑制剂。在抑制黄铁矿时，其在矿物表面生成亲水的氢氧化铁薄膜，增加了黄铁矿表面的润湿性而引起抑制作用。

三、仪器设备及材料

(1) 挂槽式浮选机 1 台/组；

(2) 接样瓷盆 4 个/组；

(3) 洗瓶 1 个/组；

(4) 秒表 1 块/组；

(5) 可控温烘箱（规格及数量视学生分组数目而定）；

(6) 电子天平（数量视学生分组数目而定）；

(7) 盘式真空过滤机 1 台/2 组，滤纸若干；

(8) 实验用黄铁矿纯矿物或黄铁矿含量较多的矿石；

(9) 浮选药剂：石灰（分析纯）、硫酸（分析纯）、黄药（工业品）、$2^{\#}$ 油（工业品）。

四、实验步骤与操作技术

(1) 调节浮选槽至合适位置，使叶轮不与槽底和槽壁接触，确保充气良好，并在各单元实验中保持不变。

(2) 称 2 g 矿样加入浮选槽，然后向浮选槽中加水至合适位置后搅拌 1 min，使矿粒被水充分润湿。

(3) 按图 6-12 所示流程依次向矿浆中添加药剂，加药量依据表 6-7 进行换算添加。保证达到各药剂相应的搅拌调浆时间后，充气刮泡，并记录浮选时间。

表 6-7　　实验安排表

药剂名称	实验次数及药剂用量/(g/L)				
	1	2	3	4	5
石灰	0	1.0	1.5	1.5	1.5
硫酸	0	0	0	0.8	1.5
黄药	0.05	0.05	0.05	0.05	0.05
2# 油	0.015	0.015	0.015	0.015	0.015

注：实验过程中要按浮选槽容积换算出符合表中数据的药剂加入量。

(4) 将泡沫产品刮入接样瓷盆即为浮选精矿，浮选槽中所剩产物即为浮选尾矿，精矿和尾矿分别经过滤、干燥、称重后，记录数据，计算回收率。

五、数据处理与实验报告

(1) 将实验数据记录于如表 6-8 所示实验数据表中。

表 6-8　　黄铁矿浮选实验结果记录表

实验次数	浮选条件	泡沫产品 /g	槽内产品 /g	回收率/%	
				泡沫产品	槽内产品
1	只加黄药和 2# 油				
2	加 CaO 1.0 g/L、黄药和 2# 油				
3	加 CaO 1.5 g/L、黄药和 2# 油				
4	加 CaO 1.5 g/L、H_2SO_4 0.8 g/L、黄药和 2# 油				
5	加 CaO 1.5 g/L、H_2SO_4 1.5 g/L、黄药和 2# 油				

实验人员：＿＿＿＿＿＿　　日期：＿＿＿＿＿＿　　指导教师：＿＿＿＿＿＿

其中，表格内回收率的计算公式为：

$$泡沫产品回收率\ \varepsilon_{精}(\%) = \frac{泡沫产品质量(g)}{泡沫产品质量(g) + 槽内产品质量(g)} \times 100\% \tag{6-1}$$

$$槽内产品回收率\ \varepsilon_{尾}(\%) = 100\% - \varepsilon_{精} \tag{6-2}$$

(2) 在实验过程中记录实验现象，并进行结果分析。

(3) 撰写实验报告。

六、思考题

(1) 加 CaO 浮选时，黄铁矿可浮性有什么变化？为什么？

(2) 加 H_2SO_4 浮选时，黄铁矿可浮性有什么变化？为什么？

第八节　微型-闭路连续浮选机分选实验

一、目的与要求

(1) 了解闭路连续浮选机的基本结构与工作原理。

(2) 掌握微型-闭路连续浮选机的基本操作技术。

(3) 掌握闭路连续浮选过程基本现象的观察、分析方法。

二、基本原理

单个条件实验(开路)由于中矿产品没有进行处理,因而无法满足设计和工艺要求。通过闭路连续实验可以找出中矿返回对浮选指标的影响,调整由于中矿循环引起药剂用量的变化,考查中矿带来的矿泥、药剂等对浮选的影响,检查核对所拟定的浮选流程以及可能达到的浮选指标,可以模拟生产,可以体现包括药剂、水、产品质量的变化,提供相关参数和指标作为设计依据。

微型-闭路连续浮选机是用少量代表性矿样进行连续浮选实验的设备,实验结果能代表实验室单机小型闭路实验和半工业实验的结果,并能在较短时间内提供实验室用或半工业性用的选矿指标。微型-闭路连续浮选机由不同容积规格槽体、叶轮机体、刮板、变频器等部分组成,另配套储浆桶一台、搅拌桶两台、微量给药机一台、胶管泵两台。浮选机的运转机构由电动机经中间传动系统传动,工作时采用叶轮机械搅拌进行浮选;储浆桶用来储存磨制调好的矿浆,采用叶轮搅拌使其不产生沉淀;搅拌桶通过轮旋转搅拌,使矿浆均匀,矿浆自储浆桶流向搅拌桶和浮选机,其流量大小靠改变流道面积来实现;给药机可供给浮选用捕收剂、起泡剂及调整剂。

微型-闭路连续浮选机具有如下优点:可模拟生产线,数台组合做浮选工艺实验;既可做中试浮选工艺实验,又可做少量矿物的分选实验;每个槽既能独立使用,槽与槽之间又可以连起来做模拟生产线;数台组合做浮选工艺实验,既节约能源,又可以指导和制定生产工艺;采用交流变频器,叶轮转速调节范围宽,变速平稳,浮选速度快,工艺参数方便可调;运行平稳,具有自吸气等功能。目前,微型-闭路连续浮选机主要适用于地质、冶金、化工、建材、环保等领域对少量矿物(有色金属、黑色金属和非金属矿以及煤炭等)进行浮选生产工艺实验。

三、仪器设备及材料

(1) 实验室用 XFLB 型闭路连续浮选机(图 6-14)1 套/组,主要由储浆桶、搅拌桶、微量给药机、胶管泵和 1 L、0.75 L、0.5 L 连续浮选机组成,具体配置参数见表 6-9;

(2) 可控温烘箱(规格及数量视学生分组数目而定);

(3) 盘式真空过滤机 1 台/组;

(4) 电子天平(数量视学生分组数目而定);

(5) 接样瓷盆 4 个/组;

(6) 洗瓶 1～2 个/组;

(7) 入浮矿样 3～5 kg/组;

(8) 浮选药剂适量(具体视矿样种类而定)。

图 6-14 XFLB 型闭路连续浮选机

表 6-9　　XFLB 型闭路连续浮选机配置参数

型号规格	单位	连续浮选机			配套储浆桶	配套搅拌桶
		8 槽	4 槽	2 槽		
槽容积	L	1	0.75	0.5	20	5
给矿粒度	mm	≤0.5				
功率	W	180/2 槽			180	90
处理能力	kg/h	3～5				

四、实验步骤与操作技术

（1）学习操作规程，熟悉设备结构，了解操作要点；试运转，检查浮选机有无损坏，转动主轴看是否灵活，有无卡住现象。

（2）检查微型-闭路连续浮选机系统辅助设备的连接情况，以保证矿浆通路顺畅。

（3）根据储浆桶（搅拌桶）的体积和矿浆浓度计算所需矿样的质量，根据实验要求或经验计算所需浮选药剂的质量和体积量，并完成浮选药剂配置。

（4）向微型-闭路连续浮选机内加入部分水，开动搅拌机构开关。

（5）打开储浆桶（搅拌桶）给料阀门，控制给料量的大小；根据给料量情况调整给药机的药剂加入量；待向微型-闭路连续浮选机内给料并形成稳定泡沫层后，开启刮泡机构刮取泡沫。

（6）浮选时，电动机通过三角带带动主轴及转子旋转进行矿浆搅拌，通过胶带带动刮板装置旋转，刮板使泡沫向槽体口流出，由液面调节器的升降控制液面及泡沫层高度。时刻注意液位的稳定性和各管道是否发生堵塞或尾矿不排等事故。

（7）浮选完毕后，拔开槽体底部出矿口的塞子，槽体内部所剩废液即可放出。

（8）将分选产品（包括精矿和尾矿）过滤、脱水、烘干至恒重，冷却至室温后称重，并制样、分析化验。

（9）清理实验设备，整理实验场所。

注：实验操作过程中的工艺参数仅作为参考值，具体可根据所用矿样的种类及性质进行

优化确定。浮选操作时间、浮选浓度、药剂用量、取样点及流程等实验条件可根据需要由指导教师确定。

五、注意事项

(1) 实验开始之前要检查各紧固件是否松动。

(2) 工作前要检查槽内有无杂物将主轴卡死，转动有无噪音，密封装置有无漏水、漏油等现象及其他故障，如发现异常必须及时停车进行检修。

(3) 接通电源、电动机接线时，应注意主轴回转方向为顺时针方向。

(4) 不准用湿手触摸电器开关或电器设备，禁止在运转中更换胶带或检修运转部件，严禁杂物落入浮选槽内。

(5) 浮选实验矿浆用尽后，浮选机应继续充分循环，方可停车。

(6) 突然停电时，应立即拉下开关，关闭药剂阀门及给矿阀门。

(7) 停车后，搞好设备和环境卫生，整理好工具，确保水电关闭。

六、数据处理与实验报告

(1) 将实验数据记录、整理于微型-闭路连续浮选机浮选数据记录表(表 6-10)。

(2) 在实验过程中记录实验现象，尤其要观察矿化气泡与泡沫层，并进行结果分析。

(3) 画出微型-闭路连续浮选机实验工艺数质量流程图(选做)。

表 6-10　微型-闭路连续浮选机浮选数据记录表

浮选机工艺流程配置________________；试样名称________；

试样粒度________；捕收剂________；起泡剂________；抑制剂________；活化剂________

<table>
<tr><td colspan="2" rowspan="2">实验条件</td><td>入料浓度
/(g/L)(%)</td><td>给矿速度
/(mL/min)</td><td>药剂用量
/(g/t)</td><td>充气量(各工艺段)
/[m³/(m² · min)]</td><td rowspan="2">实验现象</td></tr>
<tr><td></td><td></td><td></td><td></td></tr>
<tr><td rowspan="6">第一组</td><td>产品</td><td colspan="2">灰分(品位)/%</td><td>产率/%</td><td>回收率/%</td><td rowspan="6"></td></tr>
<tr><td>原矿</td><td colspan="2"></td><td></td><td></td></tr>
<tr><td>产品 1</td><td colspan="2"></td><td></td><td></td></tr>
<tr><td>产品 2</td><td colspan="2"></td><td></td><td></td></tr>
<tr><td>产品 3</td><td colspan="2"></td><td></td><td></td></tr>
<tr><td>产品…</td><td colspan="2"></td><td></td><td></td></tr>
<tr><td colspan="2" rowspan="2">实验条件</td><td>入料浓度
/(g/L)(%)</td><td>给矿速度
/(mL/min)</td><td>药剂用量
/(g/t)</td><td>充气量(各工艺段)
/[m³/(m² · min)]</td><td rowspan="2">实验现象</td></tr>
<tr><td></td><td></td><td></td><td></td></tr>
<tr><td rowspan="6">第二组</td><td>产品</td><td colspan="2">灰分(品位)/%</td><td>产率/%</td><td>回收率/%</td><td rowspan="6"></td></tr>
<tr><td>原矿</td><td colspan="2"></td><td></td><td></td></tr>
<tr><td>产品 1</td><td colspan="2"></td><td></td><td></td></tr>
<tr><td>产品 2</td><td colspan="2"></td><td></td><td></td></tr>
<tr><td>产品 3</td><td colspan="2"></td><td></td><td></td></tr>
<tr><td>产品…</td><td colspan="2"></td><td></td><td></td></tr>
</table>

续表 6-10

实验条件		入料浓度/(g/L)(%)	给矿速度/(mL/min)	药剂用量/(g/t)	充气量(各工艺段)/[$m^3/(m^2 \cdot min)$]	实验现象
第三组	产品	灰分(品位)/%		产率/%	回收率/%	
	原矿					
	产品 1					
	产品 2					
	产品 3					
	产品…					

实验人员：______________　　日期：______________　　指导教师：______________

(4) 撰写实验报告。

七、思考题

(1) 试分析闭路连续浮选实验与单个条件实验(开路)的区别和联系。

(2) 微型-闭路连续浮选机的主要操作和调节参数有哪些？分析其对分选效果的影响。

(3) 微型-闭路连续浮选机的操作过程中，补加药剂可以如何实现？

(4) 讨论微型-闭路连续浮选机的拓展应用情况。

第九节　浮选柱分选实验

一、目的与要求

(1) 熟悉浮选柱的基本结构与工作原理。

(2) 掌握旋流-静态微泡浮选柱的基本操作及其分选过程影响因素分析。

(3) 强化对浮选柱与浮选机区别的理解。

二、基本原理

我国矿石资源成分复杂、品位低、生产成本高，以浮选机为主体的浮选工艺往往暴露出流程复杂、分选过程效率低的问题。在实际应用中，浮选柱与常规浮选机相比在结构、操作和工作原理上有根本区别，表现出精矿品位高、工艺流程简化、基建投资节省、生产能耗低的特点，因此被广泛用于金属矿、非金属矿及煤炭分选中。近年来，浮选柱的再次兴起与发展为实现短流程工艺配置、提高分选效率奠定了基础，开创了以柱式结构特征构建的全新选矿模式。在我国，浮选柱应用的型式主要有两种：一种是充气式浮选柱，以加拿大的 CPT 浮选柱和我国长沙有色冶金设计研究院的 CCF 浮选柱为代表；另一种是中国矿业大学研制的拥有我国自主产权的旋流-静态微泡浮选柱。

充气式浮选柱是在垂直的浮选柱柱体下部设置空气分散装置或气体析出装置，通过空气压缩机产生的空气压入浮选柱内的空气分散装置或空气析出装置，从而产生微细气泡，将矿浆中可浮性好的物料带入顶部的泡沫区，最终进入精矿；尾矿则从浮选柱柱体下部排出，利用控制尾矿排出量来控制液位的稳定。

旋流-静态微泡浮选柱的基本结构和原理是：主体结构包括柱分离段、旋流分离段、气泡发生器与管浮选段三部分。整个浮选柱为一柱体，柱分离段位于整个柱体上部，用于原料预选，并借助其选择性优势得到高质量精矿；旋流分离段采用柱-锥相连的水介质旋流器结构，并与柱分离段呈上、下结构的直通连接，从旋流分选角度，柱分离段相当于放大了的旋流器溢流管。在柱分离段的顶部，设置了喷淋水管和泡沫精矿收集槽；给矿点位于柱分离段中上部，最终尾矿由旋流分离段底口排出。气泡发生器与管浮选段直接连成一体，单独布置在柱体体外；其出流沿切向方向与旋流分离段柱体相连，相当于旋流器的切线给料管。

三、仪器设备及材料

(1) 旋流-静态微泡浮选柱实验系统 1 套/组(图 6-15)，主要包括：搅拌桶、给料蠕动泵、浮选柱(FCSMC-50)、循环泵、尾矿蠕动泵、精矿桶和尾矿桶；

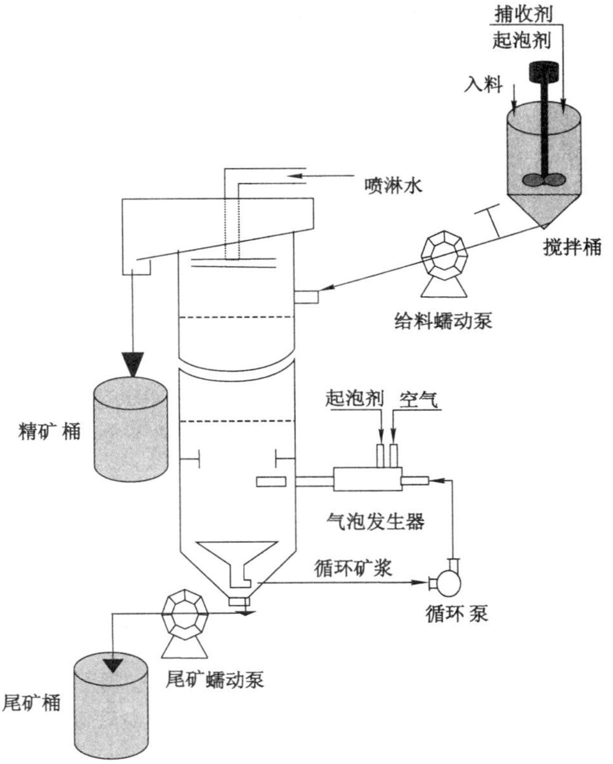

图 6-15　旋流-静态微泡浮选柱实验系统

(2) 注射器 2 支/组，10 mL 量筒 2 个/组，台秤(量程 8 kg)1 台；

(3) 可控温烘箱(规格及数量视学生分组数目而定)；

(4) 盘式真空过滤机 1 台/2 组，滤纸若干；

(5) 电子天平(数量视学生分组数目而定)；

(6) 实验用煤样(粒度在－0.5 mm)3 kg/组(其他矿样要根据浓度和给料搅拌桶确定)；

(7) 浮选药剂适量(具体视入浮矿样种类而定)。

四、实验步骤与操作技术

(1) 学习操作规程，熟悉设备结构，了解操作要点。

(2) 检查浮选柱与辅助设备的连接情况，以保证矿浆通路顺畅。

(3) 根据搅拌桶的体积和矿浆浓度计算所需矿样的质量,然后根据实验要求或经验计算药剂的质量和体积量。

(4) 向搅拌桶加入一定量水后,开启搅拌桶,称取一定质量的矿样(−0.5 mm)给入搅拌桶,然后依次加入捕收剂和起泡剂搅拌,并控制调浆时间。

(5) 搅拌调浆 5~8 min 后,向浮选柱内加入约一半柱体高度的水,开启浮选柱的循环泵,并将循环泵的压力、充气量调节到一定值。

(6) 打开给料阀门开始向浮选柱内给料,通过给料蠕动泵无级调速来调节给料量的大小。

(7) 等浮选柱柱体中的液位上升到给料口附近时开启尾矿蠕动泵排尾矿。

(8) 通过蠕动泵调节浮选柱的液位到一定高度和稳定性,通过观察精矿泡沫的溢出量和泡沫情况,调节充气量和喷淋水到合适的程度。

(9) 等浮选柱给料和液位稳定后,估计给料大约为柱体体积的一半时开始同时接精矿和尾矿,时刻注意液位的稳定性和各管道是否发生堵塞或尾矿不排等事故。

(10) 等给料快结束时将精矿桶和尾矿桶同时移开,不再接料,实验基本结束。

(11) 将精矿和尾矿分别过滤、烘干、称重、化验计算回收率。

(12) 结束实验时,将给料和尾矿蠕动泵开到最大,将搅拌桶中的矿浆通过浮选柱排出,并用高压水冲洗,直至搅拌桶和浮选柱全部干净为止,此时停循环泵,放掉尾矿后再向浮选柱灌满清水,开启循环泵循环一段时间后停循环泵,放干净柱体中的水。

(13) 清理实验设备,整理实验场所。

注:实验操作过程中所添加的药剂和其他工艺参数仅作为参考值,具体可根据所用矿样的种类及性质进行优化确定。单元实验的个数和浮选浓度、药剂用量等实验条件可根据需要由指导教师确定。

五、注意事项

(1) 浮选柱气泡发生器多为普通玻璃材质,防止破碎损坏。

(2) 实验原矿浆量至少要 2 倍浮选柱容积(包括循环管路),即 FCSMC-50 型浮选柱最少需准备原矿浆量为 10 L。

(3) 如果原矿中颗粒较大,需要用 0.5 mm 筛隔渣,否则进入浮选柱内容易堵塞气泡发生器,造成实验无法进行。

(4) 气泡发生器或管路堵塞,如果柱体内液面高度高于气泡发生器,柱内矿浆会通过气泡发生器吸气口喷出,注意不要使矿浆溅到电源及蠕动泵上。

(5) 蠕动泵用硅胶管由于长期工作,容易挤压破损,需定期检查,如损坏,及时更换。

(6) 浮选柱操作和调节的原则可总结为:

① 充气量增加,泡沫产品产率增加,但浮选过程中选择性下降;

② 矿浆液面降低,泡沫层增厚,泡沫质量提高;

③ 浮选浓度降低,浮选矿浆及药剂浓度降低,浮选时间缩短,精矿和尾矿品位同时提高;

④ 喷淋水增大有利于提高泡沫产品质量。

六、数据处理与实验报告

(1) 将实验的数据及现象记录于实验数据表 6-11 中。

表 6-11　　　　旋流-静态微泡浮选柱实验数据记录表

浮选柱型号________；试样名称________；试样粒度________；捕收剂 ________；起泡剂 ________

<table>
<tr><td colspan="2" rowspan="2">实验条件</td><td colspan="2">入料浓度
/(g/L)(%)</td><td colspan="2">给矿速度
/(mL/min)</td><td colspan="2">捕收剂
/(g/t)</td><td colspan="2">起泡剂
/(g/t)</td><td colspan="2">充气量
/[m³/(m²・min)]</td><td colspan="2">循环泵压力
/MPa</td><td rowspan="2">实验现象</td></tr>
<tr><td colspan="2"></td><td colspan="2"></td><td colspan="2"></td><td colspan="2"></td><td colspan="2"></td><td colspan="2"></td></tr>
<tr><td rowspan="5">第一组</td><td>产品</td><td colspan="3">质量/kg</td><td colspan="3">产率/%</td><td colspan="3">灰分(品位)/%</td><td colspan="3">回收率/%</td><td rowspan="5"></td></tr>
<tr><td>原矿</td><td colspan="3"></td><td colspan="3"></td><td colspan="3"></td><td colspan="3"></td></tr>
<tr><td>精矿</td><td colspan="3"></td><td colspan="3"></td><td colspan="3"></td><td colspan="3"></td></tr>
<tr><td>尾矿</td><td colspan="3"></td><td colspan="3"></td><td colspan="3"></td><td colspan="3"></td></tr>
<tr><td>误差</td><td colspan="3"></td><td colspan="3"></td><td colspan="3"></td><td colspan="3"></td></tr>
<tr><td colspan="2" rowspan="2">实验条件</td><td colspan="2">入料浓度
/(g/L)(%)</td><td colspan="2">给矿速度
/(mL/min)</td><td colspan="2">捕收剂
/(g/t)</td><td colspan="2">起泡剂
/(g/t)</td><td colspan="2">充气量
/[m³/(m²・min)]</td><td colspan="2">循环泵压力
/MPa</td><td rowspan="2">实验现象</td></tr>
<tr><td colspan="2"></td><td colspan="2"></td><td colspan="2"></td><td colspan="2"></td><td colspan="2"></td><td colspan="2"></td></tr>
<tr><td rowspan="5">第二组</td><td>产品</td><td colspan="3">质量 /kg</td><td colspan="3">产率/%</td><td colspan="3">灰分(品位)/%</td><td colspan="3">回收率/%</td><td rowspan="5"></td></tr>
<tr><td>原矿</td><td colspan="3"></td><td colspan="3"></td><td colspan="3"></td><td colspan="3"></td></tr>
<tr><td>精矿</td><td colspan="3"></td><td colspan="3"></td><td colspan="3"></td><td colspan="3"></td></tr>
<tr><td>尾矿</td><td colspan="3"></td><td colspan="3"></td><td colspan="3"></td><td colspan="3"></td></tr>
<tr><td>误差</td><td colspan="3"></td><td colspan="3"></td><td colspan="3"></td><td colspan="3"></td></tr>
</table>

实验人员：______________　　日期：______________　　指导教师：______________

(2) 在实验过程中记录实验现象，尤其要观察矿化气泡与泡沫层，并进行结果分析。

(3) 撰写实验报告。

七、思考题

(1) 试从结构和原理上分析旋流-静态微泡浮选柱的优势和特点，比较其与充气式浮选柱的区别。

(2) 浮选柱的主要操作和调节参数有哪些？分析其对分选效果的影响。

(3) 旋流-静态微泡浮选柱的操作过程中，补加药剂可以如何实现？

(4) 浮选柱的气体生成方式与传统浮选机有何不同？

(5) 查阅相关资料，讨论浮选柱的拓展应用领域。

第十节　微细矿物油团聚分选实验

一、目的与要求

(1) 加深对疏水絮凝等界面分选原理和方法的理解与认识。

(2) 了解油团聚分选实验的操作过程和影响因素。

二、基本原理

油团聚分选又称球团聚分选，是指用中性油与分散在水介质中的矿物或其他颗粒接触，在搅拌产生的剪切力作用下，一方面中性油分散成液珠；另一方面在范德瓦尔斯力、静电力和疏水作用力等的共同作用下，疏水颗粒通过油桥连接起来形成油团，之后通过浮选或筛分等手段将油团分离，得到疏水产物或使水相得到净化。在搅拌过程中对搅拌强度有一定的要求：搅拌强度太小，颗粒之间的碰撞力太小，由于颗粒间油膜较厚造成颗粒间的黏附力小，形成的絮团强度低；若搅拌强度太大，絮团容易被打散。絮团形成机制如图 6-16 所示。

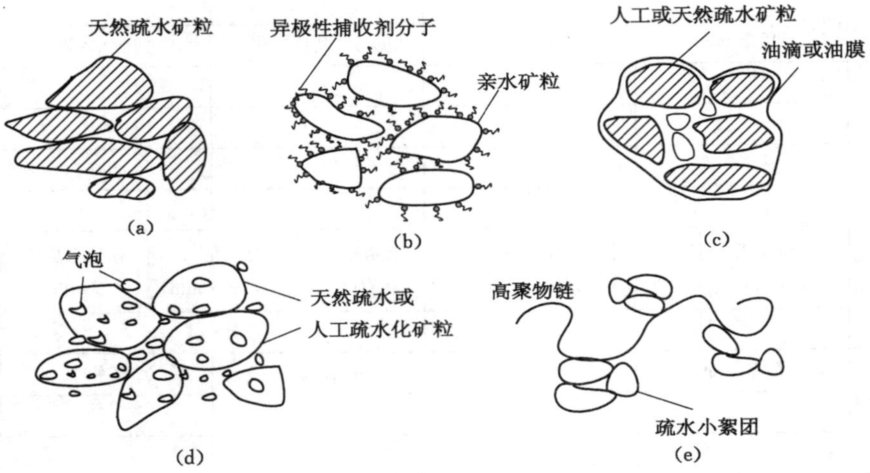

图 6-16　絮团形成机制示意图

油团聚分选的基本原理在于团聚油优先润湿疏水性颗粒，一般认为：油团聚过程中，首先形成较小的种子油团，在搅拌、剪切作用下，种子油团不断地兼并、黏合形成大的稳定油团，即油团聚过程具有成团、生长、平衡三个主要阶段，团聚时间、搅拌强度、体系 pH 值、团聚油种类及用量等都会对油团聚过程产生重大影响。

作为增大表观粒度的方法之一，该法用于细粒物料的分选越来越受到重视。目前，油团聚浮选在煤的脱灰、脱硫领域得到了应用，在细粒金的浮选、细粒氧化物的浮选、废纸的脱墨浮选、废水处理等领域的研究也日益深入。

三、仪器设备及材料

(1) 调速搅拌器 1 台/组；

(2) 玻璃器皿：250 mL 烧杯 2 个/组，锥形瓶 1 个/组，玻璃棒 1 根/组；

(3) 10 mL 注射器 3 支/组；

(4) 筛孔 1 mm 和 0.5 mm 的标准圆筛(ϕ200 mm)各 1 个/组；

(5) 洗瓶 1 个/组；

(6) 250 mm 瓷盆 6 个/组；

(7) 盘式真空过滤机 1 台/2 组，滤纸若干；

(8) pH 计(数量视学生分组数目而定)；

(9) 电子天平(数量视学生分组数目而定)；

(10) 矿样及药剂(A、B 可选)：

A. 水玻璃、煤油(柴油)、$-75\ \mu m$ 煤泥 500 g；

B. $FeCl_3$ 和油酸钠、燃料油、$-15\ \mu m$ 黑钨矿 200 g。

四、实验步骤与操作技术

以矿样及药剂 A 为例，本实验过程固定矿浆浓度，进行不同药剂用量或搅拌强度对分选效果的影响研究（也可根据需要进行其他工艺因素的研究）。

（1）计算并称取所需煤样（矿样）和药剂。

（2）根据浓度要求用 250 mL 的烧杯准确量取该浓度下所需的水量（体积或质量）。

（3）将称取的煤样（矿样）移入锥形瓶中，并将前面准确量取的所需水量的一小部分和少量分散剂（水玻璃）加入锥形瓶，将锥形瓶置于搅拌架上，调整搅拌器转子的高度，使其下端与烧杯底部距离 1 cm 左右。开机搅拌混合一段时间后，再加入所需水量剩余的部分水，加水时注意将锥形瓶壁上的煤样（矿样）冲入锥形瓶中。

（4）选择搅拌速度（1 000、1 200、1 400、1 600 r/min）。

（5）加入干煤质量百分数为 20%～50%的煤油（柴油），搅拌 15～30 min。

（6）观察搅拌过程中颗粒絮团的粒度变化情况。

（7）用标准圆筛对矿浆进行分级（注意用洗瓶喷洗筛上物）。

（8）烘干、称重、制样、化验。

（9）清理实验设备，整理实验场所。

注：单元实验的个数以及矿浆浓度、药剂用量、搅拌转速、搅拌时间等实验条件可根据需要由指导教师确定。

五、数据处理与实验报告

（1）将每个单元实验的数据记录于如表 6-12 所示实验数据表中。

表 6-12　　油团聚分选实验数据表

<table>
<tr><td rowspan="4">稳定条件</td><td>实验序号</td><td>矿浆浓度/(g/L)(%)</td><td>药剂用量(矿样质量百分数)/%</td><td>搅拌速度/(r/min)</td><td>矿样粒度/μm</td><td>矿样灰分(品位)/%</td><td>实验现象</td></tr>
<tr><td>1</td><td></td><td></td><td></td><td></td><td></td><td rowspan="8"></td></tr>
<tr><td>2</td><td></td><td></td><td></td><td></td><td></td></tr>
<tr><td>3</td><td></td><td></td><td></td><td></td><td></td></tr>
<tr><td rowspan="4">分选结果</td><td>实验序号</td><td>团聚物质量/g</td><td>团聚物产率/%</td><td>团聚物灰分(品位)/%</td><td>尾矿质量/g</td><td>尾矿灰分(品位)/%</td></tr>
<tr><td>1</td><td></td><td></td><td></td><td></td><td></td></tr>
<tr><td>2</td><td></td><td></td><td></td><td></td><td></td></tr>
<tr><td>3</td><td></td><td></td><td></td><td></td><td></td></tr>
</table>

实验人员：______________　　日期：______________　　指导教师：______________

（2）在实验过程中记录实验现象，尤其要观察油团聚过程三个主要阶段，并进行结果分析。

（3）撰写实验报告。

六、思考题

（1）根据物理化学的相关知识，分析油团聚过程中油团形成的原因。

（2）油团聚分选过程中需要一定强度搅拌的原因是什么？

(3) 油团聚分选与泡沫分选的相同点和不同点各是什么?

第十一节　磁铁矿反浮选实验

一、目的与要求

(1) 掌握磁铁矿的常规浮选过程及药剂制度。

(2) 了解并初步掌握浮选药剂的配制过程,并能完成实验药剂的配制。

(3) 理解正浮选和反浮选的区别。

二、基本原理

近年来,国内钢铁矿山企业为提高高炉生产率,降低燃料消耗,对炉料的含铁品位提出了更高的要求。为达到这一目的,必须对铁精矿进行提纯,降低硅等杂质的含量。目前,制备高质量铁精矿的关键技术依然是浮选技术,一般的铁矿石浮选流程有如下三种:① 用阳离子捕收剂反浮选石英;② 用阴离子捕收剂正浮选铁矿物;③ 用阴离子捕收剂反浮选活化后的石英。

其中,阴离子反浮选药剂种类复杂,阳离子反浮选药剂相对简单。

阴离子捕收剂反浮选法适合于铁品位高、脉石是易浮石英的矿石。用氢氧化钠(或氢氧化钠与碳酸钠)将矿浆的 pH 值调到 11 以上,用淀粉、糊精等抑制铁矿物,用氯化钙活化石英,再用脂肪酸类捕收剂捕收被钙离子活化了的石英。浮选后浮选槽内产品便是铁精矿。此法的优点是:铁矿石中组成的变化及矿泥含量等因素对浮选指标的影响较小;由于浮选槽内产品是铁精矿,未黏附捕收剂,容易浓缩、过滤。主要缺点是:药剂制度复杂,药剂耗量大;pH 值高达 11 的尾矿水若不处理会造成公害。

阳离子捕收剂反浮选法是用碳酸钠或硫酸调整矿浆 pH 值为 8～9,用淀粉、糊精、单宁酸等抑制铁矿物,用胺类捕收剂(其中以醚胺最好,脂肪胺次之)浮选石英脉石。这种方法适用于高品位、成分复杂的铁矿石的浮选,其优点是:① 可以在粗磨的情况下进行浮选,只要磨到单体解离,胺类捕收剂就能很好地将单体的石英浮起;② 对含有赤铁矿和磁铁矿的矿石,因磁铁矿不易浮,常用磁选-浮选联合流程选别,但若用阳离子捕收剂捕收脉石后,则赤铁矿和磁铁矿都留在浮选槽中被回收,简化了流程;③ 如果矿石中含有铁硅酸盐,用阴离子捕收剂进行正浮选时,铁硅酸盐会随赤铁矿选入精矿而降低了精矿质量,但若采用阳离子捕收剂进行反浮选,则把它与石英一起浮出,使铁精矿品位提高;④ 此法可以免去脱泥作业,减少铁矿物的损失。目前,常常采用这种方法来进一步处理重选和磁选的铁精矿,以获得超纯精矿。

磁铁矿的分子式为 Fe_3O_4,含 Fe 为 72.4%,主要脉石矿物是石英,浮选时常用的抑制剂有淀粉、糊精、单宁酸和水玻璃等。本次实验采用阳离子反浮选提铁降硅工艺流程,采用十二胺(胺类捕收剂)作为捕收剂,属于异极性阳离子捕收剂,其分子在水中解离出阳离子,阳离子上带有疏水的烃基,十二胺在水中解离为:

$$C_{12}H_{25}NH_2 + H_2O \longrightarrow C_{12}H_{25}NH_3^+ + OH^- \qquad (6\text{-}3)$$

其水溶液呈碱性,与酸作用生成盐,其碳链长度一般为 C_{10}～C_{18},由于其难溶于水,在使用时配制成盐酸(或醋酸)盐溶液,本实验控制十二胺和盐酸的配比为 5∶4。

$$RHN_2 + HCl \longrightarrow RNH_3Cl \qquad (6\text{-}4)$$

式中的阳离子与石英表面双电层外层阴离子进行二次交换吸附而固着于矿物表面，形成物理吸附、半胶束吸附及络合物吸附等类型。胺类捕收剂除具有捕收性能外，还兼具有起泡性能，故本实验不再添加起泡剂。

三、仪器设备及材料

(1) 1.5 L 实验室型单槽浮选机 1 台/组；

(2) 玻璃仪器：量筒 2 个/组（规格视药剂添加量选定），500 mL 容量瓶 1 个/组；

(3) pH 计（数量视学生分组数目而定）；

(4) 洗瓶 1～2 个/组；

(5) 接样瓷盆 4 个/组；

(6) 秒表 1 块/组；

(7) 水浴锅（规格及数量视学生分组数目而定）；

(8) 可控温烘箱（规格及数量视学生分组数目而定）；

(9) 盘式真空过滤机 1 台/2 组，滤纸若干；

(10) 电子天平（数量视学生分组数目而定）；

(11) 实验用磁铁矿矿样（−200 网目大于 65%）1 kg/组；

(12) 浮选药剂：十二胺（分析纯）、盐酸（分析纯）。

四、实验步骤与操作技术

磁铁矿阳离子反浮选开路流程为一次粗选，一次扫选，如图 6-17 所示。

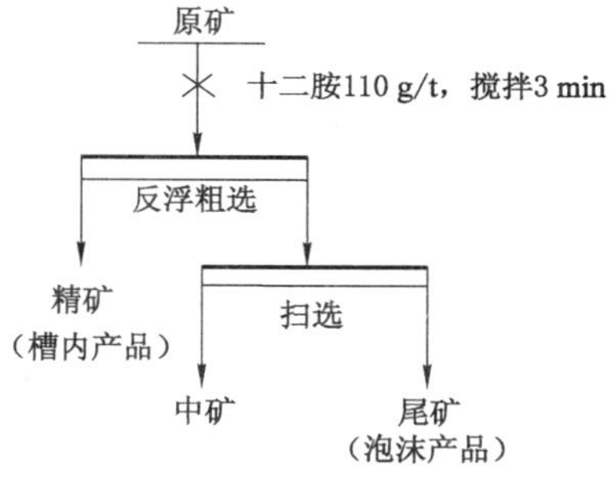

图 6-17　磁铁矿阳离子反浮选开路流程

(1) 控制粗选浮选浓度为 35%，计算和称取所需磁铁矿矿样、浮选药剂量（将十二胺和盐酸按 5∶4 比例进行配置）。

(2) 将按要求称量的磁铁矿矿样加入浮选槽中，添加水至合适液面高度，控制矿浆温度为常规室温 (20～23) ℃，矿浆 pH 值为 8 左右，搅拌 3 min，添加十二胺（实验前，用 500 mL 的容量瓶将配好的药剂置于水浴中加热，当容量瓶中的药剂呈透明状时为止，备用），搅拌调浆 4 min。

(3) 充气开始反浮选粗选作业，刮泡 5 min 后得到浮选槽内产品为精矿，所得粗选泡沫产品备用。

(4) 转移精矿产品，清洗浮选槽及浮选机。

(5) 将粗选泡沫倒入浮选槽，加水至合适液面高度，搅拌 3 min 后充气，进行扫选，刮泡 4 min，所得泡沫产品为尾矿，浮选槽内产品为中矿。

(6) 分别将分选产品过滤、脱水、烘干（不超过 105 ℃）至恒重，冷却至室温后称重，并制样、分析化验。

(7) 清理实验设备，整理实验场所。

注：实验操作过程中所添加的药剂和其他工艺参数仅作为参考值，具体可根据所用矿样的种类及性质进行优化确定。单元实验的个数和浮选浓度、药剂用量及流程等实验条件可根据需要由指导教师确定。

五、数据处理与实验报告

(1) 将实验数据、计算结果及实验条件按规定填入磁铁矿阳离子反浮选实验结果表6-13中。

表 6-13　　磁铁矿阳离子反浮选实验结果

试样来源＿＿＿＿＿＿＿＿＿＿；试样粒度＿＿＿＿＿＿＿＿＿＿

产品名称	质量/g	产率 γ/%	Fe 品位 β/%	金属量 $\gamma\beta$	回收率 ε/%	实验条件
原矿						
精矿						
中矿						
尾矿						

实验人员：＿＿＿＿＿＿　　日期：＿＿＿＿＿＿　　指导教师：＿＿＿＿＿＿

(2) 在实验过程中记录实验现象，尤其要观察矿化气泡与泡沫层，并进行结果分析。误差分析：原矿质量与精矿和尾矿质量之和的差值，不得超过浮选实验前试样质量的1%，否则实验应重新进行。

(3) 撰写实验报告。

六、思考题

(1) 磁铁矿为何不能单纯用磁选的方法实现较好的回收率？

(2) 通过文献资料查阅，进一步了解阳离子反浮选工艺的特点及磁铁矿阳离子反浮选体系药剂作用机理。

(3) 实现磁铁矿高效分选的新工艺与新技术有哪些？

第十二节　萤石浮选实验

一、目的与要求

(1) 掌握萤石矿的常规浮选过程及药剂制度。

(2) 了解萤石矿的常规伴生矿物及对应的原则分选流程。

二、基本原理

萤石又名氟石、五花石，化学成分为氟化钙(CaF_2)，含 F 为 48.9%，含 Ca 51.1%，常与石英、方解石、重晶石和硫化矿共生。浮选技术是萤石回收的重要手段，已在萤石提取与回收工艺中得到了广泛应用，是一项比较成熟的矿物加工技术，尤其是分选高纯度萤石。

萤石浮选的捕收剂一般采用脂肪酸类药剂，在工业浮选工艺中目前最常用的是油酸及其改性产品。由于萤石、方解石及磷灰石等矿物属于微溶盐矿物，研究表明：不同产地的萤石样品因其溶解性质不同，可能引起萤石的零电点有很大的差别，如萤石的零电点可从 2.2 变化到 10.6，将导致控制浮选的 pH 值条件也不同。使用油酸做捕收剂，当矿浆的 pH 值为 8～11 时，萤石的浮游性较好。另外，升高矿浆的温度，也可以提高萤石的浮选指标。同时，不同粒度的萤石，它们的浮选行为亦有差别：粗粒萤石浮选的特点是选择性强，因此其精矿品位高，但回收率较低；中等粒度的萤石浮选结果是精矿品位和回收率都较高；细粒萤石浮选的精矿品位和回收率均较低。当浮选萤石用油酸作捕收剂时，对浮选用水也有较高的要求，即水质为硬水时，则首先要将进入浮选工艺的水预先软化。

萤石浮选的捕收剂除油酸外，还有烃基硫酸酯、烷基磺化琥珀胺、油酰氨基磺酸钠及其他磺酸盐和胺类。常用碳酸钠作矿浆调整剂。根据脉石性质不同，可采用水玻璃、偏磷酸钠、木质素磺酸盐、糊精等作脉石抑制剂。

对石英-萤石型矿石，多采用一次磨矿粗选、粗精矿再磨、多次精选的工艺流程，其药剂制度常以碳酸钠为调整剂调整矿浆至碱性，以防止水中多价阳离子对石英的活化作用，用脂肪酸类作捕收剂时加入适量的水玻璃抑制硅酸盐类脉石矿物。

对碳酸盐-萤石型矿石，萤石和方解石用脂肪酸类作捕收剂时均具有强烈的吸附作用，生产上一般先混合浮选，再进行萤石和方解石的分离作业，以提高萤石精矿的品位。含钙矿物的抑制剂有水玻璃、偏磷酸钠、木质素磺酸盐、糊精、单宁酸、草酸，为了提高抑制效果，多以组合药剂形式加入浮选矿浆。

硫化矿-萤石型矿石，主要以含锌、铅矿物为主，萤石为伴生矿物，选矿时先浮硫化矿，萤石为浮选的尾矿，然后将其作为萤石矿单独处理，按选萤石流程进行多次精选，仍可达到满意的结果。

本实验拟采用碳酸钠作为 pH 值调整剂，采用油酸作捕收剂，采用水玻璃作脉石抑制剂。由于油酸不易溶解和分散，实践中常需加溶剂乳化，或通过皂化反应溶解：

$$2R_{17}H_{33}COOH + Na_2CO_3 \longrightarrow 2R_{17}H_{33}COONa + H_2O + CO_2\uparrow \tag{6-5}$$

另外，油酸熔点为 14 ℃，故矿浆温度不应低于 14 ℃，适当增加矿浆的温度，可提高浮选指标。同时因油酸兼有起泡性，故无须再单独加入起泡剂。

三、仪器设备及材料

(1) 1.5 L 实验室型单槽浮选机 1 台/组；

(2) 玻璃仪器：量筒 2 个/组（规格视药剂添加量选定），500 mL 容量瓶 2 个/组，烧杯 1 个/组；

(3) pH 计（数量视学生分组数目而定）；

(4) 洗瓶 1～2 个/组；

(5) 接样瓷盆 2 个/组；

(6) 秒表 1 块/组；

(7) 温度计 1 支/组；

(8) 可控温烘箱（规格及数量视学生分组数目而定）；

(9) 盘式真空过滤机 1 台/2 组，滤纸若干；

(10) 电子天平（数量视学生分组数目而定）；

(11) 实验用萤石矿矿样（0.074～0.04 mm）1 kg/组；

(12) 浮选药剂：改性油酸（工业品）、水玻璃（工业品）和碳酸钠（分析纯）。

四、实验步骤与操作技术

萤石矿浮选开路流程为一次粗选，如图 6-18 所示。

(1) 控制粗选浮选浓度为 33%，计算和称取所需试样、药剂量。

(2) 将按要求称量的萤石矿矿样加入浮选槽中，添加水至合适液面高度，控制矿浆到合适温度（根据经验自选），搅拌 3 min，添加 Na_2CO_3 调整 pH 值为 8～9，搅拌调浆 2 min，添加水玻璃搅拌调浆 5 min，最后添加改性油酸搅拌调浆 2 min，充气开始浮选作业，刮泡 5 min。

(3) 分别将分选产品过滤、脱水、烘干(不超过 105 ℃)至恒重、冷却至室温后称重，并制样、分析化验。

(4) 清理实验设备，整理实验场所。

注：实验操作过程中所添加的药剂和其他工艺参数仅作为参考值，具体可根据所用矿样的种类及性质进行优化确定。单元实验的个数和浮选浓度、药剂用量以及流程(是否添加精、扫选)等实验条件可根据需要由指导教师确定。

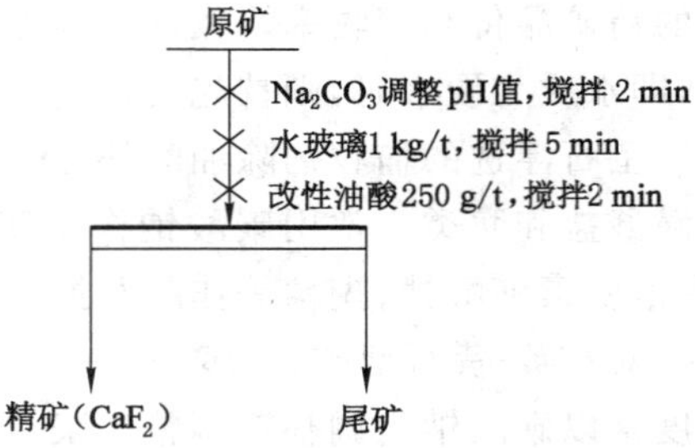

图 6-18　萤石浮选开路流程

五、数据处理与实验报告

(1) 将实验数据和计算结果按规定填入萤石浮选实验结果表 6-14 中。

表 6-14　萤石浮选实验结果

试样来源＿＿＿＿＿＿＿＿＿＿；试样粒度＿＿＿＿＿＿＿＿＿＿

产品名称	质量/g	产率/%	品位/%			CaF_2回收率/%	实验条件
			CaF_2	SiO_2	$CaCO_3$		
原矿							
精矿							
尾矿							

实验人员：＿＿＿＿＿＿　日期：＿＿＿＿＿＿　指导教师：＿＿＿＿＿＿

(2) 在实验过程中记录实验现象，尤其要观察矿化气泡与泡沫层，并进行结果分析。误差分析：原矿质量与精矿和尾矿质量之和的差值，不得超过浮选实验前试样质量的 1%，否则实验应重新进行。

(3) 撰写实验报告。

六、思考题

(1) 根据浮选泡沫现象，结合实验化验结果，分析各浮选药剂对萤石浮选的影响。

(2) 通过文献资料查阅，不同工业领域对于萤石产品的质量(包括萤石品位以及杂质含量)要求有无划分？

(3) 萤石矿的主要伴生矿物有哪几种？在具体分选时应采用怎样的工艺来提高分选效率？

第十三节　赤铁矿反浮选实验

一、目的与要求

(1) 了解并掌握赤铁矿阴离子反浮选的工艺条件及操作过程。

(2) 掌握阴离子反浮选的药剂制度及各种药剂的基本作用。

(3) 练习浮选药剂的配制过程。

二、基本原理

我国铁矿资源面临的形势是优质铁矿资源匮乏，易选铁矿石日渐减少，现存的铁矿资源大多是以品位低、浸染粒度细、矿物组成复杂为特点的赤铁矿。随着阴离子反浮选技术在分选赤铁矿上取得成功，以阴离子反浮选为核心的联合流程已经成为赤铁矿选矿的主流。

阴离子反浮选工艺对温度要求比较高，药剂制度复杂。赤铁矿分子式为 Fe_2O_3，含 Fe 为 70%，易采用脂肪酸类捕收剂浮选，浮选常用的捕收剂包括油酸、氧化石蜡皂、妥尔油等脂肪酸类和石油磺酸盐等。

对于阴离子反浮选捕收剂(以脂肪酸类捕收剂为例)，存在以下反应：

$$R—COOM \longrightarrow R—COO^- + M^+ \text{（M 为一价金属或基团）} \tag{6-6}$$

$$R—COO^- + H_2O \longrightarrow R—COOH + OH^- \tag{6-7}$$

显然，捕收剂以离子或分子状态存在及二者含量的多少，必将对捕收剂作用产生一定的影响。

阴离子反浮选工艺中，除捕收剂外，还有其他 3 种药剂发挥不同的作用。它们是矿浆 pH 调整剂——氢氧化钠、抑制剂——淀粉、活化剂——氧化钙。

氢氧化钠主要是调整矿浆 pH 值、改变矿物表面电位、影响其他药剂的存在状态。其调整矿浆 pH 值过程中，发生以下反应：

$$NaOH \longrightarrow Na^+ + OH^- \tag{6-8}$$

$$OH^- + H^+ \longrightarrow H_2O \tag{6-9}$$

可见，氢氧化钠加入量的多少将直接影响矿浆中 OH^- 和 H^+ 的数量，即影响矿浆 pH 值的高低。改变矿物表面电位过程，在铁矿物上主要发生以下反应：

$$Fe_2O_3 + 3H_2O \longrightarrow 2Fe(OH)_3 \tag{6-10}$$

$$Fe(OH)_3 \longrightarrow Fe(OH)_2^+ + OH^- \tag{6-11}$$

$$Fe(OH)_2^+ \longrightarrow Fe(OH)^{2+} + OH^- \tag{6-12}$$

在石英上主要发生以下反应：

$$SiO_2 + H_2O \longrightarrow H_2SiO_3 \tag{6-13}$$

$$H_2SiO_3 \longrightarrow HSiO_3^- + H^+ \tag{6-14}$$

$$HSiO_3^- \longrightarrow SiO_3^{2-} + H^+ \tag{6-15}$$

可见，氢氧化钠加入量的多少对矿浆表面电位起决定性作用，影响其他药剂的存在状态。

淀粉的作用主要是抑制铁矿物上浮。在淀粉中存在大量的—O—和—OH—，通过氢键力和范德瓦尔斯力对铁矿物产生吸附作用，进而达到抑制铁矿物上浮的目的。由于淀粉在苛化过程中产生一些极性基，所以铁矿物表面电位的高低影响着淀粉的抑制效果。

研究表明：pH 值在 10～12.5 区间内，各类淀粉对赤铁矿都有很强的抑制作用，抑制机理是淀粉中的羟基氧和赤铁矿表面裸露的铁元素发生了化学键合；pH 值在 11.5～12.5 区间内，各类淀粉对石英都有微弱的抑制作用，其作用机理是静电作用和氢键作用。pH 值在 8～13 区间内，Ca^{2+} 对石英具有明显的活化作用，其作用机理是吸附在矿物表面的 Ca^{2+} 和 $Ca(OH)^+$ 与油酸根离子发生化学作用而使石英疏水性增大。因此在油酸体系中，pH 值在 11.5～12.5 区间内，赤铁矿和石英存在最大的可浮性差距，是二者分离的理想条件，影响淀粉抑制作用的因素包括淀粉的链长、淀粉的直链和支链结构的含量、淀粉中的杂质、变性淀粉中引入基团的种类及基团取代度的大小等等。

本次实验拟采用阴离子捕收剂反浮选工艺分选赤铁矿，选用油酸作为捕收剂，选用淀粉溶液作为抑制剂，选用氧化钙作为活化剂，选用氢氧化钠作为 pH 值调整剂，因油酸兼有起泡性能，故无须再加入起泡剂。

三、仪器设备及材料

(1) 1.5 L 实验室型单槽浮选机 1 台/组；

(2) 玻璃仪器：量筒 2 个/组(规格视药剂添加量选定)，500 mL 容量瓶 2 个/组，烧杯 1 个/组；

(3) pH 计(数量视学生分组数目而定)；

(4) 洗瓶 1～2 个/组；

(5) 接样瓷盆 4 个/组；

(6) 秒表 1 块/组；

(7) 温度计 1 支/组；

(8) 水浴锅(规格及数量视学生分组数目而定)；

(9) 可控温烘箱(规格及数量视学生分组数目而定)；

(10) 盘式真空过滤机 1 台/2 组，滤纸若干；

(11) 电子天平(数量视学生分组数目而定)；

(12) 实验用赤铁矿矿样(−200 网目大于 90%)1 kg/组；

(13) 浮选药剂：油酸(工业品/皂化)、氢氧化钠(分析纯)、氧化钙(分析纯)、玉米淀粉(工业品/苛化)。

四、实验步骤与操作技术

赤铁矿阴离子反浮选开路流程为一次粗选，一次精选，一次扫选，如图 6-19 所示。

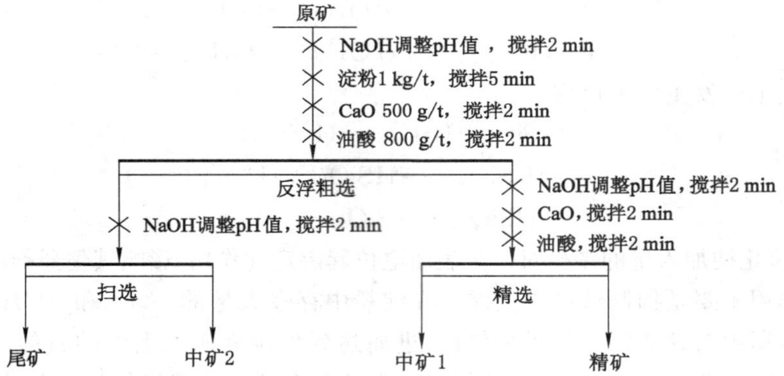

图 6-19　赤铁矿阴离子反浮选开路流程

(1) 控制粗选浮选浓度为 35%，计算和称取所需试样、药剂量。

(2) 将按要求称量的赤铁矿矿样加入浮选槽中，添加水至合适液面高度，控制温度在 35 ℃左右，搅拌 3 min，添加 NaOH 调整 pH 值为 11.75 左右。添加淀粉搅拌调浆 5 min，再添加 CaO 搅拌调浆 2 min，最后添加油酸搅拌调浆 2 min，充气开始反浮选粗选作业，刮泡 5 min，所得粗选泡沫产品备用。

(3) 浮选槽内矿浆继续用 NaOH 调节 pH 值到规定范围，添加 CaO、油酸分别搅拌调浆后开始精选，浮选 4 min 后得到浮选槽内产品为精矿，泡沫产品为中矿 1。

(4) 转移精选各产品，清洗浮选槽及浮选机。

(5) 将粗选泡沫倒入浮选槽，加水至合适液面高度，控制矿浆温度 35 ℃左右，添加 NaOH 调整矿浆 pH 值到 11.75 左右，搅拌 3 min 后充气，进行扫选，刮泡 4 min，所得泡沫产品为尾矿，浮选槽内产品为中矿 2。

(6) 分别将分选产品过滤、脱水、烘干(不超过 105 ℃)至恒重、冷却至室温后称重，并制样、分析化验。

(7) 清理实验设备，整理实验场所。

注：实验操作过程中所添加的药剂、调浆时间和其他工艺参数仅作为参考值，具体可根据所用矿样的种类及性质进行优化确定。单元实验的个数和浮选浓度、精选药剂所用种类及用量、扫选是否添加抑制剂淀粉以及流程等实验条件可根据需要由指导教师确定。

五、数据处理与实验报告

(1) 将实验数据、计算结果及实验条件按规定填入赤铁矿阴离子反浮选实验结果表 6-15 中。

表 6-15　　赤铁矿阴离子反浮选实验结果

试样来源＿＿＿＿＿＿＿＿；试样粒度＿＿＿＿＿＿＿＿

产品名称	质量/g	产率 γ/%	Fe 品位 β/%	金属量 $\gamma\beta$	回收率 ε/%	实验条件
原矿						
精矿						
中矿 1						
中矿 2						
尾矿						

实验人员：＿＿＿＿＿＿　　日期：＿＿＿＿＿＿　　指导教师：＿＿＿＿＿＿

(2) 在实验过程中记录实验现象，尤其要观察矿化气泡与泡沫层，并进行结果分析。误差分析：原矿质量与精矿和尾矿质量之和的差值，不得超过浮选实验前试样质量的 1%，否则实验应重新进行。

(3) 撰写实验报告。

六、思考题

(1) 阴离子反浮选与阳离子反浮选在操作过程中有何不同之处？

(2) 磁铁矿反浮选与赤铁矿反浮选有何异同？

(3) 通过文献资料查阅，进一步了解阴离子反浮选工艺的特点及赤铁矿阴离子反浮选体系药剂作用机理。

(4) 配合阴离子反浮选工艺，实现赤铁矿高效分选的联合工艺有哪些？

第十四节　铝土矿浮选实验

一、目的与要求

(1) 掌握铝土矿的常规正浮选过程及药剂种类和药剂制度。

(2) 练习浮选柱的操作和使用规范。

(3) 了解铝土矿的常规伴生矿物及原则分选流程。

二、基本原理

我国铝土矿资源丰富，探明储量达 23 亿 t，居世界第四位，主要为一水硬铝石型的铝土矿，具有高铝、高硅、低铁、铝硅比低、矿物结晶粒度细、相互嵌布关系复杂且含硅矿物多和组成复杂的特点。硅是影响铝土矿资源质量的重要因素，含硅高的中低品位铝土矿，只有在进入生产氧化铝工序之前进行预脱硅，才能变为生产氧化铝的优质原料，因此国内外对铝土矿预脱硅研究较多，其中浮选脱硅法是研究较多，也是较为有效的方法之一。

铝土矿浮选的主要目的就是脱硅，提高铝硅比。浮选脱硅按照选别过程中矿物的走向又可以分为正浮选和反浮选。铝土矿正浮选捕收剂一般采用脂肪酸盐、磺酸盐等阴离子捕收剂，调整剂主要有六偏磷酸钠、碳酸钠、水玻璃、腐植酸盐、木质素等。铝土矿正浮选具有流程简单、精矿铝硅比易于保证、工业上容易实现等优点，因此一直研究得较多。

铝土矿反浮选根据捕收剂的不同可以分为阴离子捕收剂反浮选和阳离子捕收剂反浮选两种。阴离子捕收剂可通过静电力、氢键力、化学吸附和表面化学作用同矿物表面发生作用。铝土矿中的铝硅酸盐矿物表面等电点值较低，在广泛的 pH 值范围内表面带负电，这样就与阴离子捕收剂之间存在静电斥力作用，氢键作用也较弱。只有通过化学吸附或化学反应，捕收剂才能在矿物表面形成较强的吸附。但铝硅酸盐矿物破碎解理时，表面断裂键分别以氢键(高岭石)、分子键(叶蜡石)和离子键(伊利石)为主，使阴离子捕收剂不易与矿物作用，并且几种矿物的可浮性差异较大，不利于反浮选。为了增加铝硅酸盐矿物表面的阳离子活性中心，需要加入金属离子活化剂。由于这 3 种铝硅酸盐矿物表面均能吸附阳离子，活化浮选可使它们容易与阴离子捕收剂作用，并且减小了这些铝硅酸盐矿物可浮性的差异。已有人对几种多价金属阳离子的活化作用进行了探索，结果表明，阳离子活化剂确实可以活化高岭石的浮选，在同样条件下，一水硬铝石的回收率降低了。但总体来说，结果并不理想，需作进一步深入研究。

阳离子捕收剂反浮选利用的是铝矿物和铝硅酸盐矿物表面动电位的差异。当矿物表面带负电时，阳离子捕收剂可以通过静电作用吸附于矿物表面。显然，用阳离子捕收剂浮选需要两方面的协调：一方面，矿物表面带负电，要求浮选矿浆的 pH 值大于矿物表面的零电位点；另一方面，捕收剂的阳离子组分占优势，根据阳离子捕收剂在溶液中的溶解平衡，要求矿浆 pH 值小于药剂的离解常数 pK_a。

本实验采用浮铝土矿、抑石英的正浮选分选工艺。捕收剂选用改性后脂肪酸类捕收剂，分散剂为六偏磷酸钠，矿浆 pH 值调整剂为碳酸钠。

三、仪器设备及材料

(1) 浮选柱实验系统 1 套/组(图 6-20)，主要包括：搅拌桶、给料蠕动泵、浮选柱($\phi 50 \times$ 2 000 mm 旋流-静态微泡浮选柱)、循环泵、尾矿蠕动泵、精矿桶和尾矿桶；

(2) 玻璃仪器：量筒 2 个/组(规格视药剂添加量选定)，500 mL 容量瓶 2 个/组，烧杯 1 个/组；

(3) pH 计(数量视学生分组数目而定)；

(4) 洗瓶 1～2 个/组；

(5) 接样瓷盆 4 个/组；

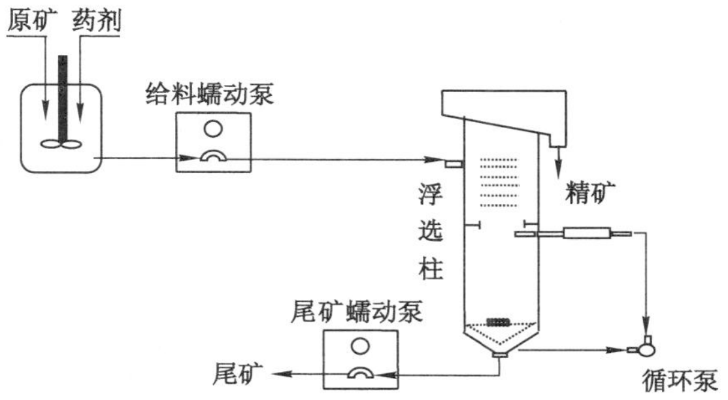

图 6-20　浮选柱实验系统

(6) 秒表 1 块/组；

(7) 温度计 1 支/组；

(8) 水浴锅(规格及数量视学生分组数目而定)；

(9) 可控温烘箱(规格及数量视学生分组数目而定)；

(10) 盘式真空过滤机 1 台/2 组，滤纸若干；

(11) 电子天平(数量视学生分组数目而定)；

(12) 实验用铝土矿矿样(−0.074 mm 占 90%)6 kg/组；

(13) 浮选药剂：改性脂肪酸类捕收剂(工业品)、六偏磷酸钠(化学纯)、碳酸钠(化学纯)。

四、实验步骤与操作技术

铝土矿浮选柱开路流程为一次粗选，如图 6-21 所示。

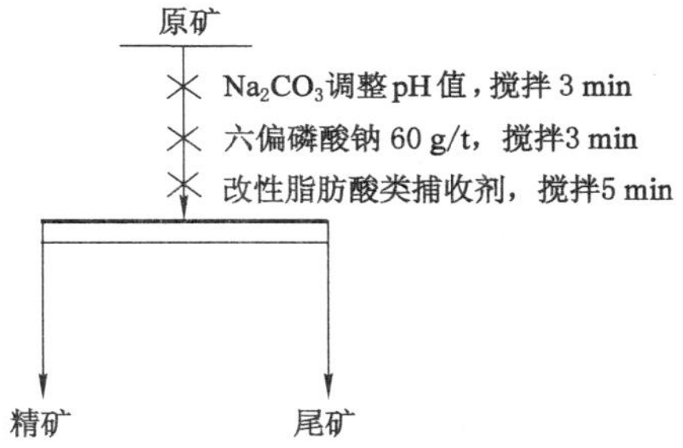

图 6-21　铝土矿浮选柱开路流程

(1) 检查浮选柱与辅助设备的连接情况，以保证矿浆通路顺畅。

(2) 控制浮选浓度为 32%±2%，根据搅拌桶的体积和矿浆浓度计算所需矿样的质量，然后根据实验要求(或经验)计算药剂的质量和体积量。

(3) 向搅拌桶加入一定量水后，开启搅拌桶，将按要求称量的铝土矿矿样给入搅拌桶，控制浮选温度(40±2) ℃。

(4) 加入 Na_2CO_3 调整 pH 值至 9.5～10.0，搅拌调浆 3 min，再加入六偏磷酸钠 60 g/t，搅拌 3 min，使矿浆分散，最后加入捕收剂搅拌 5 min。调浆后矿浆由给料蠕动泵输送至浮选柱中上部给料口，通过给料蠕动泵无级调速来调节给料量的大小。

(5) 等浮选柱柱体中的液位上升到给料口附近时开启尾矿蠕动泵排尾矿。

(6) 通过蠕动泵调节浮选柱的液位到一定高度和稳定性，通过观察精矿泡沫的溢出量和泡沫情况，调节充气量和喷淋水到合适的程度。

(7) 等浮选柱给料和液位稳定后，开始同时接精矿和尾矿，时刻注意液位的稳定性和各管道是否发生堵塞或尾矿不排等事故。

(8) 等给料快结束时将精矿桶和尾矿桶同时移开，不再接料，实验基本结束。

(9) 分别将分选产品过滤、脱水、烘干(不超过 105 ℃)至恒重、冷却至室温后称重,并制样、分析化验。

(10) 按规范清理浮选柱及其配套设备,整理实验场所。

注:实验操作过程中所添加的药剂和其他工艺参数仅作为参考值,具体可根据所用矿样的种类及性质进行优化确定。单元实验的个数和浮选浓度、药剂用量及流程等实验条件可根据需要由指导教师确定。

五、数据处理与实验报告

(1) 将实验数据和计算结果按规定填入铝土矿浮选实验结果表 6-16 中,其中铝硅比 A/S 按下式计算:

$$铝硅比:A/S=\frac{样品中\ Al_2O_3\ 质量百分含量}{样品中\ SiO_2\ 质量百分含量} \tag{6-16}$$

表 6-16　　铝土矿浮选实验结果

试样来源____________________;试样粒度____________________

产品名称	产率 γ/%	Al_2O_3品位/%	SiO_2品位/%	铝硅比 A/S	Al_2O_3回收率/%	实验条件
原矿						
精矿						
尾矿						

实验人员:______________　　日期:______________　　指导教师:______________

(2) 在实验过程中记录实验现象,尤其要观察矿化气泡与泡沫层,并进行结果分析。误差分析:原矿质量与精矿和尾矿质量之和的差值,不得超过浮选实验前试样质量的 1%,否则实验应重新进行。

(3) 撰写实验报告。

六、思考题

(1) 目前铝土矿浮选的常见工艺有哪些?

(2) 通过文献资料查阅,论述铝土矿浮选脱硅对于氧化铝工业的意义。

(3) 铝土矿脱硅的主要方法除浮选之外还有哪些?

(4) 通过文献资料查阅,总结目前关于铝土矿浮选脱硅的基础理论主要内容。

第十五节　硫化铜矿浮选实验

一、目的与要求

(1) 掌握硫化铜矿的常规浮选过程及药剂制度。

(2) 了解硫化铜矿的种类、常规共伴生矿物及对应的原则分选工艺。

二、基本原理

世界上有工业价值的铜矿石中,有 80% 的铜矿物是属于硫化铜矿。从选矿的角度来说,凡是铜矿石中氧化矿的含量不超过全部铜矿物 10% 的矿石都属于硫化铜矿,而那些氧化矿的含量超过全部铜矿物 30% 的矿石都属于氧化铜矿,居于二者中间的矿石称为混合矿。目前常见的有工业价值的硫化铜矿物有辉铜矿、黄铜矿、斑铜矿、铜蓝、黝铜矿、砷黝铜矿及硫砷铜矿等几种。其中以辉铜矿在世界上的分布最广，约占全部铜矿物的 50%，其次为黄铜矿约占 25%，而斑铜矿仅占 3%，其余为自然铜及其他铜的硫化物。我国各铜浮选厂所处理的矿石中最常见的是黄铜矿。

黄铜矿($CuFeS_2$)含 Cu34.56%，通常为原生矿偶尔亦呈次生状态。黄铜矿不易受氧化，在中性及弱碱性介质中能较长时间保持天然可浮性，但在 pH 值大于 10 的强碱性介质中，表面形成氢氧化铁薄膜，其天然可浮性下降。

黄铜矿属四方晶系，结晶构造属双重闪锌矿型。在黄铜矿结晶构造中，每个硫离子被分布于四面体顶角的四个金属离子(两个铜离子和两个铁离子)所包围，所有配位四面体的方位都是相同的。由于黄铜矿具有较高的晶格能，且结晶构造中硫离子所处的位置对铜铁来说是晶格的内层，因此，黄铜矿对氧化作用具有较大的稳定性。

浮选黄铜矿最常用的捕收剂是黄药，在较宽 pH 值范围(2～12)黄铜矿易被黄药类捕收剂浮出。电化学研究及红外光谱测定均表明，吸附产物是黄原酸铜和双黄药并存，属化学吸附。黑药、硫氮和硫氨酯也是黄铜矿的捕收剂。近年来国内外有人用丁黄腈酯、丁黄烯酯及异硫脲代替黄药浮选黄铜矿，均能增强黄铜矿的浮选效果。

黄铜矿在碱性介质中易受氰化物和氧化剂的作用而被抑制，当氰化物用量大时，可完全抑制黄铜矿。氰化物的抑制作用与在黄铜矿表面不能形成稳定的双黄药吸附有关。石灰对黄铜矿也有抑制作用，但其用量比抑制黄铁矿大得多，因而在铜硫分选时，通常采用石灰来抑制黄铁矿，浮选硫化铜矿物。

黄铜矿在碱性矿浆中易被硫化钠和硫化铵抑制，不少选矿厂在铜-钼分离时就是利用这一性质，来抑铜浮钼。亚硫酸盐、硫代硫酸盐、重铬酸盐均不抑制黄铜矿的浮选，因此，铜-铅分离时可用重铬酸盐抑制方铅矿浮选铜；铜-锌分离时可用硫代硫酸盐、亚硫酸盐或亚硫酸抑制闪锌矿浮选铜。

本实验选用丁基黄药(C_4H_9—OCS(S)K)作为捕收剂，松醇油作为起泡剂，石灰作为抑制剂，进行硫化铜矿的浮选实验研究。另外，石灰还可用作矿浆 pH 值调整剂：只有脉石矿物时，调整矿浆 pH 值为 7～8；当硫化铁矿含量较少时，调整矿浆 pH 值为 8～9；当硫化铁矿含量较多时，矿浆 pH 值应大于 11。

三、仪器设备及材料

(1) 1.5 L 实验室型单槽浮选机 1 台/组；

(2) 玻璃仪器：量筒 2 个/组(规格视药剂添加量选定)，500 mL 容量瓶 1 个/组，烧杯 1 个/组；

(3) pH 计(数量视学生分组数目而定)；

(4) 洗瓶 1～2 个/组；

(5) 接样瓷盆 2 个/组；

(6) 秒表 1 块/组；

(7) 可控温烘箱(规格及数量视学生分组数目而定)；

(8) 盘式真空过滤机 1 台/2 组，滤纸若干；

(9) 电子天平(数量视学生分组数目而定)；

(10) 实验用硫化铜矿样(−200 网目大于 85%)1 kg/组；

(11) 浮选药剂：丁基黄药(工业品)、松醇油(工业品)、氧化钙(分析纯)。

四、实验步骤与操作技术

硫化铜矿浮选开路流程为一次粗选，如图 6-22 所示。

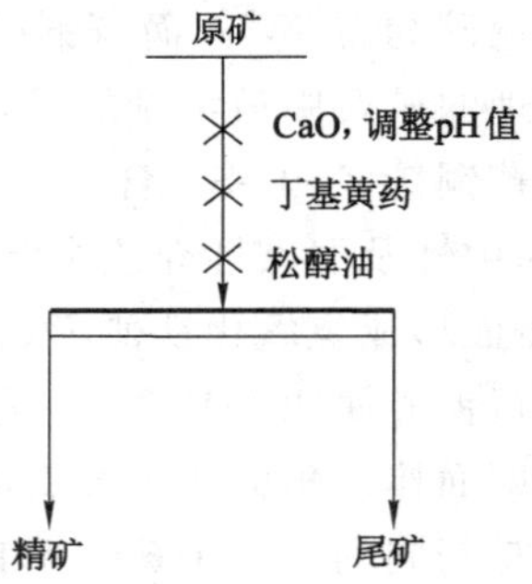

图 6-22　硫化铜浮选开路流程

(1) 控制粗选浮选浓度为 35%～40%，计算和称取所需硫化铜矿样，根据实验要求(或经验)计算药剂的质量和体积量。

(2) 将按要求称量的硫化铜矿样加入浮选槽中，添加水至合适液面高度，搅拌 3 min，依次添加石灰(石灰用量根据需求添加，一般粗选 pH 值控制在 8～10，若进行精选，则矿浆 pH 值一般控制在 12～14)、丁基黄药(一般控制在 120～160 g/t)、松醇油(一般控制在 15～50 g/t)，并控制各搅拌调浆时间。

(3) 充气开始粗选作业，刮泡 5 min。

(4) 分别将分选产品过滤、脱水、烘干(不超过 105 ℃)至恒重、冷却至室温后称重，并制样、分析化验。

(5) 清理实验设备，整理实验场所。

注：实验操作过程中所添加的药剂和其他工艺参数仅作为参考值，具体可根据所用矿样的种类及性质进行优化确定。单元实验的个数和浮选浓度、药剂用量及流程(是否添加精、扫选)等实验条件可根据需要由指导教师确定。

五、数据处理与实验报告

(1) 将实验数据和计算结果按规定填入硫化铜矿浮选实验结果表 6-17 中。

表 6-17　　硫化铜矿浮选实验结果

试样来源____________；试样粒度____________

产品名称	质量/g	产率 γ/%	Cu 品位 β/%	金属量 $\gamma\beta$	回收率 ε/%	实验条件
原矿						
精矿						
尾矿						

实验人员：__________　　日期：__________　　指导教师：__________

(2) 在实验过程中记录实验现象，尤其要观察矿化气泡与泡沫层，注意有色金属矿浮选泡沫与煤泥浮选的区别，并进行结果分析。误差分析：原矿质量与精矿和尾矿质量之和的差值，不得超过浮选实验前试样质量的 1%，否则实验应重新进行。

(3) 撰写实验报告。

六、思考题

(1) 实验过程中矿浆 pH 值的选定依据是什么？

(2) 通过文献资料查阅，讨论影响硫化铜矿浮选的主要因素。

(3) 通过对不同硫化铜矿物基本可浮性的总结分析，试归纳硫化铜矿物基本可浮性的规律。

(4) 尝试分析硫化铜与氧化铜浮选过程及影响因素的区别。

第十六节　辉钼矿浮选实验

一、目的与要求

(1) 掌握辉钼矿的常规浮选过程及药剂制度。

(2) 了解辉钼矿常规共伴生矿物及对应的原则分选工艺。

二、基本原理

在钼矿资源中，钼金属主要以硫化钼矿(即辉钼矿)形式赋存，另外还有氧化钼矿(如钼铅矿、钼钙矿和钼华、铁钼华、钨钼钙矿和蓝钼矿等)。辉钼矿(MoS_2，含 Mo 59.94%、S 40.06%)是一种具有金属光泽的鳞片状矿物，是生产钼的主要来源，也是钼矿石的主要矿物。辉钼矿主要产于内生的高、中温热液矿床和矽卡岩矿床。辉钼矿具有良好的天然可浮性，但在矿石中的含量极低，因而无论是脉状矿床钼矿石还是大的浸染状钼矿石均需用浮选法选别。

辉钼矿结晶体具有各向异性的力学特征，其结构呈六方层状或板状，由沿层间范德瓦尔斯力的 S—Mo—S 结构和层内极性共价键 Mo—S 形成，层间的结合力很弱，层内的共价键结合力较强。在开采、破碎和磨矿时沿 S—Mo—S 层间破坏暴露出的晶面呈非极性、低能、不活泼。辉钼矿良好的天然可浮性即归结于其结晶面的惰性和非极性。

长期以来，作为辉钼矿捕收剂的是碳氢油如蒸汽油、煤油和柴油等。辉钼矿表面天然具有较强的疏水性决定了烃油仍是辉钼矿浮选的良好捕收剂，新的捕收剂替代品也大多以烃油为主要研究目标。

松醇油具有较强的起泡能力，并对辉钼矿有较好的捕收作用，将松醇油和捕收剂(如煤油等)按照合理的配比使用一般都能取得稳定优良的浮选指标。因此松醇油作为钼浮选的起泡剂，其分选效果一度得到了普遍的认可。

水玻璃是辉钼矿选矿中最常用和有效的脉石矿物抑制剂，同时水玻璃也能抑制方解石等碳酸盐类脉石矿物。经过活化改性处理的水玻璃，可显著提高其选择性和抑制效果，在辉钼矿石浮选过程中，使用改性水玻璃抑制剂，在显著提高辉钼矿选别指标的同时，还表现出了一定的凝聚作用，对于后续的固液分离作业非常有利。

辉钼矿矿石有三种类型：① 单一钼矿石；② 铜钼矿石；③ 钼钨矿石。第一种类型钼矿石在煤油和 2 号油的作用下可以得到较好的浮选效果。后两种类型可通过优先浮选的方法优先浮出钼矿。

本实验研究单一钼矿与石英等脉石的分离，采用水玻璃作为抑制剂，同时作为矿泥的分散剂；采用煤油作为捕收剂，松醇油作为起泡剂。

三、仪器设备及材料

(1) 1.5 L 实验室型单槽浮选机 1 台/组；

(2) 玻璃仪器：量筒 2 个/组(规格视药剂添加量选定)，500 mL 容量瓶 1 个/组；

(3) 洗瓶 1～2 个/组；

(4) 接样瓷盆 2 个/组；

(5) 秒表 1 块/组；

(6) 可控温烘箱(规格及数量视学生分组数目而定)；

(7) 盘式真空过滤机 1 台/2 组,滤纸若干;

(8) 电子天平(数量视学生分组数目而定);

(9) 实验用辉钼矿矿样(−200 网目大于 70%)1 kg/组;

(10) 浮选药剂:水玻璃(工业品)、煤油(化学纯)、松醇油(工业品)。

四、实验步骤与操作技术

辉钼矿浮选开路流程为一次粗选,如图 6-23 所示。

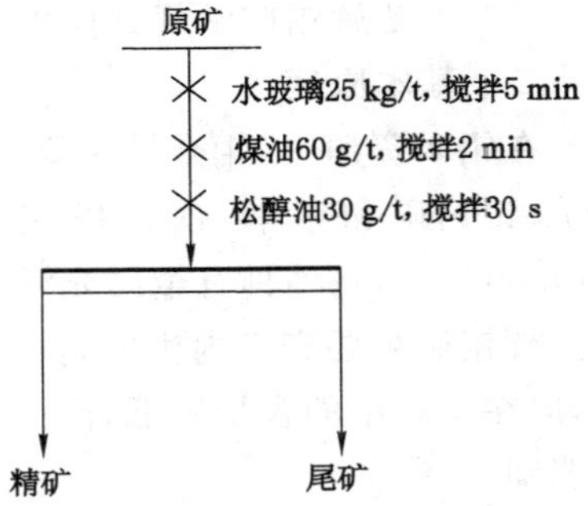

图 6-23 辉钼矿浮选开路流程

(1) 控制浮选浓度为 30%,计算和称取所需辉钼矿矿样,根据实验要求(或经验)计算药剂的质量和体积量。

(2) 将按要求称量的辉钼矿矿样加入浮选槽中,添加水至合适液面高度,搅拌 3 min,添加水玻璃搅拌调浆 5 min,然后添加煤油搅拌调浆 2 min,最后添加松醇油并调浆 30 s。

(3) 充气开始浮选作业,刮泡 5 min。

(4) 分别将分选产品过滤、脱水、烘干(不超过 105 ℃)至恒重、冷却至室温后称重,并制样、分析化验。

(5) 清理实验设备,整理实验场所。

注:实验操作过程中所添加的药剂和其他工艺参数仅作为参考值,具体可根据所用矿样的种类及性质进行优化确定。单元实验的个数和浮选浓度、药剂用量及流程等实验条件可根据需要由指导教师确定。

五、数据处理与实验报告

(1) 将实验数据和计算结果按规定填入辉钼矿浮选实验结果表 6-18 中。

表 6-18　　辉钼矿浮选实验结果

试样来源＿＿＿＿＿＿＿＿;试样粒度＿＿＿＿＿＿＿＿

产品名称	质量/g	产率 γ/%	Mo 品位 β/%	金属量 $\gamma\beta$	回收率 ε/%	实验条件
原矿						
精矿						
尾矿						

实验人员:＿＿＿＿＿＿　　日期:＿＿＿＿＿＿　　指导教师:＿＿＿＿＿＿

(2) 在实验过程中记录实验现象,尤其要观察矿化气泡与泡沫层,注意有色金属矿浮选泡沫与煤泥浮选的区别,并进行结果分析。误差分析:原矿质量与精矿和尾矿质量之和的差值,不得超过浮选实验前试样质量的 1%,否则实验应重新进行。

(3) 撰写实验报告。

六、思考题

(1) 从矿物结构的角度分析辉钼矿可浮性较好的原因。

(2) 为什么本实验不需严格控制矿浆 pH 值?

(3) 查阅文献资料,分析氧化钼与硫化钼浮选过程的区别。

第十七节　胶磷矿浮选实验

一、目的与要求

(1) 掌握胶磷矿的常规浮选过程及药剂制度。

(2) 了解磷矿的种类、常规共伴生矿物及对应的原则分选工艺。

二、基本原理

我国磷矿资源质量比较差，全国磷矿平均品位(P_2O_5)仅为16.85%，且磷矿资源储量中富矿($P_2O_5 \geqslant 30\%$)仅为13.7亿t，占探明总储量的7%，主要分布于云南、贵州、湖北和四川4省；约占储量93%以上的磷矿石为中、低品位的磷矿石。在磷矿探明储量中，沉积型磷块岩(胶磷矿)约占全国总储量的85%，其中大部分为中、低品位胶磷矿石，除少数富矿可直接作为生产高效磷肥的原料以外，大部分磷矿石需经分选才能利用。这类磷矿石中脉石矿物 MgO、SiO_2的含量一般较高，且碳酸盐矿物与磷矿可浮性相近，加上磷矿石本身粒度较细、嵌布紧密，导致选别困难、选矿成本高，总的来说，中国磷矿属于世界上难选的磷矿石。

浮选一直被人们认为是磷矿选矿中最为有效的一种方法。嵌布粒度很细的硅-钙质胶磷矿一般采用直接浮选技术来选别，即将磷矿石一次性磨细到单体解离，添加适量抑制剂将所有脉石矿物抑制，然后添加捕收剂将磷矿物浮出。碳酸盐为主要脉石矿物的磷矿石一般采用反浮选技术进行选别，即在弱酸性环境中选择性抑制磷矿物，然后用捕收剂浮出碳酸盐矿物。该工艺流程较为简单，碳酸盐反浮选效率高，实现了常温和低温浮选。从磷矿石的矿物组成与相对含量分析，对于磷矿物相对含量在60%以上的矿石来说，采用反浮脉石矿物浮选流程是比较适宜的。钙-硅质磷矿石一般采用反-正浮选技术进行选别，即先采用反浮选工艺浮出较易浮的碳酸盐类矿物，然后再用正浮选的方法浮出磷矿物，此方法充分依照了矿物的可浮性难易进行，保证了选矿过程的和谐进行。正-反浮选技术主要用于硅-钙质磷矿石，即先在弱碱性环境下采用正浮选的方法一次性浮出磷矿物和碳酸盐矿物，排除硅酸盐矿物，再采用反浮选的方法在弱酸性环境中排除碳酸盐脉石矿物。双反浮选技术适用于难选的中低品位硅-钙质胶磷矿。在国外对于中低品位的胶磷矿多采用反浮选工艺。

在磷矿浮选中，国内外普遍采用氧化石蜡皂、塔尔油等脂肪酸类捕收剂回收磷酸盐和碳酸盐。由于其选择性差，对硬水和低温浮选的适用性差，20世纪80年代以来，国内外先后研制了一些有效的磷矿捕收剂，如阳离子捕收剂、两性捕收剂、改性脂肪酸类捕收剂、混合捕收剂等。

磷矿与方解石和白云石的分离是磷矿选矿的主要问题，由于它们是同一类盐类矿物，具有相似的物理化学性质，无论是阳离子捕收剂还是阴离子捕收剂，胶磷矿和白云石的可浮性都十分相近。因此，在一般的药剂制度下，不使用优良的抑制剂无法得到较好的浮选指标。磷矿浮选抑制剂主要分为两大类，即无机酸抑制剂和有机酸加金属盐配合抑制。前者主要为磷酸、硫酸、硅氟酸、磷酸盐等；后者是以无机金属盐(钴、铜、铁、铝、铅、镍重金属无机盐)和草酸、酒石酸等有机络合物配合，利用磷酸盐矿物对这些金属盐吸附力比碳酸盐强这一原理，使磷酸盐矿物表面带正电，然后由有机络合物络合，而显示出亲水性，采用一般脂肪酸类捕收剂在自然pH值条件下(近中性)就可以分选。

本次实验拟采用单一反浮选工艺分选胶磷矿，反浮选碳酸盐类捕收剂采用 YP2-3，磷酸盐类抑制剂采用硫磷混酸，同时兼作矿浆 pH 值调整剂。

三、仪器设备及材料

(1) 1.5 L 实验室型单槽浮选机 1 台/组；

(2) 玻璃仪器：量筒 3 个/组（规格视药剂添加量选定），500 mL 容量瓶 3 个/组，烧杯 1 个/组；

(3) pH 计（数量视学生分组数目而定）；

(4) 洗瓶 1～2 个/组；

(5) 接样瓷盆 2 个/组；

(6) 秒表 1 块/组；

(7) 可控温烘箱（规格及数量视学生分组数目而定）；

(8) 盘式真空过滤机 1 台/2 组，滤纸若干；

(9) 电子天平（数量视学生分组数目而定）；

(10) 实验用胶磷矿矿样（−0.074 mm 占 90%）1 kg/组；

(11) 浮选药剂：改性脂肪酸 YP2-3（工业品）；磷酸（工业湿法酸，含量 68%，P_2O_5 含量 49.43%），配成 10%浓度使用；硫酸（工业品，含量 95%），配成 10%浓度使用。

四、实验步骤与操作技术

胶磷矿反浮选开路流程为一次粗选，如图 6-24 所示。

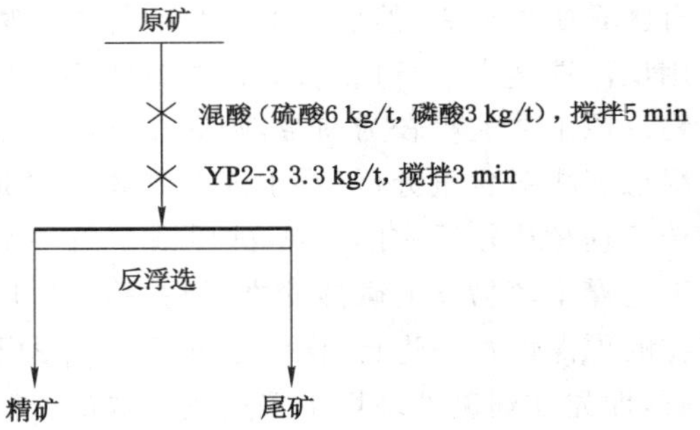

图 6-24　胶磷矿反浮选开路流程

(1) 控制浮选浓度为 30%～36%，计算和称取所需胶磷矿矿样，根据实验要求（或经验）计算药剂的质量和体积量。

(2) 将按要求称量的胶磷矿矿样加入浮选槽中，添加水至合适液面高度，搅拌 3 min，然后添加混酸（将前述配成指定浓度的磷酸和硫酸按 1∶2 的比例混合使用）搅拌调浆 5 min，用 pH 计测量矿浆 pH 值并记录，最后添加捕收剂改性脂肪酸 YP2-3 并调浆 3 min。

(3) 充气开始反浮选作业，刮泡 5 min。

(4) 分别将分选产品过滤、脱水、烘干（不超过 105 ℃）至恒重、冷却至室温后称重，并制样、分析化验。

(5) 清理实验设备，整理实验场所。

注：实验操作过程中所添加的药剂和其他工艺参数仅作为参考值，具体可根据所用矿样的种类及性质进行优化确定。单元实验的个数和浮选浓度、药剂用量及流程等实验条件可根据需要由指导教师确定。

五、数据处理与实验报告

(1) 将实验数据和计算结果按规定填入胶磷矿反浮选实验结果表 6-19 中。

表 6-19　　胶磷矿反浮选实验结果

试样来源____________________;试样粒度____________________

产品名称	产率 γ/%	P_2O_5品位/%	MgO 品位/%	P_2O_5回收率/%	MgO 回收率/%	实验条件
原矿						
精矿						
尾矿						

实验人员:______________　　日期:______________　　指导教师:______________

(2) 在实验过程中记录实验现象,尤其要观察矿化气泡与泡沫层,并进行结果分析。误差分析:原矿质量与精矿和尾矿质量之和的差值,不得超过浮选实验前试样质量的 1%,否则实验应重新进行。

(3) 撰写实验报告。

六、思考题

(1) 通过文献资料查阅,讨论影响胶磷矿浮选的主要因素。

(2) 通过文献资料查阅,进一步了解胶磷矿反浮选工艺的特点及胶磷矿反浮选体系药剂作用机理。

第十八节　黑钨矿浮选柱分选实验

一、目的与要求

(1) 了解并掌握黑钨矿浮选柱分选的工艺条件及操作过程。

(2) 掌握黑钨矿浮选的药剂制度及各种药剂的基本作用。

(3) 掌握浮选柱串联工艺的基本调试方法。

二、基本原理

我国钨资源储量丰富,是世界钨资源最丰富的国家,占总储量的 40%左右,是优势矿产资源。但是钨性质较脆,容易过粉碎产生细泥,且大多嵌布粒度较细,伴生有用金属矿物多。脉石矿物通常是含钙的、与钨具有相似可浮性的矿物,这些矿物也是细粒嵌布,与钨矿物共生关系密切,分离困难。同时,随着钨矿被大量开采,钨资源"贫、细、杂"的问题日益突出,因此,细粒矿物回收技术的研究对钨的有效合理回收则越显重要。目前,浮选是钨矿回收中最常用的方法。一直以来,单一黑钨矿床选矿过程中的黑钨细泥和细粒嵌布的黑白钨共生矿石中钨矿物的高效回收是一大难题。而在黑白钨混合浮选体系中,细粒黑钨矿的回收又是一大难点,这也是困扰着我国诸多钨矿山选矿的一大难题。

通过本章第九节的论述可知,浮选柱具有富集比高、回收率高、运行费用低、特别适合处理微细粒及易于自动控制等一系列优点。经过 50 多年的研究与开发,浮选柱已被国内外广为接受,用来分选各种矿石和煤,并且各种结构新颖、设计独特、效率更高的浮选柱不断涌现,显示出勃勃生机。浮选柱的应用领域随着研究的深入也得到了扩展,在细粒煤、金属矿、非金属矿、油砂、油水分离等方面取得了良好的应用效果。随着优质矿产资源的消耗,贫、细、杂矿物的分选更加突出,浮选柱在矿物分选中的作用将更加显著。

黑钨矿浮选的捕收剂主要包括脂肪酸类、烃基膦酸类、烷基磺化琥珀酰胺盐、烃基胂酸类、螯合药剂、组合类药剂(此外还有烷基磺化琥珀酸盐类等)。关于捕收剂与黑钨矿的作用机理,已有相当多的文献进行过报道,均认为捕收剂在黑钨矿表面的吸附是以化学吸附为主。对于脂肪酸类捕收剂,主要是其羧基—COOH 的 O 原子与黑钨矿表面的 Mn^{2+} 或 Fe^{2+} 形成化学键,从而化学吸附在其表面;对于羟肟酸类的螯合剂,认为是其羟肟基—C(O)NHOH 中 $\rangle C{=}O$ 的 O 原子和—NHOH 的 O 原子通过化学成键与矿物表面原子形成了螯合物,是一个化学吸附的过程。

目前钨矿浮选最有效的活化剂就是硝酸铅[$Pb(NO_3)_2$],对黑钨矿和白钨矿均具有明显的活化作用,此外硫酸亚铁($FeSO_4$)对黑钨矿也具有一定的活化作用,但不如硝酸铅强烈。从浮选溶液化学角度对硝酸铅水解后的各成分进行分析计算表明,在 pH 值小于 9.5 时,Pb^{2+} 和 $Pb(OH)^+$ 是起活化作用的主要成分,硝酸铅可使黑钨矿表面的 ζ 电位由负变正,Pb^{2+} 在黑钨矿表面的特性吸附促进了捕收剂的作用。

在含钨矿物浮选作业中最常见的脉石矿物有机抑制剂是水玻璃,此外还有羧甲基纤维素(CMC)、淀粉、氟硅酸钠、六偏磷酸钠等。水玻璃与 $Al_2(SO_4)_3$、$Cr_2(SO_4)_3$、$ZnSO_4$、$CuSO_4$ 等共用可提高选择抑制性能。高价弱碱性金属离子与水玻璃共用的抑制机理是:水玻璃在矿浆中水解生成 OH^- 离子,它与高价金属离子作用,生成弱碱性氢氧化物,于是促进水玻璃水解,生成更多的硅酸胶体。金属氢氧化物也是一种胶态物质,和水玻璃胶体交杂在一起,从而增加抑制作用的选择性。羧甲基纤维素是含钙矿物方解石和萤石等的有效抑制剂,由于分子中每个葡萄糖单元上由醚化而引进的羧基与 Ca^{2+} 离子作用,吸附在这些矿物表面葡萄糖残基上的两个羧基亲水而起抑制作用,故此羧基甲基纤维素能抑制方解石和萤石等矿物。

综上,本次实验拟采用浮选柱工艺分选黑钨矿,选用 GYB、OS-2(辅助捕收剂,起泡剂)作为捕收剂,选用硫酸铝、水玻璃、氟硅酸钠、六偏磷酸钠作为抑制剂,选用硝酸铅作为活化剂。

三、仪器设备及材料

(1) 旋流-静态微泡浮选柱实验系统 1 套,主要包括:搅拌桶、给料蠕动泵、浮选柱(以 FCSMC-ϕ100 mm×2 000 mm、FCSMC-ϕ75 mm×2 000 mm、FCSMC-ϕ50 mm×2 000 mm 三种规格旋流-静态微泡浮选柱构成黑钨一粗二精分选系统)、循环泵、尾矿蠕动泵、精矿桶和尾矿桶;

(2) 台秤 1 台;

(3) 玻璃仪器:量筒 6 个/组(规格视药剂添加量选定),容量瓶 6 个/组(规格视药剂添加量选定),烧杯 1 个/组;

(4) pH 计(数量视学生分组数目而定);

(5) 洗瓶 1~2 个/组;

(6) 接样瓷盆若干;

(7) 秒表 1 块/组;

(8) 可控温烘箱(规格及数量视学生分组数目而定);

(9) 盘式真空过滤机 1 台/2 组,滤纸若干;

(10) 电子天平(数量视学生分组数目而定);

(11) 实验用黑钨矿样(粒度在−0.5 mm)30 kg/组;

(12) 浮选药剂：GYB(工业品)、OS-2(工业品)、硫酸铝(工业品)、水玻璃(工业品)、氟硅酸钠(分析纯)、六偏磷酸钠(分析纯)、硝酸铅(分析纯)。

四、实验步骤与操作技术

黑钨矿浮选柱一粗二精浮选流程如图 6-25 所示。

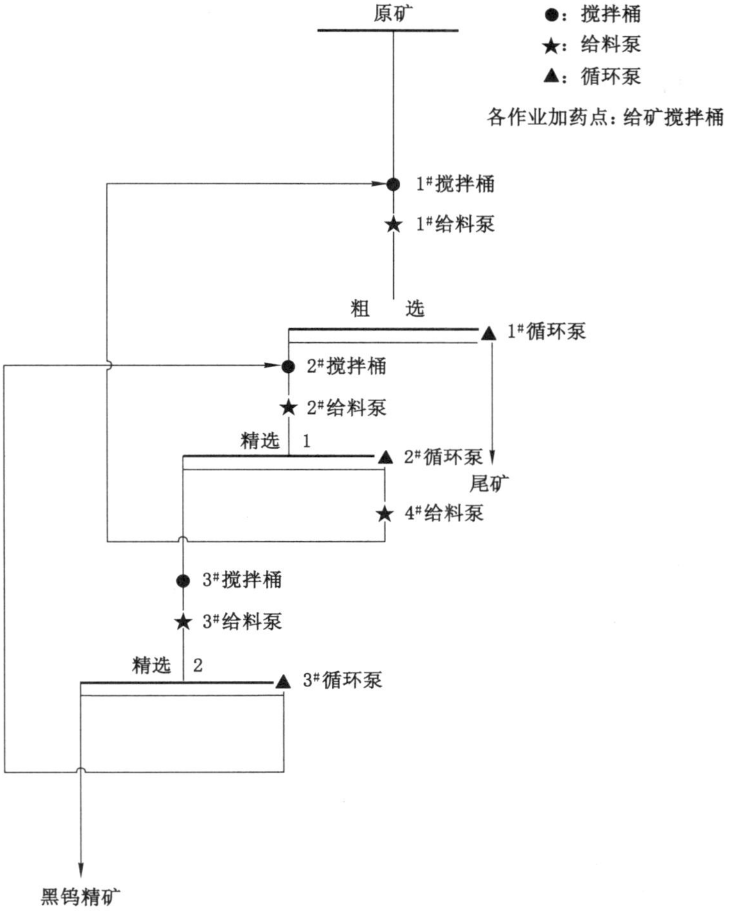

图 6-25　黑钨矿浮选柱一粗二粗浮选流程

(1) 学习操作规程，熟悉设备结构，了解操作要点。

(2) 检查各浮选柱与辅助设备的连接情况，以保证矿浆通路顺畅。

(3) 根据搅拌桶的体积和矿浆浓度计算所需黑钨原矿矿样的质量，然后采用可浮性实验所确定的最佳工艺条件或经验计算药剂的质量和体积量。

(4) 向粗选搅拌桶加入一定量水后，开启粗选搅拌桶，将称取的黑钨原矿样给入粗选搅拌桶，然后依次加入抑制剂、活化剂、捕收剂，并控制调浆时间。

(5) 预先向粗选浮选柱内加入约一半柱体高度的水，开启粗选浮选柱的循环泵，并将循环泵的压力、充气量调节到一定值。

(6) 打开给料阀门开始向浮选柱内给料，通过给料蠕动泵无级调速来调节给料量的大小。等浮选柱柱体中的液位上升到给料口附近时开启尾矿蠕动泵排尾矿。

(7) 通过蠕动泵调节浮选柱的液位到一定高度和稳定性，通过观察精矿泡沫的溢出量和泡沫情况，调节充气量和喷淋水到合适的程度。

(8) 待粗选泡沫(精选1泡沫)收集至精选1(精选2)搅拌桶之前，向精选1(精选2)浮选柱内加入一定量水并开启精选1(精选2)浮选柱的循环泵，具体操作步骤与粗选浮选柱的操作相同。

(9) 等精选1(精选2)的尾矿开始返回至粗选(精选1)搅拌桶时，根据浮选柱液面稳定性、泡沫溢出量和泡沫质量进一步调整药剂补加量、充气量、喷淋水等工艺条件，以使浮选柱系统稳定。

(10) 等浮选柱各产品流和液位稳定后，同时用接样瓷盆接取原矿、粗精矿、精选精矿1、精选精矿2以及尾矿各流程样，并时刻注意液位的稳定性和各管道是否发生堵塞或尾矿不排等事故。

(11) 等给料快结束时将精矿桶和尾矿桶同时移开，不再接料，实验基本结束。

(12) 将各流程样分别过滤、烘干、称重、化验。

(13) 结束实验时，各浮选柱的停车顺序与浮选柱的开启顺序相反，即按照精选2、精选1、粗选的顺序停车。

(14) 清理实验设备，整理实验场所。

注：实验操作过程中所添加的药剂和其他工艺参数仅作为参考值，具体可根据所用矿样的种类及性质进行优化确定。浮选浓度、药剂用量(包括粗选补加药剂量、精选是否补加药剂等)、接取流程样的种类及次数等实验条件可根据需要由指导教师确定。

五、注意事项

(1) 实验期间，要求实验参与人员坚守岗位，按实验方案要求、工艺参数及药剂条件严格操作。

(2) 实验期间，要求原矿供矿条件基本稳定(包括给料量、可选性和细度)，倘若供矿条件发生变化，及时记录相关情况并调整操作条件。

(3) 操作过程注意浮选柱的液位、充气量、药剂等是否保持在给定的工艺参数内。

(4) 及时采取流程样、制样以及化验。

(5) 若设备在运转过程中发生意外故障或磨损漏矿事故，要求及时予以抢修。

六、数据处理与实验报告

(1) 将实验数据、计算结果及实验条件按规定填入黑钨矿浮选柱浮选实验结果表6-20中。

表6-20　黑钨矿浮选柱浮选实验结果

试样来源＿＿＿＿＿＿＿＿＿；试样粒度＿＿＿＿＿＿＿＿＿

产品名称	产率 γ/%	WO_3品位 β/%	金属量 $\gamma\beta$	回收率 ε/%	实验现象
原矿					
粗精矿					
精选精矿1					
精选精矿2					
尾矿					

实验人员：＿＿＿＿＿＿　　日期：＿＿＿＿＿＿　　指导教师：＿＿＿＿＿＿

(2) 在实验过程中记录实验现象，尤其要观察矿化气泡与泡沫层，并进行结果分析。每个组需测处理量、浓度、药剂条件等参数，认真填写记录表(表 6-21)。

表 6-21　　黑钨矿浮选柱浮选实验记录表

试样来源＿＿＿＿＿＿＿＿＿；试样粒度＿＿＿＿＿＿＿＿＿

<table>
<tr><td rowspan="3">条件</td><td rowspan="2">给料浓度
/%</td><td rowspan="2">处理量
/(kg/h)</td><td colspan="3">充气量/[m³/(m² · min)]</td><td rowspan="9">备注</td><td rowspan="9"></td></tr>
<tr><td>粗选</td><td>精 1</td><td>精 2</td></tr>
<tr><td></td><td></td><td></td><td></td><td></td></tr>
<tr><td rowspan="7">粗选药剂
添加量
/(g/t)</td><td>GYB</td><td></td><td rowspan="7">补加药剂添加量
/(mL/min)</td><td>GYB</td><td></td></tr>
<tr><td>OS-2</td><td></td><td>OS-2</td><td></td></tr>
<tr><td>硫酸铝</td><td></td><td>硫酸铝</td><td></td></tr>
<tr><td>水玻璃</td><td></td><td>水玻璃</td><td></td></tr>
<tr><td>氟硅酸钠</td><td></td><td>氟硅酸钠</td><td></td></tr>
<tr><td>六偏磷酸钠</td><td></td><td>六偏磷酸钠</td><td></td></tr>
<tr><td>硝酸铅</td><td></td><td>硝酸铅</td><td></td><td colspan="2">精选：硫酸铝和水玻璃混合
pH 值</td></tr>
<tr><td rowspan="3">液位设定值</td><td>粗选</td><td></td><td rowspan="3">中矿循环泵压力
/MPa</td><td>粗选</td><td></td><td colspan="2"></td></tr>
<tr><td>精 1</td><td></td><td>精 1</td><td></td><td colspan="2"></td></tr>
<tr><td>精 2</td><td></td><td>精 2</td><td></td><td colspan="2"></td></tr>
</table>

实验人员：＿＿＿＿＿＿　　日期：＿＿＿＿＿＿　　指导教师：＿＿＿＿＿＿

(3) 画出黑钨矿浮选柱分选实验工艺数质量流程图(选做)。

(4) 撰写实验报告。

七、思考题

(1) 讨论由浮选柱串联组成的工艺与浮选机工艺相比的区别。

(2) 讨论浮选柱工艺在调试时应注意的问题。

(3) 针对连续运转的浮选工艺系统，取样时应注意哪些问题?

第十九节　泡沫分选技术发展现状及展望

选矿业属于资源型产业，又是传统产业，在改革和向现代化矿业迈进的新的历史时期，其产业基础的地位仍然存在。如今，社会发展对矿产需求量日益增大和矿物分选难度日益加大之间的矛盾成为选矿业面临的最大难题，矿物分选技术的发展直接影响着选矿这一行业的发展前景。我国矿产资源的特点日益向着“贫、细、杂、难”的方向发展，泡沫分选(浮选)作为选别这类矿石的主要方法越来越受到广大选矿科技工作者的关注，围绕浮选技术发展的一系列研究也成为选矿技术研发的热点。这就有必要总结浮选技术的发展现状，针对我国矿产资源的特点来评估浮选技术的发展方向，找出逐步完善矿业发展的先进技术，以满足产品质量、生态环保、能耗标准等要求，适应市场条件和外部制约因素，促进矿业的可持续发展。

因浮选技术发展日新月异，涉及领域广泛，难免有未能涵盖的方面，本节仅就浮选因素的调控、矿物浮选的研发动态、浮选调浆的研发动态三方面进行了讨论，并对今后浮选技术的发展方向进行了展望。

一、浮选因素的调控

浮选是一个复杂的物理化学过程，许多因素都对过程的进行有影响。其中一些因素对这个过程来说是已知的，是一种独立变化的因素，然而为了达到分选矿物的适当条件，可以在受一种因素制约的条件下，选择其他的，这就是附属变化的因素。

浮选独立变化的因素包括：矿石的矿物组成；某些矿石的浸染情况与硬度；矿物的品位与比例关系；矿石溶解部分的含量和组成；开采和保管时，矿石组成部分的氧化情况；用水成分（pH 值，溶解气体和盐类）等。

附属变化因素有：磨矿和分级（机器、磨矿介质、磨矿衬板的类型、矿浆浓度、返砂量大小、磨矿流程等）；磨矿和浮选过程中矿物的氧化情况；浮选药剂（种类、数量、添加地点和次序以及药剂与矿浆的接触时间）；氢离子浓度（pH 值）；矿浆浓度；浮选时间；矿浆温度；浮选设备类型；浮选流程（矿物分离的顺序、循环负荷——中矿、充气）等。

上述独立浮选因素的综合，还是要以选择过程的附属变化因素为先决条件，这个过程是先经过实验室实验，然后再通过半工业和工业实验来进行的。由实验得出的合适的浮选条件，要在过程不变的独立变化因素的条件下严格保持，否则就会造成整个过程的破坏，而得不到令人满意的选矿指标（回收率、精矿质量）。相反，在改变独立变化因素的条件下（矿石的矿物组成、矿物氧化性等）必须改变附属变化的因素，并按其引出相应浮选过程的条件。

二、矿物浮选的研发动态

（一）浮选工艺流程的更新

近年来，有必要将矿石严格地分为一般的和特别的两类：一般的矿石可用一般的处理流程来处理；特别的矿石就要采用新而复杂的选矿流程，这是由这类矿石特殊的技术加工特点决定的。由于开采出来的复杂矿石的物理性质和物质组成发生变化，以及当矿石由上层开掘到下层或季节变化（结冻、矿体水浸），使得矿石中含有大量脉石，因此就必须制定新的和改变或修正现有的选矿流程。

1. 阶段磨矿、粗细分选工艺的应用

细磨与分级是任何有用矿物浮选前的一个极重要的作业，而用浮选方法是否能成功地将矿物分开的问题，实际上在磨矿车间已经解决了。磨矿车间应该得出具有浮选所需粒度的、浓度适当的、特别是具有浮选所需的氢离子浓度（pH 值）的矿浆。应根据技术操作过程的条件，寻找和选择能够保证最高选矿指标（回收率、精矿质量）及其最高操作效率（处理能力、动力消耗等）的流程和细磨条件。

在制定选别复杂矿石的新方法中，研究选择阶段磨矿的性能及其对浮选结果的影响，有着极其重要的意义。这种类型的研究使得发展了的复杂矿石的阶段磨矿和阶段浮选流程得以广泛的应用，在选别复杂矿石时，能将金属有效地回收到精矿中去。

阶段磨矿的应用使得一段磨矿后，在较粗的粒度下实现分级入选，这大大减轻了进入二段磨矿的量，有利于降低成本。同时，粗粒级精矿有利于过滤。

矿物在磨矿过程中解离是随机的，这种过程使得磨矿粒度不等的矿物颗粒均存在解离的条件，则粗细分级入选工艺具有较强生命力的重要基础之一——选别针对性强即显现

出来。

同时，实现了窄级别入选的合理过程。在矿物的选别过程中，矿物的可选程度既与矿物本身特性有关，也与矿物颗粒比表面积大小有关，这种作用在浮选过程中表现得更为突出。因为在浮选过程中，浮选药剂和矿物以及药剂与气泡间作用力的最小值有关，与矿物比表面积大小有关，与药剂跟矿物作用面的比率有关。这使得影响矿物可浮性的因素是双重的，容易导致比表面积大而相对难浮的矿物与比表面积小而相对易浮的矿物具有相对一致的可浮性，有时甚至前者具有更好的可浮性。实现窄级别入选的选矿过程，能在较大程度上杜绝上述容易导致浮选过程混乱度现象的发生，提高了选矿效率。

2. 联合工艺的应用

浮选过程与其他选矿过程（磁选、重选、焙烧、重液等）相结合，能大大降低矿石加工成本，提高浮选指标。

刘玉承利用铅-锌矿物以及氧化锌矿物与脉石矿物之间的密度差异，对云南保山地区含铅 18.34%、锌 18.66%（铅氧化率 25.03%，锌氧化率 33.65%）的硫-氧混合铅锌矿采用重-浮选联合流程选别，取得了较好的选别指标，得到铅、锌精矿品位分别为 Pb50.69%，ZnS48.37%，ZnO25.69%，回收率分别为 88.46%，78.96%，10.78%。

弓长岭选矿厂二选车间提质降硅改造流程为阶段磨矿、磁选-阳离子反浮选联合流程，实际生产精矿品位 68%，金属回收率 76%，$SiO_2 \leqslant 5\%$，技术指标达到国内同类选矿厂先进水平。

王秋林等针对綦江铁矿的矿物特征，确定了该矿的磁化焙烧制度，对焙烧矿进行弱磁选获得 TFe 品位 60.03%的焙烧磁铁精矿，并对焙烧磁选精矿进行阴离子反浮选。通过该联合流程的运作可得到 TFe 品位 60.84%、回收率 86.99%的铁精矿。

（二）浮选新技术的研发

1. 粗粒浮选新方法——泡沫分选

泡沫分选技术是基于将矿浆直接给入液体介质表面上的泡沫层中。泡沫分选于 20 世纪 70 年代早期在苏联第一次实验。原理是将调过浆的给料送入泡沫 150～1 000 mm 深的介质顶部，疏水性的粒子留在泡沫的上层，亲水性的粒子随给料水冲走。优点在于大的气-液界面，给料通过泡沫的时间长，紊流度低，矿物粒子吸附在几个气泡上而不是一个气泡上，粒子的湿周长。这些都有利于粒子与气泡的作用，适合于粗粒回收。据称能有效分离的粒度比机械浮选机的极限粒度大 5～10 倍。主要的缺点是对细粒级（<75 μm）的选择性差。不同疏水性的玻璃粒子（接触角 0°～82°）的实验表明，疏水性和泡沫中表面积大小强烈地影响泡沫分选过程，因此接触角、泡沫深度、给料中粒子的浓度、充气速度和冲洗水流量等是值得注意的因素。

从泡沫分选的优点不难发现，泡沫分选技术为粒度达几个毫米的粗粒矿物分选提供了一种有效的方法，泡沫分选技术能大幅度节省磨矿能耗和浮选药剂。应用实验室型和半工业型泡沫分选实验设备对磷灰石、方解石、硅酸盐矿物和金刚石进行浮选实验，结果发现，上述所有矿物在粒度为 3 mm 以下时均能用泡沫分选技术成功地浮选。方解石分级回路中的粗粒级实验表明，对此粒度（特别是 0.1～0.5 mm）用一段泡沫分选作业可以获得回收率为 90%以上的合格方解石精矿。同样地，磷灰石在没有磨到常规浮选所需的细度下，粗粒磷灰石用泡沫分选技术也得到较好地富集，目前工业规模泡沫浮选机已用于回收粗粒磷灰石。

2. 细粒浮选的研究

粒度对浮选行为的影响，表现为太粗、太细的矿粒浮选效果差，特别是细粒，不仅使矿物浮选回收率明显降低，而且显著影响浮选精矿品位。而矿产资源的一个显著特点是越来越复杂、贫细，需要充分单体解离。因而细粒浮选问题显得越来越突出和重要。

质量小、比表面大是细粒的主要物化特性，随之带来一系列浮选问题：由于质量小、动量低，与气泡碰撞、黏附概率小，浮选速率低，回收率低；质量小，引起细粒混杂，降低精矿品位；比表面积大，对药剂非选择性吸附，药耗大，影响品位；表面能大，氧化速率高，细粒硫化矿可浮性降低；溶解度大，溶解组分与矿物表面及浮选剂相互作用，恶化浮选过程。因而关于细粒浮选的研究越来越引起关注，细粒浮选的新技术研发也日新月异。

(1) 载体浮选

最初的载体浮选研究是用石灰石作载体从高岭土中除去钛杂质。近年的研究和实践表明，载体浮选是提高细粒(泥)浮选效果的好办法。以疏水性强的粗粒煤为载体浮选亲水性的难浮的低品位褐煤细泥(－38 μm)，载体粒度、细泥与载体量比对浮选过程有重要的影响。在合适的条件下，可将含灰16.3%、硫2.0%的难选褐煤细泥以疏水性强的粗粒煤为载体浮选(仅用起泡剂异辛醇)得到含灰8.30%、硫0.72%的精煤，回收率达81.00%。其机理归于稍带负电荷的载体粒子和高负电荷的褐煤细粒煤的静电力作用。对东鞍山赤铁矿的载体浮选实验研究表明，当油酸钠浓度为2.5×10^{-4} mol/L、辛基羟肟酸钠浓度为1.2×10^{-4} mol/L、pH值为8、载体粒度为25～50 μm、载体比例为40%时，浮选分离－10 μm赤铁矿与－10 μm石英人工混合矿(TFe品位35.00%)，能获得－10 μm赤铁矿回收率90.76%，精矿铁品位64.20%，尾矿铁品位6.73%的分离指标。

(2) 选择性絮凝分选

选择性絮凝一般指高分子选择性絮凝，它是在稳定分散的矿物悬浮液中加入高分子絮凝剂，选择性絮凝其中某一组分，而与其他仍处于分散状态的组分分离，达到分选微细粒矿物的目的。

选择性絮凝分选工艺是近几年发展起来的针对细粒分选而研发的浮选方法，其基本过程如图6-26所示。

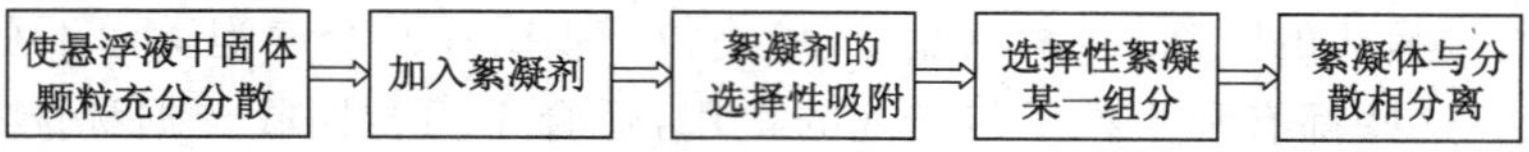

图6-26 选择性絮凝分选工艺

关于选择性絮凝机理，目前广为接受的仍是高分子絮凝剂的“桥连”作用。当一个絮凝剂分子与一个矿粒互相碰撞时，絮凝剂分子中的某些基团就会吸附在矿粒表面上，其余部分就朝外伸向溶液中。吸附有絮凝剂的矿粒与其他吸附或未吸附絮凝剂的矿粒发生碰撞，并在这些矿粒表面的空位上吸附，起“桥连”作用，形成松散絮团。这种松散絮团若经机械脱水收缩作用可形成紧密絮团；若受到长时间强搅拌，则可碎散成小絮团或颗粒。此外，如果吸附了絮凝剂的矿粒未能与另一矿粒发生碰撞，则絮凝剂分子有可能在同一矿粒上发生碰撞，则絮凝剂分子有可能在同一矿粒上发生二次吸附，絮凝剂分子起不到“桥连”作用。若絮凝剂用量过大，矿粒表面被絮凝剂分子所饱和，由于体积限制效应和渗透压效应，矿粒间存在空间斥力，絮凝剂起不到“桥连”作用，矿粒则处于稳定分散状态。

3. 生物浮选

相对于生物浸出，生物浮选是一个比较新的提法，难度可能也较大。因为浮选过程短，要求微生物在短时间（几分钟）内对矿物界面作出实质性的反应。生物浮选实质上是将微生物作为药剂，使矿物选择性浮选分离的过程。因此，与其说生物浮选是一种新技术，还不如说是新药剂，不管是生物捕收剂还是调整剂、絮凝剂。生物浮选药剂包括用于一般生物浸出的氧化硫硫杆菌或氧化铁硫杆菌等可作为浮选的选择性抑制剂或絮凝剂，还有疏水性的微生物菌可作为捕收剂，相对来说，后者的品种要少得多。生物浮选药剂含多种极性基团和非极性基，有些生物浮选药剂表面具很高的负电性，类似于浮选使用的一般表面活性剂，微生物本身（直接）或其代谢产品（间接）可与矿物表面发生作用。生物浮选国内外都有研究，相对来说，国外研究要多。

（三）柱分选技术的发展及高效柱分选设备的研发

1. 柱分选技术的发展

柱分选技术的分选原理及在选择性方面的优势使其更好地适应了细粒甚至微细粒物料高选择性分选技术的发展，可以改善选矿工业细粒和微细粒矿物回收效果不佳的难题，是提高资源回收利用率的有效途径之一，因此在强化分选过程的研究中，一批新型高效的柱分选设备应运而生。纵观整个浮选柱的发展历程，其在分选过程中体现的高效性进展，主要表现在柱体高度降低、充气方式更完善和矿化方式多样化三个方面。

柱体高度降低表明浮选时间越来越短，也即矿化环境越来越好。近年来多种充填介质及介质床层的研发成功，解决了充填介质在碱性矿浆中易堵塞的问题，并改善了矿浆流态的稳定性以及气泡分散的均匀性，强化了分选环境。先进气泡发生器的研发成功使得发泡方式多样化、更合理，充气方式得到了更好的完善，如美国的 Flotair 型气泡发生器、加拿大的 CESL 型气泡发生器、CPT 公司的 SlamJet 气体分散器等。在矿化方式上已突破传统的逆流碰撞矿化，引入了旋流、管流矿化，针对选别过程中矿物的组成、性质的变化采用多种矿化方式的组合强化矿化环境，提高矿化效率，从而实现矿物的高效回收。

2. 高效柱分选设备的研发

关于浮选柱的研究最早出现于 20 世纪 60 年代，由加拿大布廷发明。但由于气泡发生器容易结垢和堵塞、尾矿品位得不到保证且运行不稳定等原因，该项研究很快进入低潮。近几年，随着柱分选技术的突飞猛进，浮选柱的发展和应用取得了重大突破，一批新型浮选柱脱颖而出，浮选柱在矿物分选工业中又受到重视。如澳大利亚的 Jameson 浮选柱，加拿大的 CPT 浮选柱和 CFCC 浮选柱，德国的 KHD 浮选柱，美国的 Flotair 浮选柱、VPI 微泡浮选柱、MTU 型充填介质浮选柱和 Wemco 利兹浮选柱等。在处理极细物料方面，它们具有常规浮选机所不可比拟的分选效果。目前，用于矿物分选的浮选柱种类繁多，结构多样，差别主要表现在柱体高度、充气方式、矿化方式等方面。下面主要就几种典型的浮选柱进行介绍。

（1）旋流-静态微泡浮选柱

旋流-静态微泡浮选柱的主体结构包括柱分离段、旋流分离段、气泡发生器与浮选管段三部分，如图 6-27 所示。整个浮选柱为一柱体，柱分离段位于整个柱体上部；旋流分离段采用柱-锥相连的水介质旋流器结构，并与柱分离段呈上、下结构的直通连接。从旋流分选角度，柱分离段相当于放大了的旋流器溢流管。在柱分离段的顶部，设置了喷淋水管和泡沫精矿收集槽；给矿点位于柱分离段中上部，最终尾矿由旋流分离段底口排出。气泡发生器与浮选管段直接相连成一体，单独布置在浮选柱柱体体外；其出流沿切向方向与旋流分离段柱体相连，相当于旋流器的切线给料管。气泡发生器上设导气管。

(2) CPT 浮选柱

CPT 浮选柱属于逆流浮选设备，如图 6-28 所示。其工作过程为：经浮选药剂处理后的矿浆，从距柱顶部以下 1～2 m 处给入，在柱底部附近安装有可从柱体外部拆装检修的 SlamJet 气体分散器。气体分散器产生的微泡，在浮力作用下自由上升，而矿浆中的矿物颗粒在重力作用下自由下降，上升的气泡与下降的矿粒在捕收区接触碰撞，疏水性矿粒则被捕获，附着在气泡上，从而使气泡矿化。负载有用矿物颗粒的矿化气泡继续浮升而进入精选区，并在柱体顶部聚集形成厚度可达 1 m 的矿化泡沫层，泡沫层被冲洗水清洗，使被夹带而进入泡沫层的脉石颗粒从泡沫层中脱落，从而获得更高品位的精矿。尾矿矿浆从柱底部排出，整个浮选柱保持在“正偏流”条件下进行操作。

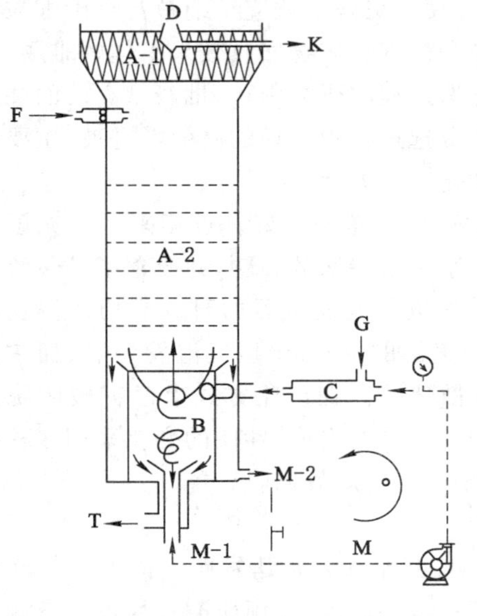

图 6-27　旋流-静态微泡浮选柱

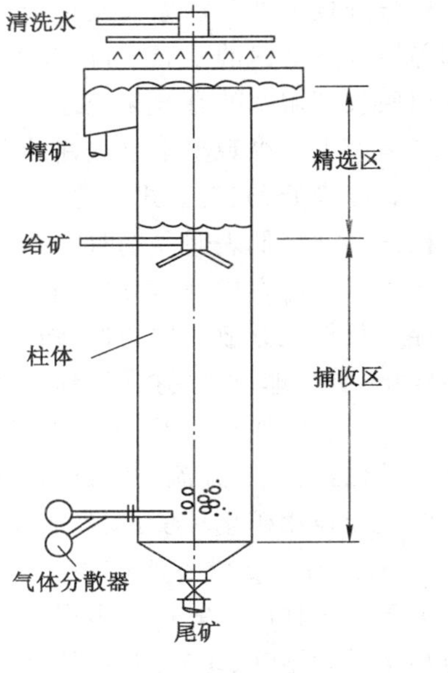

图 6-28　CPT 浮选柱

(3) Jameson 浮选柱

Jameson 浮选柱结构如图 6-29 所示。其工作原理是将调好药剂的矿浆用泵经入料管打入下导管的混合头内，通过喷嘴形成喷射流而产生一负压区，从而吸入空气产生气泡，矿粒在下导管与气泡碰撞矿化，下行流从导管底口排入分离柱内，矿化气泡上升到柱体上部的泡沫层，经冲洗水精选后流入精矿溜槽，尾矿则经柱体底部锥口排出。充气搅混装置是 Jameson 浮选柱的关键部件。它采用了射流泵原理，在把矿浆压能由喷嘴转换成动能的同时，在密封套管内形成负压，并由空气导管吸入空气。经密封套管，射流卷裹气体进入混合套管，在高度紊动流体作用下，气体被分割成气泡并不断与矿粒碰撞黏附，得到矿化。分散器相当于静态叶轮，将垂直向下的矿浆沿径向均匀分散。

目前，在众多类型的浮选柱中，旋流-静态微泡柱分选设备拥有我国的自主知识产权（专利号：CN97107091.1）并得到广泛应用。通过“十五”科技攻关的努力，我国柱分选研究取得

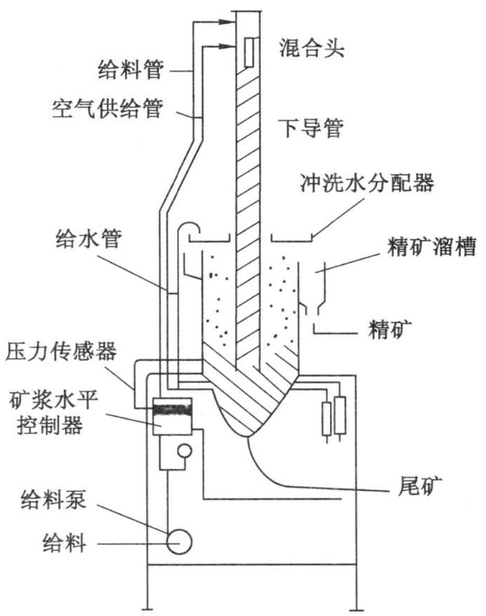

图 6-29　Jameson 浮选柱

了较好的效果，在简化分选工艺、改进选矿技术装备、提高精矿质量与分选效率方面形成了我们自己的特色与优势，逐步形成了浮选机、浮选柱联合或单纯柱分选的矿物分选工艺。

（四）新浮选药剂的研发

近几年来，针对不同矿石性质进行的新型浮选药剂的研发层出不穷，概括起来主要有以下几方面的特点：

(1) 新药剂研究占相当比重。性能好的新药剂能大幅度提高浮选指标，例如 ECTC 在永平铜矿一个月的工业实验结果与用丁基黄药相比，铜精矿品位提高 0.74%，铜回收率提高 2.61%，金银回收率分别提高 8.73%和 9.08%；又如 RA 系列捕收剂，因性能好在多个选矿厂得到推广使用。RA-575 在齐大山选矿厂使用，铁精矿品位达到 68.32%，优于捕收剂 MZ-21；KA-915 在鞍山红山选矿厂使用，精矿品位达到 65.08%，优于 MH-88。

(2) 混合用药很广泛，特别是在捕收剂和抑制剂方面混合用药，混合用药是浮选药剂的研究方向之一。

(3) 硫化矿捕收剂的研究，集中在铜和贵金属综合回收，从而提高了铜和贵金属的浮选指标。

(4) 氧化矿方面对铝土矿和铁矿的反浮选脱硅的捕收剂研究较多，一般使用胺类作捕收剂。金堆城钼矿设法回收尾矿中 0.77%的磁铁矿，获得大于 60%Fe 的精矿后，用胺作捕收剂反浮选脱硅得到含铁 71.5%的超级铁精矿。

(5) 对环境保护意识有较大提高，表现在对 B130、BK-205、TZK-3 和 BK-330 等多种药剂进行有毒性实验，结果表明均属低毒药剂，这点值得大力提倡。

(6) 用代号表示药剂名称，可以保护研制者的知识产权，使自己的辛勤劳动成果不为他人无偿占有；但阻碍了新药剂的传播和推广，影响浮选药剂学科的进步。幸好所发表的文章，一般均注明作者姓名、工作单位和邮编，使用者可直接与作者联系，协商使用和推广新药剂的问题。

（五）矿物分选新理念体系的建立——非线性分选方法（梯级优化分选理论）

矿物分选过程是一个非线性的分选过程，物料的性质包括物料组分、粒度组成、可浮性等均是一个非线性的变化过程，而浮选机作为我国目前选矿行业的主导设备，其单一的浮选过程及矿化模式不能与矿物分选过程的非线性变化相匹配，仅靠增加槽体的数量来达到提高分选指标的目的，不仅造成了浮选工艺流程冗长，而且增加了生产成本，制约了矿产资源的深度开发及综合利用。为此，提出与矿物可浮性的非线性特征相适应的浮选机梯级优化分选理论，通过非线性分选过程的设计来耦合矿物特性，强化矿化反应模式，突破传统浮选机单一矿化模式的分选过程，形成浮选机非线性分选过程的设计方法，势必会达到提高分选效率与回收率的目的。

在柱分选技术的研究中，强化矿化环境本身就是要耦合矿物在分选中非线性变化的主要手段，而浮选柱的高效性也体现在其矿化效果上。因而梯级优化分选理论在柱分选技术的研究中将起指导作用，先进的柱分选设备是非线性分选方法理念的实践体现。

三、浮选调浆的研发动态

一般选矿厂在其浮选作业之前都会设置一段或多段调浆搅拌槽来实现矿物的分散均质化以及目的矿物与对应药剂的表面作用。调浆意味着为浮选药剂和磨细的矿石中的矿物间的反应提供足够的搅拌和接触时间。影响矿物分散的因素主要包括矿物特性和外力因素：矿物特性，如矿物的化学组成、溶解性、pH_0或pM_0、单体解离表面性质及类质同象取代等因素，对于特定的矿石来讲属于不可改变的因素；但外力因素诸如调浆搅拌槽搅拌器的叶轮型式、叶轮转速等因素，可以人为地加以调节控制，使其向有利于矿物分散、药剂作用的方面发展。

（一）调浆高效性需求分析

作为大多数选矿厂浮选单元的主要设备之一，浮选机因自身带有搅拌机制，且一般浮选机流程较长，相对作用时间充足，因此其对前段调浆作业的要求一直不高。随着选矿行业日趋精细化的发展，影响过程工业的因素逐渐暴露出来：当今选矿模式要求设备大型化，浮选机在放大的过程中，转子转速增加带来的加剧机械磨损、增加能耗等负面影响难易克服；另已有文献报道现有浮选机过强的搅拌机制造成矿化气泡脱附而影响分选指标。从重点考虑浮选机的分离机制方面，降低搅拌速度，有利于形成比较稳定的泡沫层，能为矿物的分离、减少脆性矿物的泥化或减少矿粒从气泡上的脱落创造良好的流体力学环境；而矿粒的充分调浆又要求强紊流环境。两种截然不同的流体环境需求无法依赖浮选机自身的搅拌分选机制同时实现。因此浮选机分选系统需要重新重视调浆单元。在调浆作业强调紊流，而在浮选分离环境中减小紊流影响。调浆单元效率越高，对后续浮选机的转速下调以控制稳定的分选环境及降低能耗、损耗具有重要意义。

作为浮选单元的另一主体设备——浮选柱，已经突破了传统的逆流碰撞矿化方式，实现了多种矿化方式的集成（如旋流-静态微泡浮选柱），在分选环境中有利于耦合矿物不同阶段的分选特性而实现分选效率的提高。不像浮选机自带搅拌机构可以对调浆单元进行缓冲和补充，浮选柱由于内部一般无动力搅拌装置，主要动力来源于外部的充气系统或循环系统，设备内部矿浆的紊流对矿物颗粒和药剂的进一步混合程度有限。从分选环境的要求来讲，静态化是实现高效率分选的基本要求。柱分选设备都强调在分选中构建趋于静态的环境以获得高质量的产品。因此浮选柱的高效应用也是以调浆效率为前提的。依靠调浆系统提供足够强度的紊流环境来实现矿物与矿物、矿物与药剂的分散与混合，为柱分选设备提供良好的初始入料条件。由此高效调浆也是柱式分选装备及柱式浮选工艺的要求。

（二）现有调浆机制存在的问题

搅拌槽中流体的循环流动可以使矿浆较好的均质化，这是达到物料混合所必不可少的流动状态。目前针对调浆搅拌已有的研究工作较多地集中于搅拌器的设计及循环效率上，如以轴向上、下循环的设计方式解决了矿浆密度大、浓度大、粒度粗、给料压槽现象严重、电耗高的问题，对实现矿物的宏观混合起到积极作用。

随着贫杂难矿产资源的开发，细粒矿物分选技术在分选过程中越来越受到重视。由于来料矿物的粒度细而容易造成搅拌槽内过强的团聚作用，这样不但易造成脉石颗粒在微细粒有用矿物絮团中的夹杂，同时药剂与矿物颗粒的表面作用受限，影响目的矿物的表面性质的改变。因此其对调浆过程的剪切作用提出了更高的要求。以轴向大循环作用为主的现有调浆体系，缺乏足够的剪切作用从而无法有效地破碎聚合体颗粒，因此搅拌槽中的湍流扩散、剪切流又是这类搅拌过程快速进行达到搅拌目的所需要的。

实际生产多将调浆作业局限于作为一种常规的搅拌和缓冲设施来考虑。对于调浆效果不足的现象，工业中通常采用增加转速或添加简单附件的手段，以强化调浆效果。这样不仅增加投资成本，也提高了运行成本，而且这种方法显得过于机械，没有从根本上解决问题。

调浆过程本质上是由循环与剪切共同控制的混合过程。物料要达到规定的混合效果，搅拌装置必须提供合适的循环与剪切比，以及合理的空间剪切强度分布的单位体积功耗，使之与工艺要求相匹配。从这个意义上讲，实现调浆的高效性不是简单的增加功耗的问题，其同时对搅拌槽内流场特性提出了更高的要求。对搅拌特性的研究成为高效调浆技术研发的基础。

（三）新型搅拌设备及工艺

为应对生产的需求，一些新型的调浆技术已在选矿工业中得到应用，包括新型调浆搅拌槽、强制分散混合技术以及表面改性技术等。虽然名称各异，但均为提高相应调浆单元效率的技术拓展。

在煤炭分选中，研究人员在矿浆分散、表面改性及混合动力学方面做了许多研究工作，主要倾向于采用剪切混合搅拌方式实现矿浆的预处理，并在药剂乳化、颗粒分散等调浆技术方面也取得了一些进展：矿浆预处理器具有混合效果良好的特点，而且具有充气搅拌作用。矿浆准备器则通过专门的药剂乳化机构和矿浆分散槽促进药剂与矿浆充分接触混合。中国矿业大学研制出一种专用的药剂乳化装置，利用浮选药剂乳化站将药剂先在少量水中分散成微细药滴，制成乳浊液，再将其投加到矿浆中混合、浮选，从而大大提高了浮选药剂与矿浆的混合程度，减少了药剂的消耗量。日本三井造船（株）会社成功开发一种 M-COL 新工艺，利用表面改质机高速剪切力的作用，改变矿粒的表面性质，使颗粒与药剂充分黏附，增强颗粒的疏水性，达到提高浮选效果的目的。

在矿物浮选的调浆设备方面，围绕搅拌的均匀性、分散性、设备运转率等形成了一些形式各异的调浆设备。中南工业大学研制的分支载体浮选及开孔挡板搅拌槽（专利号：86105760），设计了内壁装有开孔挡板的搅拌附件，配合微细粒矿物的载体浮选，应用于金属或非金属的单一或共生微细粒矿物的选别。长沙矿冶研究院研制的高效搅拌桶（专利号：86105999），其特点是矿浆不绕竖轴回旋而以“W”形轨迹做上下循环，弥散均匀，解决了矿粒沉槽的问题，在达到相同搅拌效果的情况下设备运行能耗低，适于粗粒及高浓度矿浆的搅拌作业。中南工业大学研制的开孔挡板搅拌槽(专利号:86205233)，其特点为对带挡板的搅拌槽的挡板形状和安装方式进行改进。挡板不等长，上面开孔，长短挡板相间安装，并且短挡板的下端不安装到槽底，而与叶轮下沿相平，能较好地消除槽内流体打旋。煤炭科学研究总院唐山分院研制的带有导流环座的搅拌桶(专利号:89214616)，其特点为在桶底设置环形导流环及锥形导流座，消除了粗粒物料在桶底沉积的死区。另外还有广西冶金研究所研制的高吸程调浆泵(专利号:88200463.8)，四川联合大学研制的高效节能射流式搅拌装置(专利号:98229551)，吉林化工学院研制的转叶式搅拌器(专利号:01225641)，贵阳铝镁设计研究院研制的一种物料混合搅拌槽(专利号:200720200553)等等。

四、结论与展望

(1) 对浮选技术的研究要在把握独立变化因素的前提下综合考虑附属变化因素的影响，创造最佳浮选条件，以求实现最好的分选效果。

(2) 浮选技术的研发始终以节能、降耗、高效、环保为根本出发点。针对矿石的不同性质采用新的浮选工艺流程进行选别，在提高分选效率的同时降低了浮选成本。

(3) 对浮选新技术的研发从方法的角度为浮选开辟了新的研究领域。浮选过程具有多学科交叉的特点，应进一步加强对溶液化学、生物化学等相关学科的研究，促进学科间的渗透互补，拓宽浮选方法的研究领域。

(4) 柱式分选方法及工艺对微细物料的强回收能力可以改善选矿工业细粒和微细粒矿物回收效果不佳的难题，是提高资源回收利用率的有效途径之一。近几年，围绕浮选柱的应用问题，国内外出现了一批结构新颖的浮选柱，极大地推动了柱分选技术的发展。针对我国矿石复杂、贫细的特点，我国也已开发出具有自主产权的高效柱分选设备，并且随着理论上的不断完善，柱分选设备的研发与应用将引发分选设备领域的重大变革。

(5) 新型浮选药剂的研究逐步向更高效、更环保的方向发展，但仍有许多药剂机理方面的研究尚不透彻，且代号药剂在某种程度上也制约了药剂的研发与推广。

(6) 分选作业之前的搅拌调浆虽是一种广泛应用的单元操作，但作用机理缺少系统全面的研究与总结。对于选矿工业的发展需求而言，从设备到工艺，从特性耦合到能量匹配，均对调浆的作业效率提出更高的要求。

(7) 对于整个选矿行业来说，研究与物料分选过程特征相耦合的非线性分选过程设计方法具有重要的现实意义。随着对矿物资源渴求程度的加大，优化选矿工艺、设计与选矿过程特征相耦合的非线性分选过程将成为今后矿物分选的发展方向。

第七章　固液分离

第一节　煤泥水凝聚实验

一、目的与要求

（1）了解凝聚剂的种类及作用机理。

（2）观察实验现象，加深对 DLVO 理论的理解。

二、基本原理

在悬浮液中加入电解质，使悬浮液失稳的现象，叫作凝聚。

选煤厂煤泥水中细颗粒可近似看成胶体颗粒，引用 DLVO 理论来分析凝聚原理。该理论认为胶体微粒之间具有范德瓦尔斯引力和静电斥力，即颗粒的凝聚和分散特性，是受颗粒间双电层静电能及分子作用能的支配。范德瓦尔斯力是引力，对颗粒的凝聚有利；静电力是斥力，对颗粒的凝聚不利。正常状态下，两者处于力的平衡。若减小颗粒间的斥力，就会破坏这一平衡，使凝聚发生。向悬浮液中加入电解质，可实现这一意图。煤泥颗粒一般带有负电荷，加入的电解质在悬浮液中很快电离出带正电的离子，这些带正电的离子中和了颗粒表面的电荷，使其双电层被压缩，降低了它的电动电位，减小了斥力，使凝聚发生。凝聚剂就是带正电荷的物质，往悬浮液中加入凝聚剂，可以抵消颗粒表面的负电荷，使得颗粒间的斥力下降，于是颗粒间通过碰撞、表面吸附、范德瓦尔斯引力等作用，相互结合变大，可以抵抗水流的扰动，有利于在水体中沉降。由于凝聚改变了颗粒表面的电性质，所以产生的凝聚体小而密实。凝聚体有时易碎，但碎后又可重新凝聚，即凝聚过程属可逆过程。

传统凝聚剂主要为无机电解质，如硫酸铝、氯化铁、氯化铝、氯化钙等，其电离出来的离子应和颗粒所荷离子的电性相反，且离子的价态越高，所起凝聚作用越强。

传统难沉降煤泥水处理一般采用无机盐类凝聚剂＋高分子絮凝剂的方法，但缺点是药剂添加量大，工人劳动强度高，易结垢，腐蚀设备等。近年来，对新型有机凝聚剂的研究越来越受到重视，其原理与无机凝聚剂的原理略有区别。在静电吸附作用下，无机凝聚剂电解出的阳离子会吸附到微细颗粒的表面，中和颗粒表面的电荷，从而使颗粒之间易于抱团；而有机凝聚剂则是靠阳离子聚合物的吸附和架桥作用，形成“胶体-聚合物-胶体”的结合体，达到使煤泥水中细颗粒沉降的目的。与无机凝聚剂相比，有机凝聚剂添加量低，同时可以大幅度降低絮凝剂的用量，图 7-1 是无机凝聚剂与有机凝聚剂的作用原理示意图。

三、仪器设备及材料

（1）500 mL 带塞磨口量筒 2 个，250 mL 烧杯 2 个；

（2）1、2、5、10 mL 移液管各 2 支，吸耳球 1 个；

（3）秒表 1 块，托盘天平 1 台；

（4）无机凝聚剂 $CaCl_2$（浓度 1%），有机凝聚剂 FOCUSⅡ（浓度 0.1%）；

（5）－0.5 mm 浮选尾煤试样 3 kg。

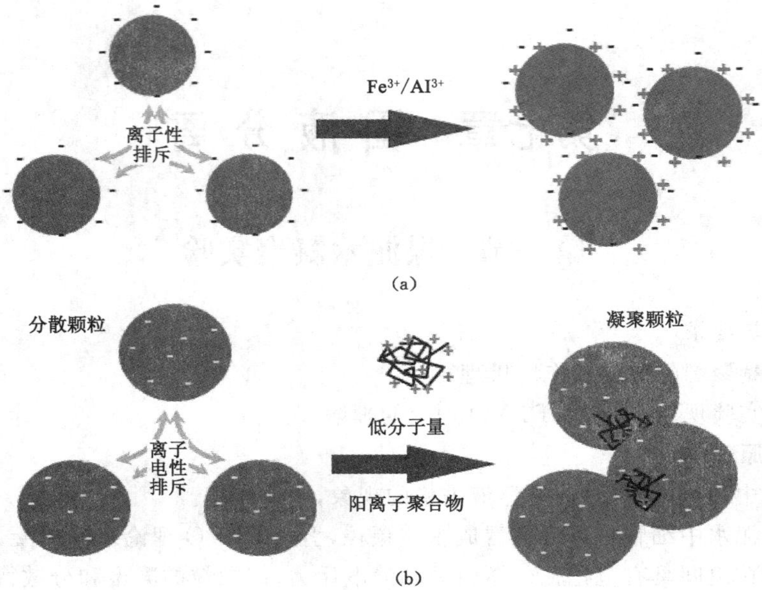

图 7-1　凝聚剂作用原理示意图

(a) 无机凝聚剂作用原理；(b) 有机凝聚剂作用原理

四、实验步骤与操作技术

(1) 用普通坐标纸制成纸带，黏于量筒外壁上，以 500 mL 刻线处为原点，向下每隔 1 mm 进行标记。

(2) 称取质量为 40 g 的试样若干份。

(3) 将称好的试样分别缓慢倒入 500 mL 量筒中，注入少量清水润湿后继续加水至 500 mL 刻线处，上下倒置，直至煤泥全部润湿并分散在水中为止。

(4) 用一强光灯照射量筒，以观察量筒澄清界面的形成和下降情况。

(5) 按加入量 2、4、6、8 mL 分别用对应移液管吸取浓度 1% 的无机 $CaCl_2$ 溶液，一次性加入带塞量筒中。

(6) 盖紧塞子，将量筒上下缓慢翻转 5 次，转速以每次翻转时气泡上升完毕为止。平行实验中翻转次数、力度和时间应基本一致。

(7) 当翻转结束后，迅速将量筒立于强光灯前，根据澄清界面的下降速度立即开始计时。

(8) 按加入量 2、4、6、8 mL 分别用另外一套移液管吸取浓度 0.1% 的有机 FOCUSⅡ凝聚剂，重复步骤(6)、(7)进行实验。

(9) 配制浓度为 20、40、60、80、100 g/L 的煤泥水，向每份煤泥水中分别加入 6 mL 浓度 0.1% 的有机 FOCUSⅡ凝聚剂，重复步骤(6)、(7)进行实验。

(10) 清理实验场所。

五、数据处理与实验报告

(1) 将实验数据及现象记录于煤泥水凝聚实验结果表 7-1 中。

(2) 根据实验数据，分析无机凝聚剂与有机凝聚剂的实际凝聚效果。根据数据记录及实验现象分析凝聚剂对不同浓度煤泥水沉降效果的影响。

表 7-1　　　　煤泥水凝聚实验结果表

实验	1%无机 $CaCl_2$ 用量/mL				0.1%有机 FOCUSⅡ用量/mL				煤泥水浓度/(g/L)			
	2		……		2		……		20		……	
序号	时间/s	距离/mm	时间/s	距离/mm	时间/s	距离/mm	时间/s	距离/mm	时间/s	距离/mm	时间/s	距离/mm
1												
2												
3												
4												
5												
6												
7												
8												
9												
10												
现象												

实验人员：________　　日期：________　　指导教师：________

(3) 撰写实验报告。

六、思考题

(1) 简述凝聚剂的种类及作用机理。

(2) 根据实验结果及现象，分析影响煤泥凝聚效果的主要因素。

第二节　悬浮液的絮凝沉降特性分析实验

一、目的与要求

(1) 掌握悬浮液沉降特性实验的基本操作方法。

(2) 了解絮凝剂的性质及其作用机理。

(3) 学习絮凝剂的配置过程及使用方法。

二、基本原理

悬浮液中的细小固体颗粒表面带有电荷，由于排斥作用而分散。采用凝聚剂可以抵消颗粒表面的电荷，然后靠颗粒间的吸附作用聚团。而有机絮凝剂主要通过高分子活性基团的架桥作用使颗粒形成絮团。两者的配合使用往往效果更佳。

加入药剂后，随着絮团的增大沉降速度加快，沉降过程中出现明显的澄清界面（图 7-2）。由澄清界面的下降速度和时间可绘出沉降时间与澄清界面下降距离的曲线，即沉降曲线（图 7-3）。

澄清界面的初始沉降速度可用下式计算：

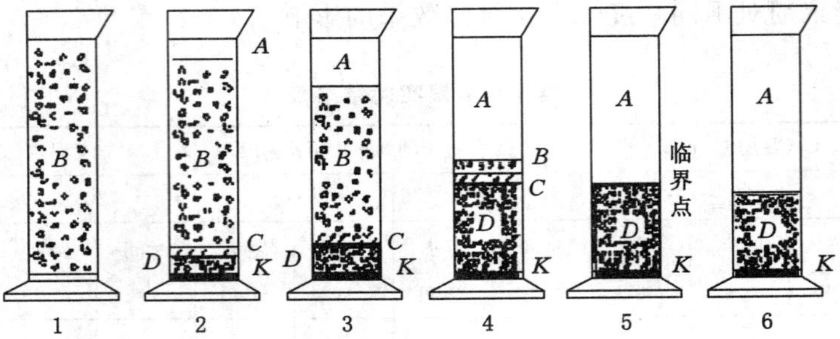

图 7-2 矿浆沉降过程中的分区示意图

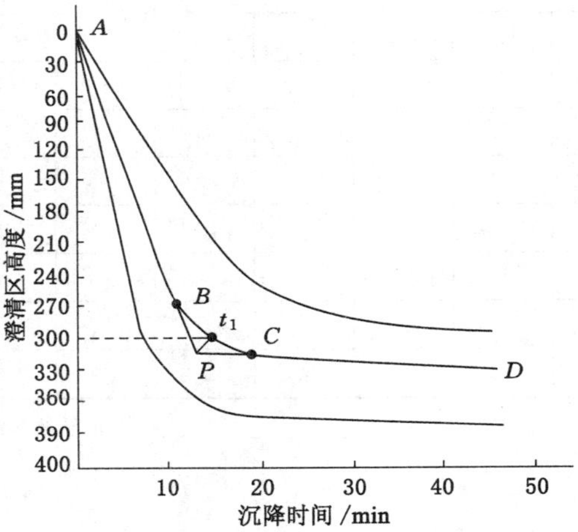

图 7-3 煤泥水沉降曲线

$$v=\frac{M_i\sum_{i=1}^{B}T_iH_1-\left(\sum_{i=A}^{B}T_i\right)\left(\sum_{i=A}^{B}H_i\right)}{M\sum_{i=A}^{B}T_i^2-\left(\sum_{i=A}^{B}T_i\right)^2} \tag{7-1}$$

式中 v——澄清界面的初始沉降速度，mm/s；

T_i——某一累计时刻（$i=0$、1、2、3…、n），s；

H_i——对应于 T_i 的澄清界面累计下降距离，mm；

A——直线段起始端型值点顺序号（一般 $A=1$）；

B——直线段末端型值点顺序号；

M——直线段 A 到 B 的型值点的累计个数，其中 $M=B-A+1$。

三、仪器设备及材料

(1) 带橡胶塞的磨口量筒，容量为 500 mL；

(2) 烧杯与锥形瓶，容量分别为 500 mL 和 250 mL；

(3) 磁力搅拌器，调速范围 250～1 000 r/min；

(4) 称量瓶，60 mm×30 mm；

(5) 注射器，容量 1、5、20 mL；

(6) 粉状聚丙烯酰胺；

(7) 小于 0.5 mm 浮选尾煤煤样 500 g。

四、实验步骤与操作技术

1. 配制 0.1%聚丙烯酰胺 100 mL

用小勺以最少的次数将絮凝剂装进已知质量的洁净而又干燥的称量瓶中，称取 0.25 g，称量时要求准确到 0.001 g，同时按 0.1%的溶液浓度求出稀释水的体积 V_p。

$$V_p = \frac{m(\omega - \omega_p)}{\rho \cdot \omega_p} \tag{7-2}$$

式中　V_p——添加水量，mL；

m——称量的商品絮凝剂的质量，g；

ω——商品絮凝剂的纯度(以小数表示)，%；

ω_p——所配制的絮凝剂水溶液浓度，%；

ρ——添加水的密度，ρ=1 kg/L。

将所求出的稀释水(用温水效果更好)用量筒量取并注入 500 mL 烧杯中，再将烧杯置于磁力搅拌器上，放入搅拌磁子，开启磁力搅拌器，调整转速使液体产生强烈涡流。再将称好的絮凝剂均匀分散地撒在涡流面上，待絮凝剂全部撒完后，将磁力搅拌器转速调至 300～400 r/min，搅拌 2 h，使絮凝剂颗粒完全溶解。若搅拌完毕后仍有未溶解的聚团颗粒，此溶液作废，重新配制。

2. 沉降实验

(1) 用普通坐标纸制成纸带，黏附于 500 mL 量筒壁上，以液面为原点，单位为 mm，方向向下建立纵坐标系。

(2) 称取试样 40 g。

(3) 将称好的煤样仔细倒入 500 mL 量筒中，并注入少量清水进行润湿，上下倒置，直至煤泥全部润湿并分散在水中为止。

(4) 将蛇形日光灯管扭成垂直状，开启开关，放置在量筒附近，以观察量筒澄清界面的形成和下降情况。

(5) 根据 1.6 g/m^3、2.4 g/m^3、3.2 g/m^3、4.0 g/m^3 的药剂单元耗量计算，对应的絮凝剂用量 0.8 mL、1.2 mL、1.6 mL、2.0 mL，分别用注射器吸取相应絮凝剂溶液用量，一次性加入待实验的量筒中，盖紧塞子。

(6) 将量筒上下翻转 5 次，转速以每次翻转时气泡上升完毕为止。平行实验中翻转次数、力度和时间应基本一致。

(7) 当翻转结束后，迅速将量筒立于日光灯管前，并立即开始计时。

澄清界面每下降 0.5～1 cm 的距离，记录沉降时间，开始时沉降速度较快，以 1 cm 为记录间隔，待澄清界面接近压缩区时，再以 0.5 cm 为记录间隔，直至沉淀物的压缩体积不发生明显变化时为止。在记录沉降时间时，应由 1 人读沉降高度，1 人读时间，另 1 人负责记录数据。

本实验如提出正式报告时，需作平行实验，且药剂用量仅作为参考。

五、数据处理与实验报告

(1) 将实验数据及现象记录于悬浮液絮凝沉降实验结果表 7-2 中。

表 7-2　　　　悬浮液絮凝沉降实验结果表

顺序号	絮凝剂用量/(g/m³)									
	一样		二样		三样		四样		……	
	时间/s	距离/mm	时间/s	距离/mm	时间/s	距离/mm	时间/s	距离/mm	时间/s	距离/mm
1										
2										
3										
4										
5										
6										
7										
8										
9										
10										
初始沉降速度/(cm/min)										
沉积物高度/cm										
现象描述										

实验人员：________________　　日期：________________　　指导教师：________________

(2) 以澄清液面下降距离为纵坐标，沉降时间为横坐标绘制沉降曲线。

(3) 计算初始沉降速度。

(4) 撰写实验报告。

六、思考题

(1) 分析凝聚剂与絮凝剂在煤泥水处理中的作用机理。

(2) 在此实验中，如果煤泥中细泥含量较高，沉降后的澄清水会出现什么现象？试从理论上分析之。如果要使澄清水变清，你将采用什么方法？

(3) 高分子絮凝剂的作用机理是什么？絮凝剂的分子量对药剂性能有何影响？

第三节　悬浮液的过滤脱水实验

一、目的与要求

(1) 了解实验装置的基本原理，掌握过滤脱水实验的基本操作过程。

(2) 了解判断过滤难易程度的方法。

(3) 掌握细粒物料过滤特性的测定方法。

二、基本原理

真空过滤是固液分离的常规方法，过滤特性指物料真空过滤脱水的难易程度。

过滤所受到的阻力在整个过滤过程中是不断变化的：在过滤的开始阶段，滤液通过过滤介质时受到过滤介质（如滤布等）的阻力；而当过滤介质表面形成滤饼以后，滤液则必须同时克服过滤介质和滤饼的双重阻力；当滤饼厚度增加到相当程度时，滤饼的阻力将成为主导，过滤介质阻力的影响程度将逐渐减弱，甚至可以忽略。

一般用滤饼的体积比阻 γ 作为细粒物料过滤性能的评价。滤饼的体积比阻 $\gamma(1/m^2)$ 指的是悬浮液中黏度为 1 Pa·s 的液相以 1 m/s 的速度通过厚度 1 m 的滤饼层所需要的压差（真空度）。滤饼体积比阻的计算公式如下：

$$\gamma = \frac{2PM}{\mu X} \tag{7-3}$$

$$X = \frac{\rho_2 \omega}{\rho_1 (100 - M_t - \omega)} \tag{7-4}$$

式中　P——真空度 Pa；

M——T'_i/V'_i-V'_i 曲线的斜率（也可用最小二乘法计算），s/m^2；

μ——流体的黏度，Pa·s；

X——滤饼体积与滤液容积的比值；

ρ_1,ρ_2——分别为滤液和滤饼的密度，kg/m^3；

ω——试样质量分数，%；

M_t——滤饼全水分，%。

实验需要分别测定滤液密度、滤饼密度、滤饼全水分和试样的质量分数。滤液密度的测定采用比重瓶法；滤饼密度的测定采取直接用尺测量滤饼试样的面积和厚度，然后再称量滤饼的质量，计算比值得出；滤饼全水分按煤中全水分规定测定；试样质量分数为烘干后的恒重与试样质量的比值。

三、仪器设备及材料

（1）过滤装置 1 套（图 7-4）；

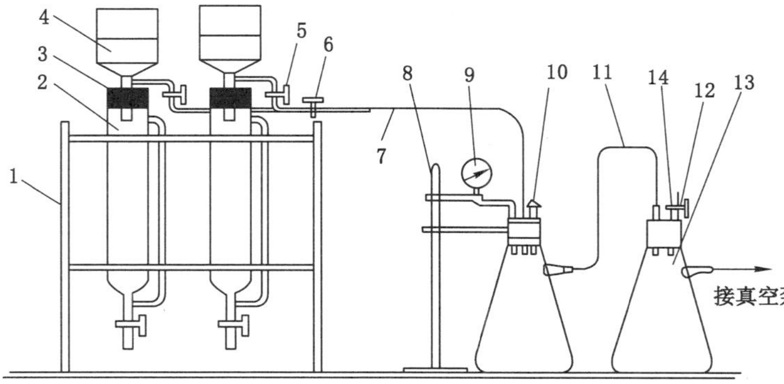

图 7-4　过滤装置

1——支架；2——滤液计量管；3，13——橡皮塞；4——布氏漏斗；5，6，12——二通阀门；7，11——橡胶管；8——滴定台；9——真空表；10——调节阀；14——吸滤瓶

（2）电子秤 1 台；

（3）深度游标卡尺（最小分度值 0.02 mm）1 把；

（4）烘箱（25～200 ℃）1 台；

（5）1 000 mL 烧杯、1000 mL 量筒、搪瓷盆若干；

(6) -0.5 mm 细粒浮选精煤与细粒浮选尾煤各 2 kg 待用，也可选用其他细粒物料进行。

四、实验步骤与操作技术

(1) 连接实验装置，熟悉实验系统。

(2) 用量筒和电子秤将试样按 400 g/L 的浓度配置 1 000 mL 和 500 mL，分别用作过滤实验和质量分数测定。

(3) 将滤布置入布氏漏斗，调试煤泥过滤特性测定装置。

(4) 将试样充分混合后一次性加入过滤器，同时打开连接阀，使滤瓶内产生负压。

(5) 打开连接阀的同时开始记录滤液体积和时间间隔，直至滤饼表面可见水分消失为止，然后立即打开旁通阀，过滤过程结束。

(6) 用深度游标卡尺测量滤饼不同对称位置(8 个点)的厚度，并称量该滤饼，计算滤饼密度并确定悬浮液质量分数，最终计算滤饼体积比阻。

(7) 整理实验装置，清理实验场所。

五、数据处理与实验报告

(1) 将实验数据记录于滤饼过滤特性测定实验结果表 7-3 中。

表 7-3　　滤饼过滤特性测定实验结果

试样基本情况					
过滤实验条件					
滤液体积 V_i /mL	过滤时间 T_i /s	校正后过滤体积 $V'_i \times 10^3$/mL	校正后过滤时间 T'_i/s	T_i / V_i	$(V_i)^2 \times 10^3$

滤饼厚度测定/mm								
1	2	3	4	5	6	7	8	平均

实验人员：__________　　日期：__________　　指导教师：__________

(2) 将实验数据进行校正。

(3) 计算滤饼体积与滤液容积的比值。

(4) 绘制 T'_i/V'_i-V'_i 曲线，确定曲线的斜率 M。

(5) 计算滤饼体积比阻。

(6) 撰写实验报告。

六、思考题

(1) 过滤方式有哪几种？各有何特点？

(2) 结合过滤理论分析影响过滤效果的因素。

(3) 为何要将实验数据校正后再绘图？

第四节　转筒法煤炭泥化实验

一、目的与要求

（1）了解转筒法煤炭泥化实验装置的基本原理，掌握转筒泥化实验的基本操作过程。

（2）掌握煤炭泥化的测定方法和判断依据。

（3）了解煤炭泥化产生的原因与过程。

二、基本原理

煤炭泥化是指煤或矸石浸水后碎散成细泥的现象。煤和煤中所含矸石的泥化特性，不仅与选煤工艺过程有密切关系，而且还直接影响煤的分选效果和选煤工艺流程的选择，与环境保护也有着密切的关系。

泥化实验可分为两种，即煤的转筒泥化实验、煤伴生矿物（即矸石、夹矸和混入原煤的顶底板）的泥化实验。转筒泥化实验是对入选原料煤（即煤和伴生矿物）进行泥化实验，以便测定次生煤泥产率和灰分特征，用以表征煤的泥化程度，为设计、生产、科研提供资料；煤伴生矿物（即矸石）的泥化实验，仅是对煤中混入的矸石进行微细颗粒的测定，表征煤伴生矿物的泥化特征。

进行入选原煤的泥化实验，不仅能预测次生煤泥量的多少以及为生产、设计提供基础资料，同时，通过泥化实验还可获得模拟分选状态下的“实际”煤泥水，可以进行煤泥水的沉降实验和其他浮选、压滤脱水等相关实验。通过测定次生煤泥的灰分，亦可分析煤中所含矸石的再粉碎（如泥化）情况，为煤泥水工艺设计提供参考。

三、仪器设备及材料

（1）转筒泥化实验装置 1 台：容量 200 L，高 1 m，翻转速度为 20 r/min，如图 7-5 所示；

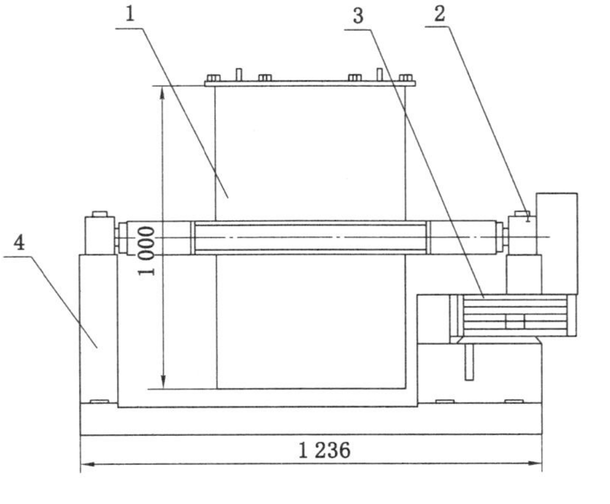

图 7-5　转筒泥化实验装置

1——转筒；2——变速装置；3——电动机；4——底座

（2）实验筛 1 套：孔径为 50 mm、3 mm、0.500 mm、0.045 mm；

（3）台秤 1 台：最大称量为 100 kg，最小刻度值为 0.05 kg；

（4）案秤 1 台：最大称量为 30 kg，最小刻度值为 0.005 kg；

（5）变频调速器 1 台；

(6) 20 L 水桶 5 个，搪瓷盆 1 个，1 000 mL 量筒 1 个；

(7) 烘箱、马弗炉各 1 台；

(8) 综合级粒级 50～0.5 mm 生产煤样 250 kg 以上（入选原煤粒度上限、下限有特殊要求时，可按具体要求确定）。

四、实验步骤与操作技术

(1) 将待实验试样晾至空气干燥状态，缩取 4 份样品，每份质量为（25±0.5）kg，称准至0.05 kg，待做实验用，其余样品密封保存，留作备用。

(2) 检查和调试装置，看转筒的密封是否完好。

(3) 在转筒中放入 1 份制备好的样品，再加入样品质量 3 倍的生产用水（或与生产用水水质相近的水），称准至 0.05 kg。

(4) 将转筒盖盖紧后以 20 r/min 的速度翻转 15 min，翻转结束后将筒内物料用孔径 3 mm、0.500 mm、0.045 mm 的实验筛依次筛分，筛分时喷水冲洗筛网，以保证筛分完全，每次筛分应将筛下煤泥水收集好，不要流失。经筛分可得＞3 mm、3～0.500 mm、0.500～0.045 mm 三个产品和煤泥水，将煤泥水过滤，滤饼为＜0.045 mm 产品。

(5) 将其他 3 份样品分别按翻转时间为 25 min、35 min、45 min，重复上述操作步骤。

(6) 在进行实验时，观察记录煤泥水的沉降快慢和细泥透筛的难易情况，对试样和实验过程中的其他现象如有无极易风化碎裂的煤块或矸石等也应注意观察记录。

(7) 将筛分各产品烘干，晾至空气干燥状态，称量。0.500 mm 筛下产品即为次生煤泥，计算各产品的产率。分别测定 0.500～0.045 mm、＜0.045 mm 产品的灰分，并计算次生煤泥灰分。

(8) 结束实验，整理仪器，清理实验场所。

五、数据处理与实验报告

(1) 将实验结果和观察到的现象填入转筒泥化实验结果表 7-4 中。

表 7-4　转筒泥化实验结果表

翻转时间/min	产率/%					0.500～0.045 mm 灰分/%	＜0.045 mm 灰分/%	次生煤泥灰分/%
	＞3 mm	3～0.500 mm	0.500～0.045 mm	＜0.045 mm	小计			
15								
25								
35								
45								
观察结果								

实验人员：____________　　日期：____________　　指导教师：____________

(2) 以翻转时间 t(min) 为横坐标、次生煤泥量 γ(%) 为纵坐标，绘制翻转时间 t 与次生煤泥量 γ 之间的关系曲线。

(3) 精度要求：各产品的质量之和与入料质量之差不得超过 3%。

(4) 以各产品质量之和为 100%，分别计算其产率。

(5) 撰写实验报告。

六、思考题

(1) 原生煤泥、次生煤泥、浮沉煤泥和破碎煤泥分别是怎么产生的？

(2) 泥化对选煤厂的煤泥水处理系统会产生什么影响？

(3) 针对不同泥化程度的原煤所对应的分选工艺是什么？

第五节　煤伴生矿物泥化程度测定实验

一、目的与要求

(1) 了解煤伴生矿物泥化程度测定实验装置的基本原理。

(2) 掌握煤伴生矿物泥化程度测定实验的基本操作过程。

(3) 掌握矸石泥化程度的测定方法，熟悉该方法与转筒法的区别。

二、基本原理

煤伴生矿物(即矸石)的泥化程度测定实验，通过对煤中混入的矸石进行微细颗粒的测定，来表征煤伴生矿物的泥化特征。通过该实验可初步判断矸石和煤炭在湿法选煤过程中的泥化情况，并预测尾煤浓缩机的沉淀效果。

将 5.6～2.8 mm 级矸石放入水中在一定搅拌力下搅拌，然后用孔径 500 μm 的筛子测定其－500 μm 粒级的质量分数，用沉降法测定－10 μm 粒级细泥的含量。

通过 500 μm 实验筛后的筛下物干基质量分数 ω_{500} 可按下式进行计算：

$$\omega_{500} = 100\left[1 - \frac{100\ m_1}{m_0(100 - M)}\right] \tag{7-5}$$

式中　m_1——500 μm 筛上物质量(干基)，g；

m_0——空气干燥试样的质量，g；

M——试样的剩余水分，%。

经计算可得出 500 μm 筛下悬浮液的固体浓度。若浓度不超过 20 g/L，可直接用于沉降实验，否则需加水稀释。

可用下式计算额定粒度 10 μm 的颗粒沉降 100 mm 所用的时间 t(s)：

$$t = 1.223 \times 10^6 \eta \tag{7-6}$$

式中　η——水在实验温度时的动力黏度，Pa·s。

沉降时间也可根据表 7-5 由内插法求得。

表 7-5　　额定粒度 10 μm 颗粒沉降时间

温度/℃	沉降时间	
	min	s
10	26	35
15	23	10
20	20	25
25	18	10
30	16	15

若悬浮液不需稀释，则试样中$-10\ \mu m$级固体颗粒干基质量分数ω_{10}按式(7-7)计算：

$$\omega_{10} = \frac{10^6 m_2}{m_0(100 - M)} \tag{7-7}$$

式中 m_2——沉降实验结束后，被抽走的10 mL悬浮液带走的固体颗粒干基质量，g；

m_0——空气干燥试样的质量，g；

M——试样的剩余水分，%。

若悬浮液需要加水稀释，则试样中$-10\ \mu m$粒级固体颗粒干基质量分数ω_{10}按式(7-8)计算：

$$\omega_{10} = \frac{10^9 m_2}{Vm_0(100 - M)} \tag{7-8}$$

式中 m_2——沉降实验结束后，被抽走的10 mL悬浮液带走的固体颗粒干基质量，g；

V——由第一个量筒取出并在第二个量筒中加水稀释至1 L的悬浮液的体积，mL；

m_0——空气干燥试样的质量，g；

M——试样的剩余水分，%。

以质量分数表示的泥化比B由下式给出：

$$B = \frac{\omega_{10}}{\omega_{500}} \times 100 \tag{7-9}$$

式中 ω_{10}——试样中的细泥质量分数，%；

ω_{500}——500 μm实验筛筛下物质量分数，%。

泥化比数据评定等级为：≤5%为不易泥化；5%～30%为中等泥化程度；≥30%为严重泥化。在评述500 μm筛下物含量和细泥($-10\ \mu m$)含量及观察记录的基础上，用上述泥化比评定进行等级划分，从而为应用资料的部门提供概略性结论。

三、仪器设备及材料

(1) 矸石泥化特性测定实验装置1套，如图7-6所示；

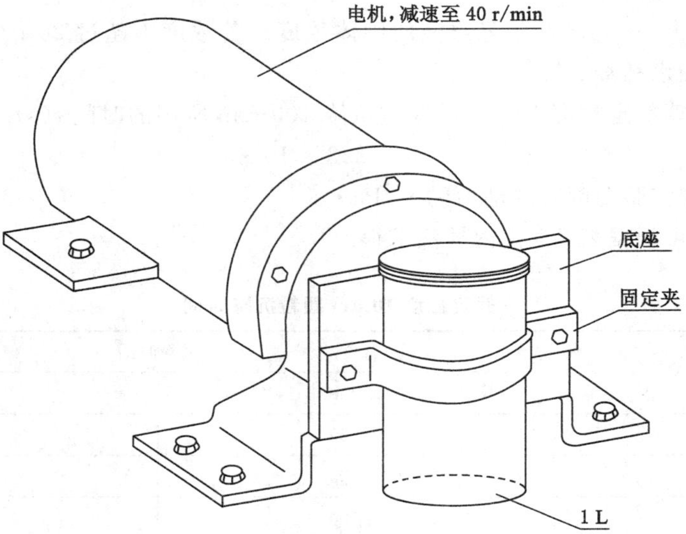

图7-6 矸石泥化特性测定实验装置

① 刚性圆桶：防腐材料制成，容积 1 L，内部高度约 170 mm（内径约 85 mm），有硬盖，保证密封不漏水；

② 翻转装置：能使刚性圆桶绕横轴翻转，转速 40 r/min；

（2）实验筛：孔径为 5.6 mm、2.8 mm、500 μm 各 1 个；

（3）漏斗 1 个：可放置孔径 500 μm 的实验筛；

（4）1 L 带塞量筒 2 个；

（5）改进型安氏沉降装置（图 7-7）：一个带有刻度的量筒（A），一个吸管（B）通过三通旋塞（D）与容积 10 mL 的容器（C）相连，瓶颈处为一带有小气孔（F）的磨口玻璃塞（E），当悬浮液从抽吸点（G）被抽出时，空气可由气孔进入量筒中；改进型安氏沉降装置的吸管长度较原来有所缩短，可从 100 mm 刻度线处向外抽吸；

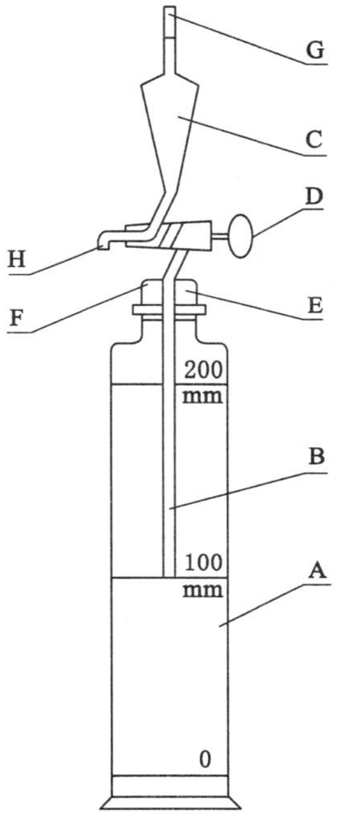

图 7-7　改进型安氏沉降装置

A——带刻度的量筒；B——吸管；C——10 mL 容器；

D——三通旋塞；E——磨口玻璃塞；F——气孔；G——抽吸点；H——出口

（6）抽吸装置，可使用抽气器；

（7）烘箱（25～200 ℃）；

（8）蒸发皿、烧瓶、恒温水槽各 1 个；

（9）秒表 1 块，电子天平 1 台，恒温水槽 1 台，洗瓶 1 个；

（10）蒸馏水或同等纯度的水；

（11）5.6～2.8 mm 粒级代表性矸石样品 1 kg（试样应从每一层煤的底板、顶板及夹矸层中采取以具备代表性；若试样采自原煤的浮沉分离物，则会影响实验结果）。

四、实验步骤与操作技术

（1）称取 10 g 试样，以 105～110 ℃温度干燥 2 h 后称重，确定试样“来样”的水分。

(2) 试样以 105～110 ℃温度干燥 2 h(确保干燥后质量在 120 g 以上),然后将试样放入密闭容器中。

(3) 取 10 g 已干燥好的试样,在烘箱内以 105～110 ℃温度干燥至恒定质量,再称重,即可确定试样的剩余水分。

(4) 称取 100 g 干燥好的试样放入刚性圆桶中,加入 500 mL 水,盖严后装到翻转装置上,使圆桶绕横轴翻转,转速 40 r/min,翻转时间 30 min。

(5) 将漏斗置于量筒上,把孔径 500 μm 的筛子放入漏斗中,将经翻转搅拌后的悬浮液倒在筛面上,使物料均匀分布于筛面。用洗瓶以 250 mL 水冲洗圆桶及筛上残余物。

(6) 对筛上产物(＞500 μm)进行烘干、称重,准确到 0.01 g。

(7) 筛下物加水稀释至 1 L,放入恒温槽内,用沉降法测定 10 μm 以下的细泥含量。

(8) 全部实验过程重复一次。

(9) 结束实验,整理仪器,清理实验场所。

五、数据处理与实验报告

(1) 将实验结果和观察到的现象填入煤伴生矿物泥化程度测定实验结果表 7-6 中。

表 7-6　　煤伴生矿物泥化程度测定实验结果表

项　目	第一次实验	重复实验	平均值
＋500 μm 质量分数/%			
500～10 μm 质量分数/%			
－10 μm 质量分数/%			
泥化比/%			
试样初始水分/%			
试样实验水分/%			

实验人员:______　　日期:______　　指导教师:______

(2) 精度要求:① 在操作正常、正确的情况下,由同一实验人员以同一台实验装置在最短的时间间隔内就同一试样中所取样品进行两次实验的结果,各产品质量的相对误差不得超过 5%;② 在操作正常、正确的情况下,由两个实验员,在不同时间,利用不同实验装备,就同一试样进行两次实验所得结果,各产品质量的相对误差不得超过 10%。

(3) 撰写实验报告。

六、思考题

(1) 煤伴生矿物泥化程度测定实验与转筒法煤炭泥化实验有何异同?

(2) 如何从煤炭筛分表中初步判断出矸石泥化和煤炭泥化的严重程度?

(3) 泥化与煤炭易碎的概念是否相同?

第六节　固液分离技术发展现状及展望

固液分离技术广泛应用于各个行业,如选矿、造纸、环境保护、食品等。随着矿物资源的不断开采和利用,矿石日趋“贫、细、杂”化,选矿水中的细粒级含量越来越多,固液分离难度也越来越大。同时，全球水资源急剧短缺，生存环境日益恶化，于是，人们对固液分离技术提出了更高要求，并进行大量的研究开发新的分离技术。

一、选煤厂煤泥水处理现状

选煤厂完善的煤泥水系统通常包括以下工艺环节：煤泥分选—尾煤浓缩—压滤，缺少其中任何一个环节，都不能构成完善的系统。我国选煤厂应用的几种典型煤泥水原则工艺流程的优缺点及应用场合如表 7-7 所示。

表 7-7　典型煤泥水原则工艺流程优缺点及应用场合

煤泥水流程	优　　点	缺　　点	应用场合
直接浮选—尾煤浓缩—压滤	易于实现洗水闭路；精煤得到充分回收；经济、环境效益好	投资大；运行成本高	大中型炼焦煤选煤厂
煤泥重介选—尾煤浓缩—压滤	粗煤泥分选精度高，投资较小	精煤泥回收下限 0.1 mm，细粒尾煤量大	全重介、难浮煤泥选煤厂
煤泥水介重力选、粗煤泥直接回收—细煤泥浓缩压滤	投资和运行费用比直接浮选—尾煤浓缩—压滤流程稍低	适于分选密度较高的易选粗煤泥；细煤泥量大、脱水困难	动力煤选煤厂及小型炼焦煤选煤厂
煤泥水浓缩—直接回收	投资较小	经济效益低；煤泥脱水困难，设备用量大；洗水闭路难度大	动力煤选煤厂及小型炼焦煤选煤厂
煤泥沉淀池	投资小，生产费用低	洗水不能闭路；环境污染严重；资源浪费严重	小型选煤厂

煤泥水集中了原煤中最细、最难处理的微细颗粒。而粒度越小，其重力作用也越小，布朗运动加剧，促使颗粒在水中保持悬浮分散状态。此外，由于煤泥水中固体颗粒界面之间的互相作用(如吸附、溶解、化合等)，使得煤泥水的性质相当复杂，不但具有悬浮液的性质，往往还具有胶体的性质，因而极难用常规的沉淀、回收和脱水设备处理，必须采取一定强化沉降的措施。

在选煤厂中，通常采用凝聚和絮凝的方法来强化细颗粒煤泥水的沉降，以此来保证清水洗煤，实现洗水闭路循环。大量实验证明凝聚剂与絮凝剂的配合添加，沉降效果要比单独加入凝聚剂或絮凝剂效果要好很多。凝聚剂与絮凝剂配合添加的作用机理如图 7-8 所示。

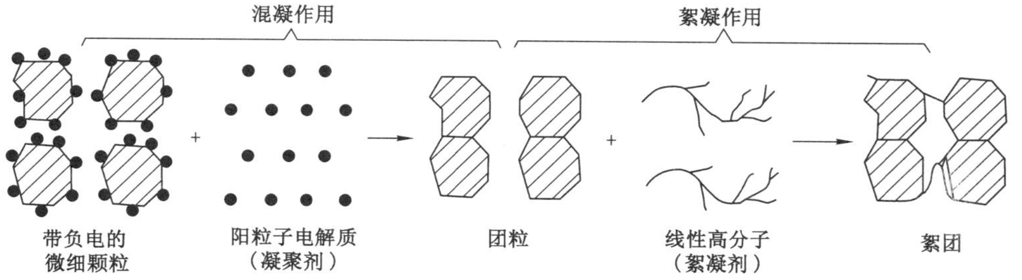

图 7-8　凝聚剂与絮凝剂配合添加的作用机理

目前国内外对煤泥水处理的研究主要集中在研制高效的混凝药剂及其使用方法、开发新式药剂添加方法及设备、开发新的煤泥回收工艺等3个方面。作为主要研究方向之一，在药剂开发方面，近年来不断有新药剂被开发，如"矿物型凝聚剂的使用方法"提供了一种适用闭路澄清水系统的矿物型凝聚剂的使用方法。该方法选用微溶或易溶特性的高价金属离子盐作矿物型凝聚剂，使悬浮的微细颗粒呈凝聚状态，然后再加入絮凝剂，使被凝聚剂中和掉负电荷的颗粒形成絮团后沉降，得到澄清的循环水返回到主选系统，该方法目前已经被多家选煤厂采用。

二、选煤厂煤泥水处理设备与新技术

在金属矿山中，随着选矿工业的发展，矿产资源日益贫化、细化，一些选矿厂采用了细磨工艺，细黏物料日益增加，使浮选过滤变得更加困难。因此精矿和尾矿的脱水问题日益突出，是亟待解决的问题，下面对常用的脱水设备及新型技术做简要介绍。

1. 加压过滤机

加压过滤机是目前应用较多的一种固液分离设备。它广泛适用于煤炭、黑色金属、有色金属、化工等行业的固液分离。加压过滤机主要有三种形式：圆筒（内滤、外滤）式、水平带式、盘式。前两种目前应用较少，在煤炭行业应用较多的是盘式。

多年来，在研究借鉴国外先进技术的基础上，国产加压过滤机制造水平有了长足的进步，但与国外先进加压过滤机相比，仍然需要进一步研究和开发。实践证明，国外安德里茨加压过滤机的滤饼水分可达到16%～20%，而国产加压过滤机通常能达到17%～22%；单位处理能力存在一定差距；国产设备能耗较大，在设备的制造工艺水平和可靠性方面还处于较低水平。所以，国产加压过滤机应该朝更大型化方向发展，努力提高设备的可靠性，以提高加压过滤机的各项工艺指标。

2. 压滤机

压滤机是一种使固液两相构成的矿浆在压力差作用下通过过滤介质而分离的过滤设备。压滤机具有结构简单、工作可靠、适应性强、过滤强度高、滤液质量高等优点，可用于细煤泥、浮选尾煤和浮选精煤的脱水。灰分高、粒度较细、黏度较大的浮选尾煤，用压滤机过滤能取得较好的效果，压滤机已成为煤泥水处理的首选把关设备。

目前，国内外选煤厂使用的压滤设备可分为板框压滤机和带式压滤机两种。板框压滤机的研究趋势可概括为：将多种固液分离及脱水的方法集于一身，在可能的条件下增加过滤、挤压、吹气的压力，用简单可行的调节产品水分的办法来满足客户的要求；采用本身结构简单、容积不大和重量较轻的压滤机，循环时间虽短，却有较高的处理能力；以最小移动空间的思想设计工作部件，减少能耗，降低成本；全程自动智能化控制。板框压滤机具有滤饼水分低、滤液基本不含颗粒物的优点，但其采用间断作业方式，不能使滤饼及时均匀地掺混入产品皮带。

近年来，选煤厂也在探索选用带式压滤机作为煤泥回收的主要设备。带式压滤机主要部件有机架、滤带、滤带冲洗系统、滤带调整系统、滤带张紧系统、安全装置、卸料装置、排水装置、轴承、管线、驱动系统、控制系统等。带式压滤机通过3级脱水段，即重力脱水段、预压脱水段、压榨脱水段，来达到煤泥水固液分离的目的，其工作原理如图7-9所示。带式压滤机在汪家寨选煤厂浮选尾煤脱水环节使用效果较好，因其工作连续的特点，便于与选煤生产实现同步，小时处理能力为6～10 t左右；滤饼滤液互不污染，滤饼水分为25%～30%，滤液浓度为3～5 g/L，运行费用较低。

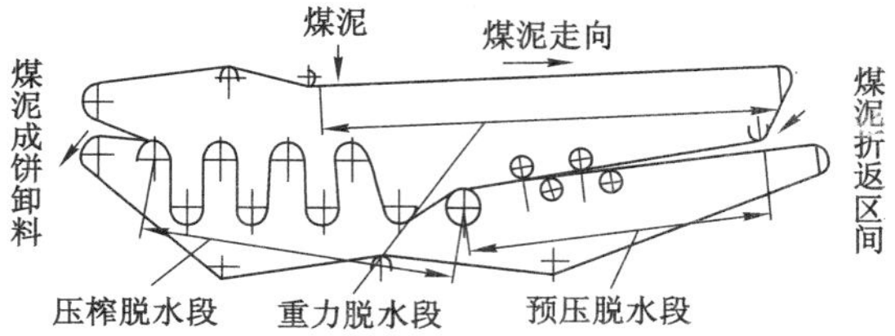

图 7-9　带式压滤机工作原理

3. 陶瓷过滤机

陶瓷过滤机是集机电、毛细微孔滤板、超声波清洗等高新技术于一体的先进设备，其陶瓷板利用陶瓷的毛细现象，在抽真空时，只能让水通过，空气和矿物质颗粒无法通过，保证无真空损失的原理，极大地降低了能耗和物料水分。该设备自动化程度高，工人劳动强度低。当陶瓷板浸入过滤矿浆时，在无外力的作用下，借助毛细效应产生自然力进行脱水过程，过滤板堆积固体颗粒形成滤饼，滤液通过过滤盘进入滤液管连续排出。整个过程只需一台很小的真空泵，就能取得处理能力大、滤饼水分低的效果。陶瓷过滤机在有色金属选矿厂对铜、锌、铝、镍等精矿脱水过滤中得到广泛应用。

4. 蒸汽过滤技术及设备

蒸汽过滤是为了解决细黏物料在常温下过滤效率低的问题而提出的一种新的过滤途径，可以进一步降低滤饼水分，从而节省干燥作业费用。蒸汽加压过滤机是把机械和热力过程结合到同一过滤设备上，在温度较低的滤饼表面，蒸汽冷凝形成冷层，进而从滤饼中排出毛细水。

5. 膜分离技术

膜分离技术是用人工或天然合成的高分子分离膜，借助于化学位差或外界能量的推动力对双组分或多组分的溶质和溶剂进行分离、提纯和富集的方法，以压力差为推动力的膜分离过程可分为微滤、超滤、反渗透等。膜分离技术可广泛应用于化学工程、生物技术、医学、食品、环境保护、石油探测等众多领域，主要研究重点集中在膜材料的研制和膜应用的研究。

近年以来，我国选矿工业整体水平得到迅速提高，但是与发达国家相比还有一定差距，国内不同区域发展也不平衡，固液分离技术和装备尚不能完全满足各种类型尤其小型选矿厂低投资、低运行费用及高效率的需要。因此，除了研究细粒脱水设备系列化、大型化、可靠性之外，还需重点开发适于各种废水处理的专用设备，加强高效浓缩机等研究，提高先进技术与设备的集成化以及模块化研究，以节约资源、保护环境、提高效益。

第八章 化学选矿

第一节 金矿石中金的浸出实验

一、目的与要求

(1) 了解常见的化学浸出方法。

(2) 掌握氰化浸出的基本原理和基本方法。

(3) 掌握氰化浸出过程中影响浸出率的主要因素。

二、基本原理

化学选矿是利用物料化学性质的差异，通过化学方法改变物料化学组成性质，再利用其他方法使目的组分富集的资源加工工艺。化学分选过程分为准备作业、焙烧作业、浸出作业、固-液分离作业、浸出液的净化作业、制取化学精矿等六个过程。

化学浸出作业指根据原料性质及加工工艺要求，使有用组分或杂质组分选择性溶于浸出溶剂中，再应用各种方法回收有用组分。化学浸出方法多样，通常可按浸出试剂、浸出过程温度和压力条件、浸出时物料方式等多种方式分类，根据所选试剂不同的具体分类详见表8-1所示；另外，根据浸出压力不同，可分为高压浸出和常压浸出；根据浸出方式不同，可分为渗滤浸出和搅拌浸出。

表 8-1 浸出方法及常用试剂

浸出方法		常用试剂	处理对象
水溶剂浸出	酸浸	硫酸	铀、铜、钴、镍、锌、磷等氧化矿
		盐酸	磷、铋等氧化矿，钨精矿脱铜、磷、铋，高岭土脱铁等
		氢氟酸	钽铌矿物、石英、长石
		王水	金、银、铂、钯等
		硝酸	辉钼矿、银矿物
		亚硫酸	二氧化锰、锰结核等
	碱浸	碳酸钠	次生铀矿物等
		苛性钠	方铅矿、闪锌矿、钨矿石等
		氨溶液	铜、钴、镍单质及氧化矿
		硫化钠	砷、锑、锡、汞硫化矿物
	盐浸	氯化钠	白铅矿、氧化铅矿物及稀土矿物
		高铁盐	铜、铅、铋等硫化矿
		氰化物	金、银等贵金属
	细菌浸	菌种＋硫酸＋硫酸高铁	铜、铀、金等硫化矿
	水浸	水	胆矾矿、焙砂
非水溶剂浸出		有机溶剂	

目前实验室操作金矿石中金的浸出，常用的试剂为氰化物，方法采用搅拌浸出的方法，即利用金在氰化物（钠或钾）溶液中溶解，发生化学反应，生成可溶性的亚金氰酸盐络合物来回收矿石中的金，反应方程式为：

$$4Au+8NaCN+O_2+2H_2O = 4Na[Au(CN)_2]+4NaOH \tag{8-1}$$

从热力学角度理解，金的氰化物浸出过程是一个电腐蚀过程，在金属颗粒表面产生电子流动，出现电位不平衡现象，在颗粒表面产生的阳极区和阴极区形成固定电极，阴阳极反应形成的原电池电动势推动电池反应不断进行，促进了金的不断溶解，电极反应方程式为：

阳极反应：

$$Au+2CN^- \longrightarrow Au(CN)_2^- + e \tag{8-2}$$

阴极反应：

$$O_2+2H_2O+2e \longrightarrow H_2O_2+2OH^- \tag{8-3}$$

从动力学角度理解，溶于水中的气体氧和氰根离子向金属颗粒表面对流扩散，CN^- 和 O_2 扩散到金粒阳极区表面被吸附并与金粒发生化学反应，生成的 $Au(CN)_2^-$、H_2O_2、OH^- 从金粒表面脱附并向溶液内部扩散。

浸出过程的回收率用浸出率表示，即在浸出条件下，金转入溶液的量与金在原物料中总量之比，常用百分数表示，公式为：

$$浸出率=\frac{浸原质量\times浸原金属含量比-浸渣质量\times浸渣金属含量比}{浸原质量\times浸原金属含量比}\times100\% \tag{8-4}$$

影响浸出率的因素包括：矿石粒度、试剂种类和用量、矿浆温度、浸出压力、浸出时间、搅拌速度、矿浆液固比等，在实验过程中，金粒的氰化浸出主要考虑以下几个问题。

（1）氰化物和氧的浓度：金粒溶解时，首先消耗了金粒周围表面层溶液中的氰化物和氧，使之质量分数降低，为保证金能继续溶解，必须有数量相近的氰化物和氧及时扩散到金粒表面。由于氧在水中的溶解度为 8.2 mg/L，相应的氰化物质量分数需保持在 0.01%。实际生产中，氰化钠质量分数控制在 0.02%～0.1%范围。

（2）矿石粒度：在实验室条件下矿样粒度要求小于 0.25 mm，氰化浸出过程中一般要求粒度小于 200 网目。

（3）矿浆质量分数：矿浆质量分数直接关系到试剂用量、浸出时间等问题。对于氰化浸金来说，随着被浸矿样金含量不同，矿浆质量分数一般在 25%～33%范围，若后期工艺拟采用炭吸附工艺，矿浆质量分数应提高到 40%～50%。

（4）温度：矿浆温度可以影响试剂与矿样的反应速度、浸出时间。研究证明，随温度升高，金的溶解速度加快，且在 80 ℃达到最大溶解速度，但温度再升高，氧的溶解度下降，氰化物水解、挥发加剧，要消耗更多的能量。通常浸出实验在常温常压下浸出，若实验在冬季进行，实验室要有采暖设施。

（5）浸出时间：浸出时间与浸出容器容积大小有关，在实际操作过程中，保证浸出率高的条件下，浸出时间越短越好。

（6）搅拌速度：搅拌可以促进试剂与矿样的反应速度，实际实验过程中，搅拌速度变化范围约 100～300 r/min。

（7）保护碱：由于氰化物是弱酸盐，在水中易水解生成氢氰酸，不仅造成氰化物的浪费，同时还污染环境。为了维持氰化物在水溶液中的稳定性，减少其水解损失，应加入足够量的碱，使其维持一定碱度，故称保护碱。另外，加入碱还可以中和矿物氧化及二氧化碳溶解产生的酸，以及促进一些金属矿物氧化产物水解沉淀。实际应用过程中，常采用廉价易得的石灰作保护碱，一般在测定氰化钠后，直接用草酸滴定法测定矿浆中 CaO 含量来确定碱度，控制矿浆 pH 值 10～12 时，相应矿浆中 CaO 含量约为 0.01%～0.02%。若发现碱度不足，应立即添加 NaOH 溶液，使其迅速提高到所需的 pH 值。

三、仪器设备及材料

(1) 实验设备：球磨机，天平(感量 0.1 g)，分级筛，真空过滤机，真空干燥箱，电动搅拌器，温度计；

(2) 实验试剂：金矿石(预先知道矿石的品位)，CaO，氰化钠，蒸馏水；

(3) 实验材料：量筒，烧杯，移液管，洗瓶，玻璃棒。

四、实验步骤与操作技术

(1) 取 3 份金矿石，分别磨至 $-300\ \mu m$、$-150\ \mu m$、$-75\ \mu m$，分别称取 200 g 粉状矿样至烧杯中。

(2) 在每个烧杯中均加入 400 mL 蒸馏水、0.4 g CaO、氰化钠试剂，使得氰化钠的质量分数为 0.1%，三个烧杯分别放在搅拌器上搅拌 24 h。

(3) 实验结束后，矿浆过滤，使含金溶液与尾矿分离。

(4) 用移液管分别取 10 mL 滤液试样各两份，测出剩余氰化物和 CaO 的质量分数，计算它们的消耗量，并分别记录。

(5) 另取 200 mL 含金溶液用锌粉沉淀法求出金的含量。

(6) 尾矿分别抽滤、干燥，进行含金量分析。

(7) 计算金的回收率，并分析矿物粒度与矿物浸出率的关系。

五、数据处理与实验报告

(1) 记录和分析实验数据，为考查浸出效果，浸出液中的金属含量以 g/L 表示，滤渣含量以百分数表示，以此算出的浸出率以百分数表示。

(2) 做出浸出率-矿物粒度关系图。

六、思考题

(1) 常用的矿物浸出方法有哪些？如何用氰化法将金从矿物中浸出？

(2) 氰化浸出前矿浆需要进行哪些方面的准备工作？

(3) 金矿石中金氰化浸出化学反应机理是什么？浸出反应后，怎样从浸出液中分离金？

(4) 实验过程中对氰化钠的操作要注意哪些问题？

第二节　氯化焙烧实验

一、目的与要求

(1) 了解氯化焙烧的几种分类方法。

(2) 掌握离析法进行氯化焙烧的实验流程及实验方法。

(3) 分析氯化剂用量对实验结果的影响。

二、基本原理

焙烧是将原矿石或选矿后的精矿在低于炉料熔点温度下进行加热，发生氧化、还原或其他化学变化的预处理过程。目的是改变炉料中提取对象的化学组成或物理状态，使其更便于下一步冶炼处理。实验室的焙烧目的在于确定采用焙烧的可能性，大致确定焙烧工艺条件，确定尚需进行连续性实验、中间实验和工业实验。焙烧实验包括还原焙烧、氯化焙烧、硫酸化焙烧、硫化焙烧和挥发焙烧等。

氯化焙烧是指在一定的温度和气氛条件下，用氯化剂使矿物原料中的目的组分转变为气相或凝聚相的氯化物，以使目的组分分离富集的工艺过程。

氯化焙烧有多种分类方法。根据产品形态可将其分为高温氯化焙烧、中温氯化焙烧、离析法焙烧；根据气相中含氧量又可分为氧化氯化焙烧（直接氯化）和还原氯化焙烧（还原氯气）。

（1）高温氯化焙烧：在高温下将欲提取的金属呈氯化物挥发出来而与大量脉石分离，并于收尘器中捕集下来，然后进行湿法处理分离提取有价金属。此法一般具有金属回收率高、富集物浓度大而数量小、便于提取等优点，但有耗热能多、对设备腐蚀性强的缺点。

（2）中温氯化焙烧：在不高的温度下，将欲提取的金属转化为氯化物或硫酸盐，然后通过浸出以分离脉石，从浸出液中分离提取有价金属。此法一般耗能不多，易于实现，但金属回收率低，富集浓度稀，体积大，回收不便，且进一步处理的设备庞大。

（3）离析法焙烧：是将矿石配以少量的煤（或焦炭）和食盐（或 $CaCl_2$ 等），在中性或弱还原性的气氛中进行焙烧，使金属生成氯化物挥发出来，并迁移到炭粒表面并被还原成金属，进一步用选矿方法或用氨浸进行分离。这一方法适用于含铜、金、银、铅、锑、铋、锡、镍、钴等金属矿石。此法比一般氯化冶金的方法耗用的氯化剂少，成本比较低，因此受到人们的重视。尤其是对综合回收金银而言，离析法焙烧比酸浸法优越。它的主要缺点是，热能消耗较大，对缺乏燃料的地区来说，成本就高了。

氯化焙烧时的氯化剂可分为气体氯化剂（Cl_2、HCl）和固体氯化剂（NaCl、$CaCl_2$、$FeCl_3$）。许多金属硫化物较易被 Cl_2 所氯化，因此对多数金属硫化物最好用 Cl_2 作氯化剂，在高温时，硫化物用 HCl 氯化是无效的；除气体氯化剂外，工业上常用 NaCl 和 $CaCl_2$ 作固体氯化剂，固体氯化剂的氯化作用主要是通过其他组分使其分解而得到氯气和氯化氢来实现的。

以 Cl_2 为例，气体氯化剂与金属硫化物 MS 的氯化反应为：

$$MS+Cl_2 = MCl_2+\frac{1}{2}S_2 \tag{8-5}$$

以 NaCl 为例，固体氯化剂与金属硫化物 MS 的反应过程为：

$$\begin{cases} 2MS+3O_2 \longrightarrow 2MO+2SO_2 \\ MS+2NaCl+2O_2 \longrightarrow Na_2SO_4+MCl_2 \end{cases} \tag{8-6}$$

反应过程非常复杂，在焙烧过程中有很多如氧化、氯化、硫酸化等反应都可能同时或相继发生。另外，反应生成的 SO_2 可再与 NaCl、O_2 反应生成氯，主要反应如下：

$$\begin{cases} 2NaCl+SO_2+O_2 \longrightarrow Na_2SO_4+Cl_2 \\ 2SO_2+O_2 \longrightarrow 2SO_3 \\ 2NaCl+2SO_3 \longrightarrow Na_2SO_4+SO_2+Cl_2 \end{cases} \tag{8-7}$$

式中，SO_2、SO_3 气体的作用是使氯化剂的分解速度大大提高，分解温度显著降低，同时产生氯气，Na_2SO_4 的生成对氯化剂的分解起催化作用。反应生成的金属氯化物也可氧化生成氯：

$$\begin{cases}6MCl_2+3O_2 \longrightarrow 2MCl_3+2M_2O_3+3Cl_2\\4MCl_3+3O_2 \longrightarrow 2M_2O_3+6Cl_2\\6MCl_3+4O_2 \longrightarrow 2M_3O_4+9Cl_2\end{cases} \tag{8-8}$$

以上各反应释放出来的氯再对金属硫化物进行氯化反应：

$$\begin{cases}2MS+2Cl_2 \longrightarrow 2MCl_2+S_2\\2MS+3Cl_2 \longrightarrow 2MCl_2+S_2Cl_2\\MS+2Cl_2 \longrightarrow MCl_2+SCl_2\end{cases} \tag{8-9}$$

从以上反应可知，硫化物矿样氯化焙烧的固相反应产物主要是金属氯化物和氯化剂反应对应的硫酸盐，气相反应产物为 SO_2、SO_3、Cl_2、HCl 等。

本节实验将根据以上实验原理，采用离析法焙烧进行难选铜矿石的氯化焙烧实验，再结合浮选法，回收精矿，流程简图如图 8-1 所示。实验采用两段离析法，将破碎好规定粒度的矿石在马弗炉内预热，之后加入氯化剂和焦炭并送入焙烧炉内进行离析焙烧，焙烧结束后，将焙烧矿水淬、冷却、烘干、磨碎，磨碎矿物经过浮选实验获得铜精矿。在实验过程中，将氯化剂的加入量作为一个研究对象，分析氯化剂的质量分数与焙砂中硫残留量的关系。本实验的食盐本身对氯化反应没有影响，离析的引发反应是依靠食盐水解产生的氯化氢，而氯化反应速度与氯化氢压力成正比。食盐的加入量过少，则氯化氢的供应就不能满足起始氯化反应速度的需要；食盐的用量过大也是有害的，它会溶解氯化亚铜，降低离析回收率。因此，实验过程中要分析出最佳食盐用量。

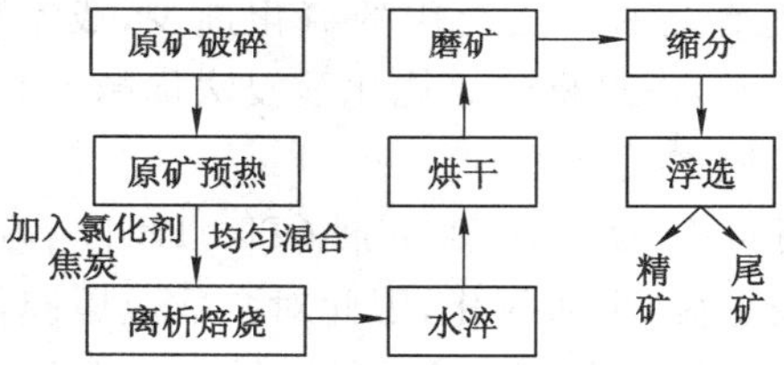

图 8-1　难选铜矿石的氯化焙烧实验流程简图

本实验方案的方程式如下式所示：

$$\begin{cases}2NaCl+H_2O+SiO_2 \longrightarrow 2HCl+Na_2SiO_3\\2HCl+Cu_2O \longrightarrow \frac{2}{3}Cu_3Cl_3+H_2O\\Cu_3Cl_3+\frac{3}{2}H_2 \longrightarrow 3Cu+3HCl\end{cases} \tag{8-10}$$

三、实验设备及材料

(1) 实验设备：破碎机，磨矿机，多功能箱式电阻炉，分析天平，真空干燥箱；

(2) 实验材料：褐铁矿，反应气体煤气，保护气体氮气，焦炭，瓷舟；

(3) 实验试剂：氯化钠，焦炭，无水乙醇-氢氧化钾-百里酚酞标准吸收滴定溶液，碳酸钠-氧化锌(3∶2)混合溶剂，乙醇溶液，2%碳酸钠溶液，甲基橙指示剂，1∶1 盐酸，氯化钡溶液。

四、实验步骤与操作技术

1. 离析法氯化焙烧实验

(1) 将铜矿石破碎至粒度小于 4～5 mm，称取 5 份铜矿石于有盖的瓷坩埚内，每份质量为 15 g。

(2) 将各个装有铜矿石的带盖瓷坩埚置入马弗炉内预热，往各个坩埚内分别加入氯化钠，质量分别为矿物质量的 0.5%、0.8%、1.2%、1.6%、2.0%，再依次加入 2 g 焦炭(粒度为 0.5～2 mm)，混合均匀后将带盖的瓷坩埚放入焙烧炉内进行离析焙烧，焙烧时间为 2～3 h，焙烧温度为 800 ℃。

(3) 焙烧结束后将各个焙烧矿水淬、烘干，磨碎至−75 μm。

2. 氯化剂的质量分数与焙烧矿中硫残留量的关系

(1) 在 30 mL 空的瓷坩埚内盛放 3～5 g 预先配好的碳酸钠-氧化锌(3∶2)混合溶剂，称取 0.2～0.5 g 磨碎的焙烧矿样于坩埚中，搅拌均匀，混合物上面覆盖 1～2 g 碳酸钠-氧化锌(3∶2)混合溶剂，盖上坩埚盖，置放于箱式电阻炉中，待炉温升高到 800 ℃后，保持灼烧 1 h。

(2) 灼烧完毕后，待坩埚冷却后，将灼烧后的混合物倒入 250 mL 烧杯内，加入 100 mL 热蒸馏水浸湿混合物，如果溶液呈绿色，加乙醇数滴使锰酸盐还原，在电炉上加热烧杯，同时捣碎半熔物。

(3) 将加热的混合物过滤于 400 mL 烧杯中，用热的 2%碳酸钠溶液洗涤沉淀 6～8 次。

(4) 在滤液中加入几滴甲基橙指示剂，用 1∶1 盐酸中和至溶液显红色并过量 2 mL，用蒸馏水调节溶液的体积到 300 mL。

(5) 溶液加热至沸(赶尽二氧化碳)，加入氯化钡溶液使其与硫酸根形成硫酸钡沉淀，滤出后灼烧、称重、记录，同时换算为硫的含量。

五、数据处理与实验报告

(1) 将氯化焙烧实验后的氯化剂的质量分数与焙烧矿中硫残留量的关系实验结果记录于表 8-2 中，并进行换算。

表 8-2　　氯化剂的质量分数与焙烧矿中硫残留量的关系记录表

氯化剂质量分数/%	焙烧矿质量/g	硫酸钡沉淀质量/g	硫残留量/%
0.5			
0.8			
1.2			
1.6			
2.0			

实验人员：______________　　日期：______________　　指导教师：______________

(2) 依据实验结果，绘制氯化剂的质量分数-焙烧矿中硫残留量曲线图，并分析同一焙烧温度时，氯化剂的质量分数与硫残留量的关系，分析出现现象的原因。

(3) 撰写实验报告。

六、思考题

(1) 采用氯化焙烧工艺，矿物的脱硫率受哪些因素影响？是如何影响的？

(2) 试分析影响氯化焙烧的因素及相互关系。

(3) 查找相关资料说明氯化焙烧处理难选矿物的应用及新技术。

第三节　磁化焙烧实验

一、目的与要求

(1) 了解磁化焙烧的分类及焙烧目的。

(2) 掌握还原焙烧的基本原理。

(3) 熟悉还原焙烧装置的构造、工作原理和操作方法。

二、基本原理

磁化焙烧常用来处理弱磁性铁矿石(如褐铁矿)。在还原剂(C,CO和H_2等)存在的条件下把矿石加热到适当温度(550～750 ℃),铁矿石被还原为磁铁矿。本节实验研究褐铁矿的磁化焙烧实验。

褐铁矿是含水氧化铁矿石,是由其他矿石风化后生成的,化学式为$n\mathrm{Fe_2O_3}\cdot m\mathrm{H_2O}$($n=1\sim3$,$m=1\sim4$)。褐铁矿中绝大部分含铁矿物以$2\mathrm{Fe_2O_3}\cdot \mathrm{H_2O}$形式存在,其吸水性很强,在焙烧或入炉受热后去掉游离水和结晶水,矿石气孔率增加,从而改善了矿石的还原性。还原焙烧实验主要考查还原剂的种类和用量、焙烧温度和时间,常用CO和H_2作为还原剂。以CO作为还原剂为例,实验过程的主要反应方程式为:

$$3\mathrm{Fe_2O_3}+\mathrm{CO}=\!=\!=2\mathrm{Fe_3O_4}+\mathrm{CO_2} \tag{8-11}$$

$$\mathrm{Fe_3O_4}+\mathrm{CO}=\!=\!=3\mathrm{FeO}+\mathrm{CO_2} \tag{8-12}$$

当焙烧温度低时,加热时间变长,还原反应速度变慢,还原剂用量增加;当焙烧温度过高(约大于600 ℃)时,容易产生过还原,使焙烧矿转变为没有磁性的方铁矿。当使用固体还原剂(煤粉、炭粉)时,还原剂粒度一般小于矿样粒度,如还原时间长,可粗些,反之则细些,但也不能太细,否则很快燃烧完,还原不充分。

生产中常用还原度来衡量磁化焙烧产品的质量。还原度为还原磁化焙烧矿中氧化亚铁含量与全铁含量的比值百分数,即:

$$R=\frac{W_{\mathrm{FeO}}}{W_{\mathrm{TFe}}} \tag{8-13}$$

式中,R为还原焙烧矿的还原度,%;W_{FeO}为还原焙烧矿中氧化亚铁的含量,%;W_{TFe}为还原焙烧矿中全铁的含量,%。

在理想还原焙烧情况下,磁铁矿的还原度为42.8%。我国鞍山钢铁集团烧结总厂根据所处理的矿石性质和烧结条件,认为$R=42\%\sim52\%$时,烧结矿的磁性最好,选别指标最高。但须指出,还原度指标不能真实反映焙烧矿的质量,不过此法简单易行,有一定的实用价值。

本节实验为了考查焙烧时间、焙烧温度、最佳还原剂用量的影响,设计如图8-2所示实验流程。

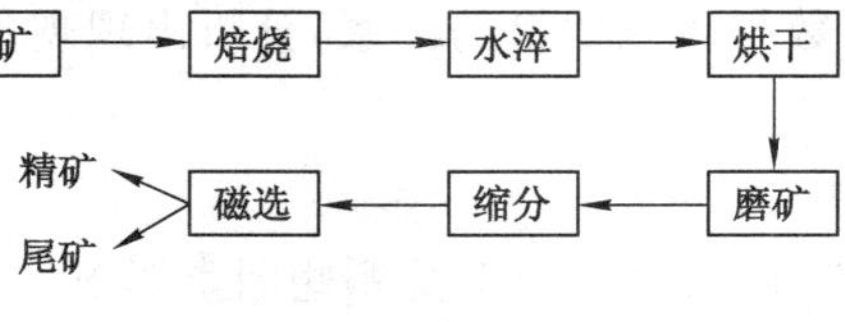

图8-2　磁化焙烧实验流程简图

三、实验设备及材料

（1）实验设备：还原焙烧装置1套（图8-3），多功能箱式电阻炉1台，分析天平，真空干燥箱；

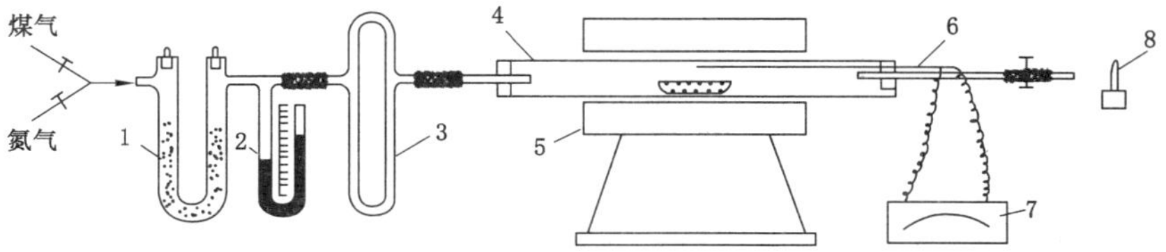

图8-3　还原焙烧装置图

1——氯化钙干燥管；2——压力计；3——气体流量计；4——反应瓷管；5——管式电炉；6——瓷舟；7——热电偶；8——高温表；9——煤气灯

（2）实验材料：褐铁矿，反应气体煤气，保护气体氮气，焦炭，瓷舟。

四、实验步骤与操作技术

（1）用分析天平称取褐铁矿15 g于瓷舟中，测4～5个平行样。

（2）将装好试样的瓷舟依次送入还原焙烧装置中，瓷管两端用插有玻璃管的胶塞塞紧，使一端作为煤气和氮气入口，另一端和煤气灯连接。

（3）往瓷管中通入氮气，驱除瓷管中的空气。

（4）焙烧炉接上电源对炉子进行预热，用变阻器或自动控温器控制炉温到规定的温度，切断氮气，通入一定量的煤气，开始记录还原时间。

（5）焙烧过程中应控制炉温恒定，还原到所需时间后，切断煤气，停止加热，改通氮气冷却到200 ℃以下，取出焙烧矿，冷却至室温（如果没有氮气，可采用水淬冷却的方式）。

（6）冷却后的焙烧矿粉经烘干、取样、分析TFe和FeO以计算还原度。

（7）焙烧矿粉磨矿后，进一步进行磁选实验，测出精矿和尾矿含量。

五、注意事项

（1）焙烧矿样必须放在炉内恒温区。

（2）热电偶热端应放在恒温区。

（3）经常检查瓷管，如坏了漏气，必须马上更换。

（4）如矿样含结晶水高，应先预热，去掉水分，使物料较疏松有利于还原。

六、数据处理与实验报告

（1）将磁化焙烧实验结果记录于褐铁矿还原焙烧实验结果记录表（表8-3）。

表8-3　　**褐铁矿还原焙烧实验结果记录表**

焙烧温度：＿＿＿＿＿＿　　焙烧时间：＿＿＿＿＿＿　　煤气通入量：＿＿＿＿＿＿

实验序号	原矿			焙烧矿			磁选结果		
	TFe/%	FeO/%	FeO/TFe	TFe/%	FeO/%	FeO/TFe	TFe/%	FeO/%	FeO/TFe
1									
2									
3									

实验人员：＿＿＿＿＿＿　　日期：＿＿＿＿＿＿　　指导教师：＿＿＿＿＿＿

（2）撰写实验报告。

七、思考题

（1）试分析影响还原焙烧的因素及相互关系。

（2）举例说明焙烧处理在矿物加工领域的应用。

第四节　氧化亚铁硫杆菌脱除煤中硫实验

一、目的与要求

（1）了解微生物脱硫的基本原理。

（2）掌握 T. f 菌生长曲线测定的方法。

（3）掌握氧化亚铁硫杆菌脱硫的各个阶段实验值的测定方法。

二、基本原理

煤炭中的无机硫和有机硫两大类的比例因煤炭的种类和产地而异，无机硫以矿物质形态存在，其大部分是以黄铁矿（FeS_2）形态存在，还会有少量的硫酸盐和单质硫；有机硫主要以噻吩型、硫化物型和硫醇型等形态存在，其中又以噻吩型为主。用于脱除煤中硫化物的微生物种类较多，但主要的种类是氧化亚铁硫杆菌。

氧化亚铁硫杆菌（*Thiobacillus ferrooxidans*，简称 T. f 菌）是一种革兰氏阴性菌，具有化能自养、好气、嗜酸、适于中温环境等特性，广泛存在于酸性矿山水及含铁或硫的酸性环境中。在有水和空气的条件下，脱硫微生物能通过生物氧化还原作用将煤炭中的黄铁矿氧化成可溶解的硫酸和亚铁离子。在微生物作用下，铁离子又可作为氧化剂，将硫铁矿氧化成单质硫，单质硫可被氧化成硫酸，黄铁矿最终生成可溶性的硫酸和硫酸铁。人们利用这一现象提出了细菌浸出的直接、间接作用机理。

直接作用指附着细菌直接催化矿物氧化分解，从中直接得到能源和其他矿物质营养元素；间接作用指依靠细菌的代谢产物——硫酸亚铁的氧化作用，细菌间接地从矿物中获得生长所需的能源和基质。具体来说，直接作用和间接作用发生如下化学反应：

直接作用：

$$MS+2O_2 \longrightarrow M^{2+}+SO_4^{2-} \tag{8-14}$$

间接作用：

$$\begin{cases} 4Fe^{2+}+4H^{+}+O_2 \longrightarrow 4Fe^{3+}+2H_2O \\ MS+2Fe^{3+} \longrightarrow M^{2+}+2Fe^{2+}+S \\ 2S+3O_2+2H_2O \longrightarrow 2H_2SO_4 \end{cases} \tag{8-15}$$

在此过程中，T. f 菌充当催化剂的角色。酸性环境中无催化剂条件下，空气氧化 Fe^{2+} 进行得很慢，当有 T. f 菌的参与可使反应速度提高 10^5～10^6 倍。

T. f 菌脱除煤中硫的实验流程如图 8-4 所示。

其中，亚铁氧化率测定用重铬酸钾标准滴定法，即采用样品 2 mL，移入 20 mL 的硫磷酰强酸性溶液中，然后用 1.755 g/L 的重铬酸钾溶液进行滴定，指示剂为 0.2%的二苯胺硫酸钠，当变为紫色时即为终点。另外，生长曲线的测定用血细胞计数板在显微镜下计数蓝色活菌数，煤中全硫的测定按 GB/T 214—2007。

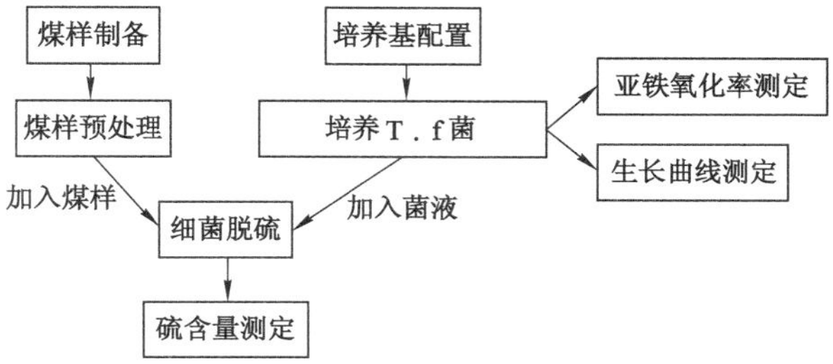

图 8-4　T.f 菌脱除煤中硫的实验流程

三、仪器设备及材料

(1) 实验设备：电子天平，显微镜，血细胞计数板，电炉，真空干燥箱；

(2) 实验材料：烧杯(1 000 mL、500 mL)，三角瓶(若干)，药匙，玻璃棒，pH 试纸，2 mL 移液管，摇床，洗瓶，酸性滴定管，小烧杯(10 mL)，盖玻片，无菌毛细滴管；

(3) 实验药品及试剂：$(NH_4)_2SO_4$，KCl，K_2HPO_4，$MgSO_4 \cdot 7H_2O$，$Ca(NO_3)_2$，H_2SO_4 溶液(1∶1)，蒸馏水，$FeSO_4 \cdot 7H_2O$，硫磷酰强酸性溶液(强硫酸 150 mL＋强磷酸 150 mL＋蒸馏水 700 mL)，1.755 g/L 的重铬酸钾溶液，0.2%的二苯胺硫酸钠，草酸铵结晶，煤样。

四、实验步骤与操作技术

1. 煤样制备及预处理

(1) 煤样制备：将煤样经过磨碎、筛分再磨碎，直到全部满足各个粒度要求，分别制得粒度为 60 网目、80 网目、100 网目、200 网目的煤粉，在 105 ℃下烘干，最后存于隔绝空气的容器中备用，实验时按固液比为 1∶10 制成悬浊液煤浆。

(2) 煤样预处理：用一定浓度的硫酸预浸洗各煤样，酸洗后用水将煤样洗至中性，然后将其干燥，最后分别配制 90 mL 含 10 g 煤样的煤浆。

2. 菌种培养基的制备及菌种的培养

(1) 培养基的配置：取 3.0 g/L $(NH_4)_2SO_4$、1.0 g/L KCl、0.5 g/L K_2HPO_4、0.5 g/L $MgSO_4 \cdot 7H_2O$、0.01 g/L $Ca(NO_3)_2$混合，按此配方加蒸馏水配溶液 1 000 mL，用 H_2SO_4 溶液(1∶1)调节 pH 值约 2.5。

(2) 接种：向 250 mL 三角瓶内加入 100 mL 培养基，于 121 ℃灭菌 20 min，冷却后加入 $FeSO_4 \cdot 7H_2O$ 44.7 g/L，接种量为 5%(体积比)，于 30 ℃、150 r/min 恒温振荡器培养，此数据的选取来源于 T.f 菌的生理特性，如表 8-4 所示。

表 8-4　T.f 菌的生理特征

细胞形态	长/μm	宽/μm	G 反应	pH 值	温度/℃	营养类型	能　源
直短杆状	0.5～0.8	1～2	G	2.0～3.5	20～35	严格或兼性自养	Fe^{2+}、S^0无机硫化物

(3) 亚铁氧化率测定：每隔 6 h 取培养液 2 mL，加入 20 mL 硫磷酰酸和 5～8 滴 0.2% 的二苯胺硫酸钠指示剂，然后用重铬酸钾溶液滴定。当指示剂变为紫色即为终点。记录下滴定的毫升数，每毫升相当于 0.002 g 亚铁。

(4) 生长曲线测定：每隔 6 h 取培养液 5 mL 加入试管，加草酸铵结晶至 1 mL，混匀，用血细胞计数板在显微镜下计数蓝色活菌数，重复 5 次，具体步骤如下：

① 菌悬液制备：以无菌生理盐水将酿酒酵母制成浓度适当的菌悬液。

② 镜检计数室：在加样前，先对血细胞计数板的计数室进行镜检，若有污物，则需清洗，吹干后才能进行计数。

③ 加样品：将清洁干燥的血细胞计数板盖上盖玻片，再用无菌的毛细滴管将摇匀的酿酒酵母菌悬液向盖玻片边缘滴一小滴，让菌液沿缝隙靠毛细渗透作用自动进入计数室，一般计数室均能充满菌液。取样时先要摇匀菌液；加样时计数室不可有气泡产生。

④ 显微镜计数：加样后静止 5 min，然后将血细胞计数板置于显微镜载物台上，先用低倍镜找到计数室所在位置，然后换成高倍镜进行计数。调节显微镜光线的强弱适当，对于用反光镜采光的显微镜还要注意光线不要偏向一边，否则视野中不易看清楚计数室方格线，或只见竖线或只见横线。在计数前若发现菌液太浓或太稀，需重新调节稀释度后再计数。一般样品稀释度要求每小格内约有 5～10 个菌体为宜。每个计数室选 5 个中格(可选 4 个角和中央的 1 个中格)中的菌体进行计数。位于格线上的菌体一般只数上方和右边线上的。如遇酵母出芽，芽体大小达到母细胞的一半时，即作为两个菌体计数。计数一个样品要从两个计数室中计得的平均数值来计算样品的含菌量。

⑤ 清洗血细胞计数板：使用完毕后，将血细胞计数板在水龙头上用水冲洗干净，切勿用硬物洗刷，洗完后自行晾干或用吹风机吹干。镜检，观察每小格内是否有残留菌体或其他沉淀物；若不干净，则必须重复洗涤至干净为止。

3. 微生物脱硫及硫含量测定

(1) 脱硫：将第 1 步预处理过的各个煤浆接入 10%(体积百分数)菌液和适量的硫酸铵，将锥形瓶中的煤浆初始 pH 值调至 2.50 左右，然后放置于水浴恒温振荡器中，温度设为 30 ℃条件下摇瓶浸出，浸出时间为 9 天，浸出后将煤样用 pH 值为 2.00 的盐酸冲洗 3～4 次，再用蒸馏水洗至中性，过滤后 60 ℃烘干。

(2) 硫含量测定：煤中全硫的测定按 GB/T 214—2007；煤中硫铁矿硫、硫酸盐硫的测定按 GB/T 215—2003。

五、数据处理与实验报告

(1) 记录亚铁氧化率测定的数据于表 8-5 中，并记录直接计数法测定的细菌数于表 8-6 中。

表 8-5　　亚铁氧化率测定数据表

时间 /h	重铬酸钾溶液体积 /mL	Fe^{2+} 质量 /g	溶液体积 /mL	Fe^{2+} 质量浓度 /(g/L)	Fe^{3+} 质量浓度 /(g/L)
12					
18					
24					
30					
36					
42					

续表 8-5

时间/h	重铬酸钾溶液体积/mL	Fe^{2+}质量/g	溶液体积/mL	Fe^{2+}质量浓度/(g/L)	Fe^{3+}质量浓度/(g/L)
48					
54					
60					

实验人员：__________ 日期：__________ 指导教师：__________

表 8-6 直接计数法测得的细菌数表

时间/h	细菌数/个	细菌数取对数 lg	时间/h	细菌数/个	细菌数取对数 lg
4			20		
8			24		
12			28		
16			32		

实验人员：__________ 日期：__________ 指导教师：__________

(2) 绘制 T. f 菌氧化亚铁的速率曲线。

(3) 绘制 T. f 菌的生长曲线。

(4) 完成后续的脱硫量实验，分析不同粒度煤的脱硫率及细菌的接种量对煤脱硫的影响，并绘制相关曲线。

六、思考题

(1) 在矿物加工领域目前主要应用到的菌种有哪几类？

(2) 分析酸预处理对煤脱硫的影响。

(3) 简述目前国内外生物选矿研究现状。

第五节 化学选矿技术发展现状及展望

随着传统矿产资源的日益减少，资源形势不断恶化与选矿成本的不断增加，人们不得不面临“资源开发与可持续发展”这一课题。要解决这一问题，使矿物资源充分资源化，与之相适应的资源开发技术的不断拓展研发显得日益迫切；此外，为合理开发利用矿产资源，适应经济的发展需要，抵御市场价格的冲击，也迫切需要生产程序的简化，以降低选矿生产成本，提高劳动生产率，增加企业效益。单纯依靠传统的分选方法难以适应这一发展需要。化学选矿以及与传统分选方法相结合为这一发展形势注入了新的活力，其在矿物分选中的作用已不可替代，在促进学科交叉渗透技术应用上也显得尤为重要。在矿物分选技术研发的同时，资源友好、和谐发展的开发理念也逐步渗透选矿技术的方方面面，应运而生的绿色化学也逐步引起人们的重视。绿色化学是指环境无害化学或环境友好化学，包括避免和消除对生态环境有毒有害的原料、催化剂、溶剂和试剂的使用，以及副产物的产生，以实现废物的“零排放”等。下面从矿物资源的开发需求出发，综述化学选矿技术的应用与发展，并探讨在矿物资源加工工程领域发展绿色化学存在的问题及前景。

一、化学选矿技术的发展及应用

近年来，化学选矿技术的发展较快。总体而言，在对铜、铝土矿等常用有色金属化学选矿方法的研究中，以浸出、萃取、焙烧等方法较为突出；在对煤炭的加工处理中则以生物脱硫技术的应用为代表。

（一）常用有色金属的化学选矿

1. 化学浸出—萃取—电积法提铜工艺

浸出—萃取—电积法不仅能在矿山现场从铜矿石中生产出高质量的阴极铜，而且初期投资和生产成本较常规的选矿和火法冶炼低，该法在北美和南美国家得到迅速普及。在国内，大规模铜矿山常采用浮选法，由于成本较高，也开始向溶剂萃取—电积法转变。

（1）铜的酸浸出

从废铜矿、贫铜矿、氧化矿或浮选尾矿等物料中溶浸铜是目前铜溶浸处理的主要对象。张峰等介绍了针对铜矿峪铜矿难采、难选、低品位氧化铜矿石和自然崩落法采矿塌陷区含铜废石，采用地下溶浸工艺对铜资源进行回收，生产出了高质量阴极铜；庞海霞等针对低品位氧化铜，采用“破碎—酸浸—析铜”工艺生产铜，矿样中铜浸出率达85%～95%。

（2）铜的萃取剂

用溶剂萃取—电积法（SX-EW）生产铜，是有色金属工业应用溶剂萃取技术最成功的例子之一。由于近几年来高效萃取剂的发展，萃取容量增加、速度提高及反萃效率的改善，萃取及反萃作业的段数已减少为逆流萃取二段、反萃一段，从反萃作业得到的有机萃液可直接返回萃取作业，而富铜电解液中混入的有机萃取剂可用浮选法仅添加起泡剂就可回收，因此萃取剂的消耗量可以减少。铜溶剂萃取剂的结构与选矿药剂的结构一样，一直都是关注与研究的热点。兰兴华就铜溶剂萃取剂的结构和发展做了一些概述；彭钦华等研究了羟肟类铜萃取剂的结构和性能的关系，并考察了铜萃取剂BK992和LIX984的对比萃取及混合萃取性能指标，结果表明BK992和LIX984的使用性能相当，两种铜萃取剂相互混合不影响使用性能指标，另外还介绍了铜萃取剂BK992在德兴铜矿的对比萃取扩大实验以及在云南东川矿务局科研所的实际应用情况，指出BK992对铜的萃取率85.5%～98.8%，反萃取率53.2%～64.0%，铜的净传递量2.44～3.77 g/L，能克服萃取生产运行中絮凝物的影响，没有降解，稳定可靠。

2. 铝土矿的脱硅技术

我国铝土矿资源探明储量达23亿t，居世界第五位，主要分布在山西、河南、贵州、广西四省区。我国铝土矿主要为一水硬铝石型铝土矿，有高铝、高硅、低铁的突出特点，铝硅比偏低，矿物组成复杂，嵌布粒度细，嵌布关系复杂，铝矿物和铝硅酸盐矿物的可磨性差异较大。

目前我国的氧化铝生产工艺主要采用生产工艺复杂、流程长、投资大、成本高的混联法和烧结法。以生产能力计，混联法占69.4%，烧结法占20.2%，拜耳法仅占10.4%。世界上采用拜耳法生产的氧化铝占90%左右，烧结法和联合法只占10%左右。且拜耳法生产氧化铝的直接能耗与间接能耗都比烧结法和联合法低。

何润德等研究处理了A/S=5的铝土矿两段烧结工艺。实验表明，Ⅰ段烧结最佳条件为：碱比为1.2、烧结温度为1 100 ℃、烧结时间为40 min；Ⅱ段烧结最佳条件为：钙比2.25、烧结温度为1 200 ℃、烧结时间为30 min；Ⅰ段溶出温度高于95 ℃后脱硅作用明显，溶液硅量指数可达 400 以上；两段烧结工艺氧化铝溶出率 $\eta_{A标}$ 可达 98.22%，总的化学碱耗为 11.26 kg。范晓慧等针对中、低铝硅比的一水硬铝石-高岭石型铝土矿，进行了回转窑焙烧和常压碱浸脱硅实验研究，结果表明：工艺可行性良好，焙烧工艺条件为：焙烧温度为 1 050～1 100 ℃，焙烧时间为 15～20 min；常压碱浸脱硅工艺条件为：Na_2O 浓度为 100～150 g/L，液固比 4～5 的条件下，溶出温度为 90 ℃，溶出时间为 2 h，此时脱硅率达 55.20%，精矿铝硅比（A/S）为9.9，与加压溶出条件下取得的脱硅效果相当。而采用两段溶出脱硅能够提高焙烧的脱硅率，显著缩短溶出时间。当第一、二段溶出时间均为 30 min 时，焙烧矿的脱硅率可达 59.65%。

（二）煤炭生物加工技术及其应用

煤炭是重要的工业能源，但由于过高的硫含量而引起的环境污染已成为制约其发展的重要因素之一。为了保护环境，1998 年国家环保部门会同有关部门划定了酸雨和 SO_2 污染控制区，制定了两控区内煤炭、电力等重点行业 SO_2 污染的控制规划。由此，煤炭生产企业和煤炭加工利用行业都千方百计地降低煤的含硫量，以减少污染。同时，由于煤炭中硫每上升 0.1%，焦比要升高 1.2%～2.0%，生铁产量要降低 2.0%，为此，国家有关部门规定，炼焦和发电厂用煤的含硫量必须在 1%以下，一般用煤含硫量必须在 1.5%以下。随着近代科技的发展，选煤技术从矿物加工的角度与其他学科交叉渗透，逐步向低污染、低能耗的方向发展，近年来发展起来的生物选矿技术在煤炭加工领域应用的重要性日渐体现出来，目前常用生物脱硫方法是生物浸出法和表面处理法。

1. 生物浸出法

生物浸出法就是利用微生物的氧化作用将黄铁矿氧化分解成铁离子和硫酸，硫酸溶于水后将其从煤炭中排除的一种脱硫方法。该法优点是装置简单，只需在煤堆上撒上含有微生物的水，通过水浸透，在煤中实现微生物脱硫，生成的硫酸在煤堆底部收集，从而达到脱硫的目的。为提高浸出率，开发了用于生物浸出的反应器（空气搅拌式、管道式、水平转筒式等）。该法研究历史较长，技术较成熟。由于是将煤中硫直接代谢转化，当采用合适的微生物时，还能同时处理煤中无机和有机硫，理论上有很大应用价值。其缺点是处理时间较长（数周）。原因是所用的硫杆菌属于自养型微生物，生长速度慢。

2. 表面处理法

表面处理法是一种将微生物技术与选煤技术结合起来开发出的一种微生物浮选脱硫技术。该法是把煤粉碎成微粒，与水混合，在其悬浮液下通入微细气泡，使煤和黄铁矿表面均附着气泡，在空气和浮力作用下，煤和黄铁矿会一起浮到水面。但是，如果将微生物加入悬浮液中，由于微生物附在黄铁矿表面，使黄铁矿表面由疏水性变成亲水性。与此同时微生物却难以附着在煤粒表面，所以煤表面仍保持疏水性。这样煤粒上浮，而黄铁矿则下沉从而把煤和黄铁矿分离，达到煤炭中脱除黄铁矿的目的。

该法优点是处理时间短，当采用对黄铁矿有很强专一性的微生物（如 T. f 菌）时，能在数秒钟之后就起作用，抑制黄铁矿上浮，整个过程几分钟就完成，脱硫率较高，但煤炭回收率较低。

二、绿色化学的兴起及发展

作为化学选矿的发展趋势，强调环境友好的绿色化学技术得到了长足的发展。绿色化学包括了所有可以降低对人类健康和对环境产生负面影响的化学方法与技术，其本质是从源头上彻底阻止污染的产生。同时,绿色化学追求高选择性反应过程,极少副产品,甚至能达到原子经济性、实现零排放。因此,绿色化学不仅可以防止环境污染,而且还可提高资源利用率,增加经济效益。

绿色化学是近年来提出的新概念,英国皇家化学学会创办的 *Green Chemistry* 国际期刊也是 1999 年才创刊的。因而几乎找不到冠以绿色化学名称的有关矿物资源加工和二次资源回收领域的研究论文。然而,在选冶科学和工程界,针对传统矿物分选过程所存在的高能耗、重污染和矿物资源浪费等问题,人们在绿色化学概念提出之前,便已经开始研究和采用一些环境友好的方法。最突出的例子便是生物浸出矿物资源中的有价金属(如铜、镍、铀、金等)、非氰化提取金和矿山污染源的微生物转化的研究和应用等。

(一) 生物浸出

矿物资源的生物浸出是一种利用微生物把矿石中不溶性金属化合物变成可溶性化合物,再用湿法冶金从溶液中回收金属的方法。自然界中许多微生物,包括细菌、蓝细菌、真菌、霉菌、酵母菌等,都具有这种溶解矿物的作用,其过程是在一系列酶作用下完成的生物化学反应,反应条件温和,过程"悄无声息",与传统的矿冶工程中的苛刻反应形成鲜明对比。生物浸出方法尤其在处理低品位矿和复杂矿方面有独到的优势,具有经济、节能和污染少的特点。目前,关于铜矿(主要是硫化铜矿)的生物浸出的研究和应用最多,其次是关于铀矿浸出和金矿的微生物预氧化处理。据文献报道全世界有 1/4 的铜产自微生物浸出,美国至少有 20 个低品位和难采铜矿采用细菌堆浸或就地浸出法提取其中的铜,结合萃取—电积工艺,各厂矿年产的电解铜量在 1 000 t 左右,我国也于 1998 年在江西德兴铜矿(最大的低品位铜矿)成功实施了年产 2 000 t 电解铜的微生物浸出—萃取—电积工艺生产线,生产出了纯度 99.998%的优质铜。中南大学矿产资源生物提取基础实验室(生物工程研究所)担负了其中的浸矿微生物的实验室和工程化研究和应用。最近,他们又将工程菌成功地推广应用到广东大宝山铜矿铜的生物浸出,取得了较好的经济效益和环境效益。

(二) 矿物的微生物诱导浮选和絮凝

与生物浸出法不同,微生物诱导选矿定义为借助于微生物相互作用,从矿石中选择性除去不想要的组分,使有用矿物组分得到富集。与常规的选矿工艺相比,微生物诱导浮选和微生物诱导絮凝是一个更有效、更经济和环境友好的分离各种矿物的方法。常规选矿工艺需要应用不同的有毒的药剂,而用生物药剂可以安全地替代它们。微生物与矿物之间的以下作用结果可能对微生物诱导选矿起关键作用:① 微生物在矿物表面上固着,并形成生物膜;② 生物催化氧化和还原反应;③ 代谢产物的吸附和化学反应。

因此,生物诱导选矿都是由在以下表面化学现象和物理化学现象中起作用的微生物引起的:① 改变矿物表面的化学组成;② 制取新一代表面活性生物药剂;③ 选择性溶解矿石基质上的矿物相;④ 吸附、聚集和沉淀离子和组分。

几个实验室研究结果可以看出,在选矿过程中可以成功地应用微生物。细菌诱导选矿法具有很大的工业应用潜力。因为,用于矿物加工中的微生物在矿床和矿山水中无所不在,因而分离和应用它们比较简单可行。矿物生物学的新发展不仅为选矿和提取金属,而且为有效的环境控制开辟了一条全新的道路。

(三) 非氰化方法提取金

氰化法提金具有操作简单、回收率高、生产成本低等优点。但是,氰化法的固有缺点是使用剧毒试剂氰化物，其进入水体和土壤，对人、畜和其他生物带来很大的潜在危害性，而且，金溶解动力学较慢，大多数金银选冶工艺流程周期长。因此，人们一直致力于寻找绿色化的非氰化提金新试剂和新工艺。突出的例子是硫脲浸出和硫代硫酸盐浸出的研究和应用。硫脲和硫代硫酸盐对金、银的溶解速率快，毒性小，对环境不产生污染，符合绿色化工艺的要求。不过，由于试剂使用成本较高和工艺操作不易控制，还需加强对试剂再生利用和稳定工艺操作的工艺研究，以使得这一绿色化工艺最终实现实质性的工业化。

（四）矿山污染源的微生物转化

矿山污染源主要来自暴露在雨中的含硫矿石或铁矿山废堆矿石。这些废堆矿石在长期堆放过程中，在微生物作用下形成酸性矿坑水，将有毒元素从废堆矿石中溶浸出来，流入水体和土壤而导致污染。常见的有毒污染元素有铅、镉、砷、硒、汞等。微生物对这些有毒元素具有富集、吸收和转化作用，其中转化作用类型包括氧化作用、还原作用及甲基化作用。例如，芽孢杆菌、大肠埃氏菌、黑曲霉等，在含 Cd^{2+} 化合物中生长时，其体内能沉积大量的镉，假单胞菌能将无机 Cd^{2+} 化合物转化生成挥发性镉化合物等。如果微生物在富集和吸收有毒元素的过程中，其本身不产生有毒代谢物，即所谓的二次污染，那么，微生物的这种对有毒元素的生物富集和吸收可直接用于矿山环境有毒元素污染源的控制和清除。但是对于微生物对有毒元素的生物转化作用，则要分情况采用必要的辅助办法来达到对污染源的清除。例如，上述的假单胞菌将无机 Cd^{2+} 化合物转化生成挥发性镉化合物后，只有通过有效收集方法才能除去镉污染源的危害。自然界中有很多种类的微生物能对上述有毒元素进行转化，只有研究并弄清楚这些生物转化机制，才有可能合理利用、控制或抑制微生物对各种金属存在形式的转化作用，达到矿山污染源的控制和消除，进而获得资源利用和环境保护的双重效应。

三、发展化学选矿技术，促使矿物资源高效利用

我国矿产资源丰富，但贫矿多、富矿少；共生矿多，单一矿少；多年开采形成了大量的尾矿和废堆矿石，既是资源，同时也是巨大的环境污染源。因此，必须对矿物资源进行综合开发、回收和利用。化学选矿即是应这一发展需求所产生的新技术源泉。要对化学选矿技术进行重点研究、开发和应用，尽量缩短技术研发与实际应用之间的间隔周期，能实现用已有的研究成果配合现有工艺进行优化改造。

我国对绿色化学方面的研究工作还有待进一步加深和拓展，绿色化学与其他相关学科有着密切的联系。这些相关学科包括生命科学中的一些学科，如生物学、生理学和生物化学等，以及物理学、计算机科学、材料学、地质学和工程学等等。随着化学与这些学科的进一步交叉和渗透以及各学科自身的发展，绿色化学研究的范畴也会不断地发展。

国内绿色化学方面的资料不多，特别是绿色化学在煤炭加工和资源二次回收利用方面的应用研究的论文很少。矿物资源的高效利用与绿色化学有着密切的联系。两者都与环境友好和经济持续发展战略相关，矿物资源高效利用是资源开发和利用绿色化的要求，它的实现，需要绿色化学作基础。随着我国对绿色矿物加工技术重视和研究工作的不断深入，深信绿色化学与技术在矿物资源利用中的应用将导致选冶工业技术和制度的革新，并由此带来行业面貌的更新。

第九章　矿物加工综合设计实验

第一节　煤泥实际可浮性影响因素研究实验

一、目的与要求

（1）了解并掌握煤泥主要可浮性影响因素的考察方法及操作过程。

（2）掌握浮选机可调控的基本工艺参数与调控方法。

二、基本原理

与世界其他产煤大国相比，我国煤炭的特点是原煤灰分偏高，尤其是细粒煤还具有“细、杂、难”的特点，可以推断随着煤炭资源不断开采消耗，原煤的质地将更差，灰分还会进一步增高，与此同时，煤泥的分选也将变得越来越难。针对我国煤炭资源自身的特点，选煤界人士对细粒煤泥分选做了大量研究工作，研究的分选方法主要有浮选、油团聚和选择性絮凝等，但由于技术上和经济上等原因，只有浮选被广泛应用并在技术上趋于成熟。我国煤泥分选效率低，常出现“重介背灰”的现象。由此对煤泥浮选工艺因素影响下的实际浮选效果进行深入研究，对实际生产具有重要的指导意义。

可浮性从工艺角度说是指在一定的质量要求下煤泥浮选的难易程度，它受到多种因素影响，可分为天然可浮性和实际可浮性。不同性质的煤泥分选行为各异，本实验重点研究工艺因素对煤泥实际可浮性的影响，以寻求各工艺因素的影响规律。

三、仪器设备及材料

（1）1.5 L 实验室型单槽浮选机 1 台/组；

（2）可控温烘箱（规格及数量视学生分组数目而定）；

（3）盘式真空过滤机 1 台/2 组，滤纸若干；

（4）电子天平（数量视学生分组数目而定）；

（5）微量注射器 2 支/组；

（6）接样瓷盆 4 个/组；

（7）洗瓶 1～2 个/组；

（8）实验用煤泥样；

（9）浮选药剂：煤油（工业品）、仲辛醇（工业品）。

四、实验步骤与操作技术

1. 药剂对浮选效果的影响

（1）药剂量探索实验

在矿浆浓度为 70 g/L、浮选机叶轮搅拌转速为 1 800 r/min、充气量为 0.25 m^3/h 的条件下，首先利用其天然可浮性，刮泡得到易浮矿物（J1），再分步添加浮选药剂，浮出不同质量的精煤产品 J2、J3、J4。

（2）捕收剂用量实验

浮选机搅拌叶轮转速定为1 800 r/min，充气量定为0.25 m^3/h，控制煤泥入浮浓度为70 g/L，根据探索实验结果固定起泡剂用量。改变捕收剂用量，探索捕收剂用量改变对分选指标的影响。

（3）起泡剂用量实验

浮选机搅拌叶轮转速定为1 800 r/min，充气量定为0.25 m^3/h，控制煤泥入浮浓度为70 g/L，根据探索实验结果固定捕收剂用量。改变起泡剂用量，探索起泡剂用量改变对分选指标的影响。

2. 浮选浓度实验

综合国内选煤厂煤泥分选现状可以看出一般的煤泥分选大多采用直接浮选，浓度较低，且不易调整，少部分采用浓缩浮选，分选浓度可以得到适当的提高。一般煤泥浮选浓度都在60～120 g/L之间，本次实验取不同浓度所需的煤样质量，将煤样润湿后放入浮选槽进行常规浮选实验。控制浮选机搅拌叶轮转速1 800 r/min，充气量定为0.25 m^3/h。实验过程中控制保持干矿量药剂消耗相同，每个矿浆浓度分三种药剂水平进行实验，以排除药剂用量不同带来的影响。

3. 浮选机工作条件对浮选效果影响的研究

将调浆和浮选两个阶段分开讨论。将煤浆润湿2 min，加入捕收剂搅拌1 min，加入起泡剂搅拌10 s，这个为调浆过程；将充气刮泡作为浮选过程。实验过程控制矿浆浓度70 g/L，煤油与仲辛醇的用量根据探索实验结果进行选取，充气量定为0.25 m^3/h。

（1）调浆过程搅拌转速对浮选效果的影响

调浆过程控制浮选机搅拌叶轮转速范围1 200～2 800 r/min，每200 r/min作为一个水平间隔进行浮选实验。浮选过程则均固定浮选机搅拌叶轮转速为1 800 r/min。

（2）浮选过程搅拌转速对浮选效果的影响

调浆过程浮选机搅拌叶轮转速固定在1 800 r/min，仅改变浮选过程的转速进行浮选实验，控制浮选机搅拌叶轮转速范围1 200～2 800 r/min，每200 r/min作为一个水平间隔。

（3）浮选过程充气量对浮选效果的影响

对于一台既定的浮选机，充气程度与浮选机的结构设计密切相关，在操作中易调节的仅仅为充气量。实验通过调节不同充气量，即空气流量，研究充气量对煤样浮选的影响。

4. 清理实验设备，整理实验场所

注：实验操作过程中所添加的药剂和其他工艺参数仅作为参考值，具体可根据所用矿样的种类及性质进行优化确定。

五、数据处理与实验报告

（1）将实验数据、计算结果及实验条件按规定填入对应实验结果表9-1～表9-7中。

表9-1　　浮选药剂探索实验结果

产品名称	煤油用量/(g/t)	仲辛醇用量/(g/t)	产率/%	灰分/%	精煤累计		尾煤累计	
					产率/%	灰分/%	产率/%	灰分/%
J1	0	0						
J2								
J3								

续表 9-1

产品名称	煤油用量/(g/t)	仲辛醇用量/(g/t)	产率/%	灰分/%	精煤累计		尾煤累计	
					产率/%	灰分/%	产率/%	灰分/%
J4								
W	—	—						
合计	—	—			—	—	—	—

实验人员：______________　　日期：______________　　指导教师：______________

表 9-2　　捕收剂用量探索实验结果

编号	煤油用量/(g/t)	精煤		尾煤		计算原煤灰分/%	精煤可燃体回收率/%
		产率/%	灰分/%	产率/%	灰分/%		
1							
2							
3							
4							
5							
…							

实验人员：______________　　日期：______________　　指导教师：______________

表 9-3　　起泡剂用量探索实验结果

编号	煤油用量/(g/t)	精煤		尾煤		计算原煤灰分/%	精煤可燃体回收率/%
		产率/%	灰分/%	产率/%	灰分/%		
1							
2							
3							
4							
5							
…							

实验人员：______________　　日期：______________　　指导教师：______________

表 9-4　　矿浆浓度浮选实验结果

矿浆浓度/(g/L)	药剂用量/(g/t)		精煤		尾煤		计算原煤灰分/%	精煤可燃体回收率/%
	煤油	仲辛醇	产率/%	灰分/%	产率/%	灰分/%		
60								
60								
60								
70								
70								
70								

续表 9-4

矿浆浓度/(g/L)	药剂用量/(g/t)		精煤		尾煤		计算原煤灰分/%	精煤可燃体回收率/%
	煤油	仲辛醇	产率/%	灰分/%	产率/%	灰分/%		
80								
80								
80								
90								
90								
90								
100								
100								
100								
…								

实验人员：______________　　日期：______________　　指导教师：______________

表 9-5　调浆不同搅拌速度实验结果

序号	转速/(r/min)	精煤		尾煤		计算原煤灰分/%	精煤可燃体回收率/%
		产率/%	灰分/%	产率/%	灰分/%		
1	1 200						
2	1 400						
3	1 600						
4	1 800						
5	2 000						
6	2 200						
7	2 400						
8	2 600						
9	2 800						

实验人员：______________　　日期：______________　　指导教师：______________

表 9-6　浮选过程不同搅拌速度实验结果

序号	转速/(r/min)	精煤		尾煤		计算原煤灰分/%	精煤可燃体回收率/%
		产率/%	灰分/%	产率/%	灰分/%		
1	1 200						
2	1 400						
3	1 600						
4	1 800						
5	2 000						
6	2 200						

续表 9-6

序号	转速/(r/min)	精煤		尾煤		计算原煤灰分/%	精煤可燃体回收率/%
		产率/%	灰分/%	产率/%	灰分/%		
7	2 400						
8	2 600						
9	2 800						

实验人员:______________ 日期:______________ 指导教师:______________

表 9-7 浮选过程不同充气量实验结果

序号	充气量/(m^3/h)	精煤		尾煤		计算原煤灰分/%	精煤可燃体回收率/%
		产率/%	灰分/%	产率/%	灰分/%		
1	0.10						
2	0.15						
3	0.25						
4	0.35						
5	0.45						
6	0.55						

实验人员:______________ 日期:______________ 指导教师:______________

(2) 在实验过程中记录实验现象,尤其要观察矿化气泡与泡沫层,并进行结果分析。

(3) 撰写实验报告。

六、思考题

(1) 浮选机调浆和浮选两个过程中,搅拌的作用各是什么?

(2) 除了本实验探讨的浮选药剂、浮选浓度与浮选机工作条件,煤泥的实际可浮性还与哪些因素有关?

第二节 难选铜铅锌多金属硫化矿的浮选实验

一、目的与要求

(1) 掌握铜铅锌多金属硫化矿的典型分选流程。

(2) 针对复杂难选的铜铅锌多金属硫化矿探索合适的浮选药剂制度。

(3) 实现铜铅锌多金属硫化矿铜、铅与锌三种精矿产品的产出。

二、基本原理

多金属硫化矿指的是铜、铅、锌、铁等硫化物在矿石中至少两种或两种以上致密共生的矿石,是提取有色金属最大的矿产资源。浮选作为获得精矿的主要选别方法,其重要性也日益明显。在多金属硫化矿中,由于某些矿物浮游性质十分接近,矿物嵌布极细,结构复杂,氧化严重,含泥量多等,造成回收利用困难。多金属硫化矿分选工艺的研究是国内外选矿科技工作者研究的主要方向。以旋流-静态微泡柱分选方法为基础和起点开展针对复杂难选多金属硫化矿的柱浮选应用技术研究,可以达到缩短流程、强化分选过程、提高产品精矿品位和回收率的目的。

本次实验针对铜铅锌多金属硫化矿拟采用部分混合浮选流程。这种流程的特点是把可浮性相近的有用矿物选到混合精矿中，然后进行分离浮选。这种流程兼有优先浮选与混合浮选两种流程的优点，浮选分离的工艺条件易于控制。

1. 铜铅混合浮选

由于铜铅可浮性相近且易浮，所以在流程结构中，先将铜铅一同浮出得到铜铅混合精矿。

铜铅混合浮选的捕收剂有丁基黄药等，根据文献介绍，BK类药剂针对铜铅锌硫化矿的捕收选择性较好，因此拟采用BK类捕收剂对比黄药类捕收剂进行浮选研究。

拟使用的锌矿物抑制剂有亚硫酸钠、硫酸锌等。亚硫酸盐对已被铜离子活化的闪锌矿的抑制作用，并不是从闪锌矿表面排除硫化铜薄膜，而是在闪锌矿表面上沉积亲水性的亚硫酸锌所引起的。

2. 从铜铅混合浮选尾矿中回收锌矿物

采用优先浮选从铜铅混合浮选尾矿中回收锌矿物时，主要调整剂拟用石灰和硫酸铜。石灰为pH值调整剂，为实现硫的有效抑制，pH值应控制在碱性范围内。硫酸铜为锌的活化剂，其用量要适当。如果用量过大，会使泡沫发脆，大量的锌会进入尾矿，除非加过量的起泡剂；如果硫酸铜的用量不足，就会产生矿化差，锌尾矿中含锌高。

3. 铜铅混合精矿的分离浮选

浮选铜铅锌多金属硫化矿时，铜铅分离的问题也是选别这类矿石的关键性问题。由于铜铅可浮性很相近，铜铅混合精矿的分选往往很困难，或分选不好，即所得的铜和铅精矿中，铜与铅相互混杂，从而使它们回收率大大降低。研究过的分离方法主要有抑铅浮铜和抑铜浮铅。抑铜浮铅法主要以用氰化物为主，毒性较大，因此在本项研究中更倾向于用抑铅浮铜法。拟采用重铬酸盐法进行抑铅浮铜。重铬酸盐法的特点是用量较少；且有研究表明，重铬酸钾是方铅矿的有效抑制剂，对铜矿物的浮选没有影响。

三、仪器设备及材料

(1) 旋流-静态微泡浮选柱实验系统1套，主要包括：搅拌桶，给料蠕动泵，浮选柱（以2台FCSMC-ϕ100 mm×2 000 mm、FCSMC-ϕ75 mm×2 000 mm、2台FCSMC-ϕ50 mm×2 000 mm三种规格旋流-静态微泡浮选柱构成铜铅锌多金属硫化矿部分混合浮选工艺），循环泵，尾矿蠕动泵，精矿桶和尾矿桶；实验系统可根据实验要求组成各种实验流程以适应实验需要；

(2) 实验用铜铅锌多金属硫化矿矿样，主要回收的目的矿物为黄铜矿、闪锌矿、方铅矿等；

(3) 浮选药剂：丁基黄药（工业品），BK类捕收剂（工业品），$2^{\#}$油（工业品），亚硫酸钠（化学纯），硫酸锌（化学纯），石灰（分析纯），硫酸铜（分析纯），重铬酸钾（分析纯）。

四、实验步骤与操作技术

铜铅锌多金属硫化矿部分混合浮选工艺流程如图9-1所示。

(1) 检查各浮选柱与辅助设备的连接情况，以保证矿浆通路顺畅。

(2) 根据处理量和矿浆浓度，采用可浮性实验所确定的最佳工艺条件或经验计算药剂的添加量(g/t)。

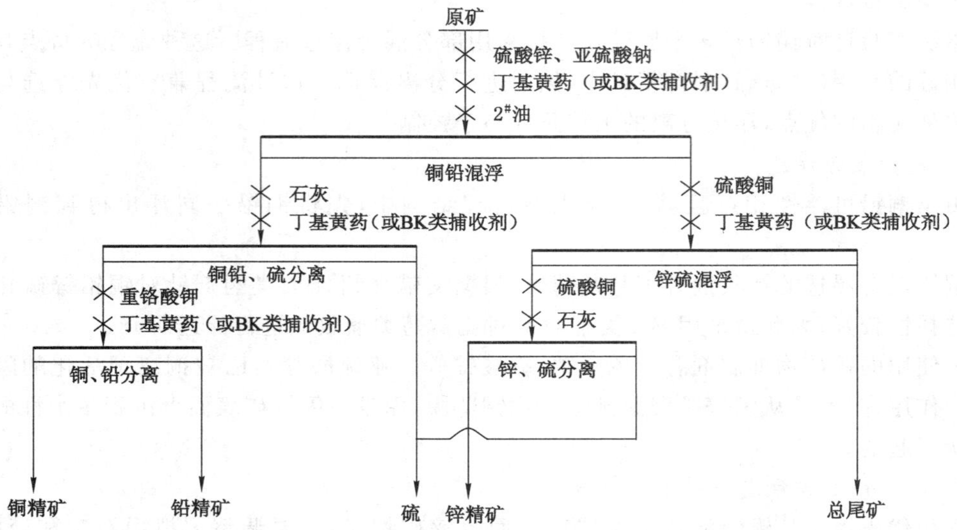

图 9-1 铜铅锌多金属硫化矿部分混合浮选工艺流程

(3) 开启铜铅混浮搅拌桶，向铜铅混浮搅拌桶依次加入抑制剂、捕收剂、起泡剂。

(4) 开启铜铅混浮浮选柱的循环泵，并将循环泵的压力、充气量调节到一定值。

(5) 打开给料阀门开始向浮选柱内给料，通过给料蠕动泵无级调速来调节给料量的大小。等浮选柱柱体中的液位上升到给料口附近时开启尾矿蠕动泵排尾矿。

(6) 根据物料流的走向，开启锌硫混浮，铜铅、硫分离，锌、硫分离，铜、铅分离各作业段的搅拌桶（对应调浆过程参照铜铅锌多金属硫化矿分选流程的药剂制度）与浮选柱系统[调控方法见步骤(5)]。

(7) 通过蠕动泵调节浮选柱的液位到一定高度和稳定性，通过观察精矿泡沫的溢出量和泡沫质量，调节药剂量、充气量和喷淋水到合适的程度，以使浮选柱系统稳定。

(8) 等浮选柱各产品流和液位稳定后，同时用接样瓷盆接取各流程样，并时刻注意液位的稳定性和各管道是否发生堵塞或尾矿不排等事故。

(9) 等给料快结束时将各产品精矿桶和尾矿桶同时移开，不再接料，实验基本结束。

(10) 将各流程样分别过滤、烘干、称重、化验。

(11) 结束实验时，各浮选柱的停车顺序与浮选柱的开启顺序相反。

(12) 清理实验设备，整理实验场所。

注：实验操作过程中所添加的药剂和其他工艺参数仅作为参考值，具体可根据所用矿样的种类及性质进行优化确定。浮选浓度、药剂用量、接取流程样的种类及次数等实验条件可根据需要由指导教师确定。

五、注意事项

(1) 实验期间，要求实验参与人员坚守岗位，按实验方案要求、工艺参数及药剂条件严格操作。

(2) 由于回收的目的矿物多，流程复杂，因此要求操作过程必须时刻注意浮选柱的液位、充气量、药剂等是否保持在给定的工艺参数内。

(3) 及时采取流程样、制样以及化验。

(4) 若设备在运转过程中发生意外故障或磨损漏矿事故，要求及时予以抢修。

六、数据处理与实验报告

(1) 将实验数据、计算结果及实验条件按规定填入铜铅锌多金属硫化矿各分选作业对应的实验结果表中，如表 9-8～表 9-12 所示。

表 9-8　　铜铅硫混浮实验结果

试样来源＿＿＿＿＿＿＿＿；试样粒度＿＿＿＿＿＿＿＿

产品名称	产率/%	品位/%			作业回收率/%			实验条件及现象
		Cu	Pb	Zn	Cu	Pb	Zn	
原矿								
铜铅硫混浮精矿								
铜铅硫混浮尾矿								

实验人员：＿＿＿＿＿＿　　日期：＿＿＿＿＿＿　　指导教师：＿＿＿＿＿＿

表 9-9　　锌硫混浮实验结果

产品名称	产率/%	Zn 品位/%	作业回收率/%	总回收率/%	实验条件及现象
给矿					
锌硫混浮精矿					
总尾矿					

实验人员：＿＿＿＿＿＿　　日期：＿＿＿＿＿＿　　指导教师：＿＿＿＿＿＿

表 9-10　　锌硫分离实验结果

产品名称	产率/%	Zn 品位/%	作业回收率/%	总回收率/%	实验条件及现象
给矿					
锌精矿					
锌硫分离尾矿					

实验人员：＿＿＿＿＿＿　　日期：＿＿＿＿＿＿　　指导教师：＿＿＿＿＿＿

表 9-11　　铜铅、硫分离实验结果

产品名称	产率/%	品位/%		作业回收率/%		总回收率/%		实验条件及现象
		Cu	Pb	Cu	Pb	Cu	Pb	
给矿								
铜铅、硫分离精矿								
铜铅、硫分离尾矿								

实验人员：＿＿＿＿＿＿　　日期：＿＿＿＿＿＿　　指导教师：＿＿＿＿＿＿

表 9-12　　铜、铅分离实验结果

产品名称	产率/%	品位/%		作业回收率/%		总回收率/%		实验条件及现象
		Cu	Pb	Cu	Pb	Cu	Pb	
给矿								
铜精矿								
铅精矿								

实验人员：______　　日期：______　　指导教师：______

(2) 在实验过程中记录实验现象，尤其要观察矿化气泡与泡沫层，并进行结果分析。

(3) 画出铜铅锌多金属硫化矿浮选工艺数质量流程图(选做)。

(4) 撰写实验报告。

七、思考题

(1) 从实现短流程的角度，浮选柱全流程与浮选机全流程相比存在哪些优点？

(2) 通过文献资料查阅，讨论多金属硫化矿的先进选矿工艺及方法。

第三节　金矿(含金黄铁矿)磨浮工艺分选实验

一、目的与要求

(1) 了解并掌握金矿磨浮工艺的分选条件及操作过程。

(2) 掌握金矿浮选的药剂制度及各种药剂的基本作用。

(3) 初步建立磨矿细度对分选指标影响的分析思维。

(4) 理解产品粒度分析对选矿结果的指导作用。

二、基本原理

中国是世界排名第二位的产金大国，也是第四大黄金消费国。金(Au)常与很多硫化矿共生，所以生产实践中常常是选出含金硫化矿精矿，丢弃尾矿。金-硫化物精矿可以在现场直接氰化，或经水冶或火法冶炼得到纯金。金是一种易浮的矿物，一般来说采用 2～5 个碳原子的烃基黄药即可得到满意的浮选效果，当金与其他硫化矿物(主要是硫化铁)连生时，可以使硫化矿物的可浮性得到提高，我国黄金选矿厂大部分是浮选丢弃尾矿，所以强化浮选工艺是提高金回收率的关键。

虽然国内黄金的选冶方法已经非常丰富，但是对于细粒金的处理还是主要依靠浮选方法。浮选机本身构造的限制，使得其对于细颗粒的矿物回收效果没有浮选柱好，造成部分细粒金资源流失，所以浮选柱在黄金选矿中的应用已成为矿山企业提高选矿厂回收率、增加企业收益的必然趋势。

旋流-静态微泡浮选柱的分选作用机制相比于浮选机和一般的浮选柱对于细粒金的分选无疑有强大的优势，主要体现在以下几方面：

(1) 中矿循环作用

旋流-静态微泡浮选柱利用体外独立设置的循环泵将浮选中矿从柱体底部倒锥口吸入后，通过加压循环再进入浮选柱，循环量达到浮选柱入料的 4～5 倍。如此大量的中矿通过循环泵给入浮选柱进行再次分选，在完成粗选的同时，完成了多次扫选作业，最终使得较难浮的中矿获得多次上浮的机会，所以，旋流-静态微泡浮选柱的尾矿品位低、回收率高。相对复杂的金矿石应用浮选柱进行分选，可以简化流程，使得一段粗选就有可能获得较高的回收率。相比之下，国内和国外的一些浮选柱均无中矿循环，无法在相同条件下取得好结果和较短的流程。

（2）旋流分选作用

在旋流-静态微泡浮选柱下部的旋流分离段，由于离心力场的存在，矿物颗粒与气泡的碰撞速度要远大于常规浮选设备内的碰撞速度，从而提供了一种高效的矿化方式，强化了对矿物的分选效果，浮选的粒度下限远小于重力场下浮选粒度下限，因而提高了对微细物料的回收能力。由于多数的黄金选矿中，都有两段甚至三段、四段磨矿过程才能使金矿石得到良好的解离，这同时造成了大量细粒、微细粒的金的产生，所以这一旋流的特性无疑更适合于微细粒金的分选。

（3）射流微泡分选作用

旋流-静态微泡浮选柱利用循环泵将中矿加压，再进入类似射流泵内部结构的气泡发生器，该装置具有依靠中矿的射流负压自身吸入气体并把气体粉碎成微泡的双重作用。理论计算和实践都表明其产生的微泡尺寸一般要小于常规浮选机内的气泡，而微泡的分选作用效果是明显的：① 同等充气量条件下，气泡尺寸越小，数量就越多，气泡比表面积就越大，因而直接增加了气泡与矿物的附着机会，提高了浮选回收能力；② 由于浮选的粒度下限与气泡的直径大小成正比，因此气泡尺寸的减小就相当于降低了浮选的粒度下限，因而微泡的形成是微细物料回收率提高的先决条件；③ 射流产生的微泡直径小，微泡周围多呈层流状态，使得微细物料容易吸附且不易脱落。

（4）管流矿化作用

对于较难选类型的金矿石，其中矿的分选难度必然较大。旋流-静态微泡浮选柱的管流矿化可以为中矿提供一个高度紊流的环境，使得中矿实现多重循环的高度紊流矿化，从而大大强化了对这部分难选中矿的回收。

（5）混合静态充填作用

在旋流-静态微泡浮选柱体内采用了填料与筛板混合充填的方式，即在柱分选的精选区域采用高充填率的填料充填，在分选区域采用低充填率的筛板充填。由此高充填的填料有利于支撑较厚的泡沫层，强化浮选柱的二次富集作用，在保证产率的同时提高了精矿品位；而分选区域的低充填又能创造一个稳定的分选环境，使内部分选相对静态化。

（6）喷淋作用

在金矿石的浮选中，由于矿石成分复杂，根据生产的实际分析，精矿的浓度非常高，并且有过磨、泥化的现象，所以水力和机械力夹带脉石细泥严重，同时由于泡沫层较厚无法有效地实现精选泡沫的分选，从而影响了精矿的品位。喷淋水的添加正好解决了这些困难，不仅能够提高目的矿物精矿的二次富集作用，而且能够提高浮选柱的分选选择性。

综合以上分析，旋流-静态微泡浮选柱作为一种高效的分选设备，有着其显著区别于其他浮选设备的特点，这些特点无疑更适合于细粒金的分选。

本实验选择旋流-静态微泡浮选柱作为主体浮选设备，采用常规药剂制度（捕收剂丁基黄药和起泡剂 $11^{\#}$ 油），配合连续球磨机进行金矿的分选工艺参数探讨。

三、仪器设备及材料

(1) 金矿磨浮工艺分选实验系统主要由调浆系统、浮选柱分选系统、自动控制系统以及分级磨矿系统所组成。浮选柱系统主要由 FCSMC-ϕ200 mm×3 000 mm、FCSMC-ϕ200 mm×2 400 mm 以及各自配套给料及回流泵、循环泵所组成；实验的操作平台可同时容纳 2～4 台浮选柱安装，在实验过程中，可根据不同的实验流程对浮选柱之间的配置进行调整，从而适应实验的需要。调浆系统主要由搅拌桶组成，以供药剂添加调浆以及矿浆缓冲。自动控制系统主要包括监测浮选柱液位的压力传感器、PID 控制表以及控制浮选柱排尾的电动调节阀。分级磨矿系统的主体设备为格子式连续球磨机。

(2) 实验用金矿(含金黄铁矿)矿样(－0. 074 mm 占 45%)，主要金属矿物为黄铁矿和银金矿，含有少量自然金，脉石矿物主要为石英。

(3) 浮选药剂：丁基黄药(工业品)，11# 油(工业品)。

四、实验步骤与操作技术

矿物的浮选过程复杂，受各种因素影响。现代常规浮选的主要特点为矿物颗粒选择性地附着于矿浆中气泡上，随之上浮到矿浆表面，达到有用矿物和脉石矿物之间的分离。在这个过程中主要受矿石的磨矿细度、矿浆浓度、药剂用量、处理量等因素的影响。金矿磨浮工艺流程如图 9-2 所示。

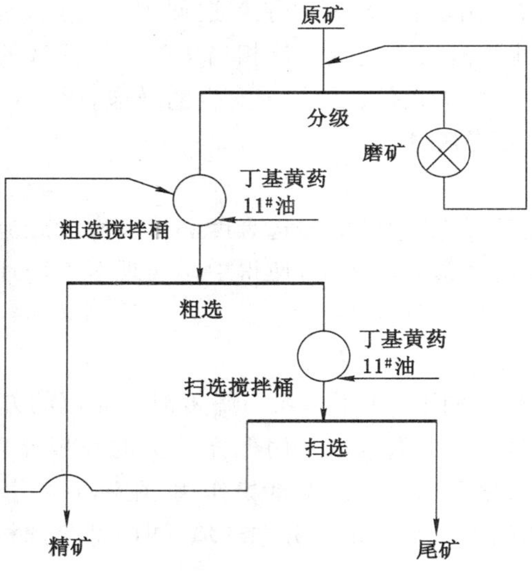

图 9-2 金矿磨浮工艺流程

1. 柱分选工艺实验

(1) 磨矿细度实验

在药剂制度一定的情况下，找到适合浮选回收的最佳细度范围。控制浮选浓度为 30%，粗选和扫选的黄药和起泡剂的药剂用量比皆为 3∶2，丁基黄药添加总量为 60 g/t，11# 油的添加总量为 50 g/t，处理量为 6 t/d。磨矿细度(－0. 074 mm)主要围绕 45%、55%、60%、65%、70%、75%、85%七个水平进行探索。

(2) 浮选浓度实验

控制磨矿细度 65%(−0.074 mm)，粗选和扫选的黄药和起泡剂的药剂用量比皆为 3∶2，丁基黄药添加总量 60 g/t，11# 油添加总量 50 g/t，处理量 6 t/d。浮选浓度主要围绕 10%、20%、30%、40%、50%、60%六个水平进行探索。

(3) 捕收剂用量实验

根据实验要求(或经验)，控制粗选和扫选的黄药和起泡剂的药剂用量比皆为 3∶2。控制浮选浓度 30%，11# 油添加总量 50 g/t，处理量 6 t/d，磨矿细度−0.074 mm 占 65%。丁基黄药的总用量主要围绕 15 g/t、35 g/t、55 g/t、75 g/t、95 g/t、115 g/t 六个水平进行探索。

(4) 起泡剂用量实验

控制粗选和扫选的起泡剂的用量比为 3:2，丁基黄药添加总量为 60 g/t，浮选浓度 30%，磨矿细度−0.074 mm 占 65%，处理量 6 t/d。11# 油总用量主要围绕 15 g/t、30 g/t、45 g/t、60 g/t、75 g/t、90 g/t、105 g/t 七个水平进行探索。

(5) 处理量实验

实验中取浮选浓度 30%左右，磨矿细度−0.074 mm 占 65%，11# 油添加总量为 50 g/t，丁基黄药添加总量为 60 g/t，粗选和扫选的起泡剂的用量比为 3∶2。处理量主要围绕 3.0 t/d、4.2 t/d、5.4 t/d、6.6 t/d、7.8 t/d、9.0 t/d 六个水平进行探索。

2. 设备参数实验(选做)

(1) 喷淋水量实验

作为浮选柱本身一种独特的条件，喷淋水量大小的实验同样具有重要的意义，它的用量大小直接关系着精矿品位高低，合适的用量可以在不影响回收率(或影响较小)的情况下提高精矿品位。控制柱分选工艺实验参数不变，粗选喷淋水用量主要围绕 0 mL/min、50 mL/min、100 mL/min、150 mL/min、200 mL/min、250、300 mL/min 七个水平进行探索。

(2) 循环泵压力实验

控制柱分选工艺实验参数不变，以粗选循环泵的压力为研究对象，主要围绕 0.1 MPa、0.16 MPa、0.22 MPa、0.28 MPa、0.34 MPa、0.40 MPa 六个水平进行探索。

3. 产品水析实验

对金矿磨浮工艺分选得到的尾矿进行水析分析，得出各粒级中 Au 的金属分布率(粒级回收率)。

4. 清理实验设备，整理实验场所

注：实验操作过程中所添加的药剂和其他工艺参数仅作为参考值，具体可根据所用矿样的种类及性质进行优化确定。

五、注意事项

(1) 实验期间，要求实验参与人员坚守岗位，按实验方案要求、工艺参数及药剂条件严格操作。

(2) 操作过程注意浮选柱的液位、充气量、药剂等是否保持在给定的工艺参数内。

(3) 及时采取流程样、制样以及化验。

(4) 若设备在运转过程中发生意外故障或磨损漏矿事故，要求及时予以抢修。

六、数据处理与实验报告

(1) 将实验数据、计算结果按规定填入金矿磨浮工艺分选实验的柱分选工艺实验、设备参数实验、产品水析实验的各数据记录表中(见表 9-13～表 9-20)，并分别作出磨矿细度、浮选浓度、捕收剂用量、起泡剂用量、处理量、喷淋水添加量、循环压力与对应分选指标的关系图，通过数据分析得出各单因素实验的最佳水平值。

表 9-13 磨矿细度条件实验结果

磨矿细度−200 网目比例/%	Au 品位/(g/t)			精矿产率/%	精矿回收率/%	尾矿产率/%	尾矿回收率/%
	原矿	精矿	尾矿				
45							
55							
60							
65							
70							
75							
85							

实验人员：__________ 日期：__________ 指导教师：__________

表 9-14 浮选浓度条件实验结果

浮选浓度/%	Au 品位/(g/t)			精矿产率/%	精矿回收率/%	尾矿产率/%	尾矿回收率/%
	原矿	精矿	尾矿				
10							
20							
30							
40							
50							
60							

实验人员：__________ 日期：__________ 指导教师：__________

表 9-15 捕收剂用量实验结果

丁基黄药用量/(g/t)	Au 品位/(g/t)			精矿产率/%	精矿回收率/%	尾矿产率/%	尾矿回收率/%
	原矿	精矿	尾矿				
15							
35							
55							
75							
95							
115							

实验人员：__________ 日期：__________ 指导教师：__________

表 9-16　　起泡剂用量实验结果

11# 油用量 /(g/t)	Au 品位/(g/t)			精矿产率 /%	精矿回收率 /%	尾矿产率 /%	尾矿回收率 /%
	原矿	精矿	尾矿				
15							
30							
45							
60							
75							
90							
105							

实验人员：＿＿＿＿＿＿　　日期：＿＿＿＿＿＿　　指导教师：＿＿＿＿＿＿

表 9-17　　处理量条件实验结果

处理量 /(t/d)	Au 品位/(g/t)			精矿产率 /%	精矿回收率 /%	尾矿产率 /%	尾矿回收率 /%
	原矿	精矿	尾矿				
3.0							
4.2							
5.4							
6.6							
7.8							
9.0							

实验人员：＿＿＿＿＿＿　　日期：＿＿＿＿＿＿　　指导教师：＿＿＿＿＿＿

表 9-18　　喷淋水添加量条件实验结果

喷淋水添加量 /(mL/min)	Au 品位/(g/t)			精矿产率 /%	精矿回收率 /%	尾矿产率 /%	尾矿回收率 /%
	原矿	精矿	尾矿				
0							
50							
100							
150							
200							
250							
300							

实验人员：＿＿＿＿＿＿　　日期：＿＿＿＿＿＿　　指导教师：＿＿＿＿＿＿

表 9-19　　循环压力实验结果

循环压力/MPa	Au 品位/(g/t)			精矿产率/%	精矿回收率/%	尾矿产率/%	尾矿回收率/%
	原矿	精矿	尾矿				
0.1							
0.16							
0.22							
0.28							
0.34							
0.40							

实验人员：＿＿＿＿＿＿　　日期：＿＿＿＿＿＿　　指导教师：＿＿＿＿＿＿

表 9-20　　浮选柱尾矿粒度分析结果

粒度/mm	质量/g	产率/%	Au 品位/(g/t)	金属分布率/%
+0.10				
−0.10+0.074				
−0.074+0.043				
−0.043				
合计				

实验人员：＿＿＿＿＿＿　　日期：＿＿＿＿＿＿　　指导教师：＿＿＿＿＿＿

（2）在实验过程中记录实验现象，尤其要观察矿化气泡与泡沫层，并进行结果分析。

（3）画出金矿磨浮工艺数质量流程图（选做）。

（4）撰写实验报告。

七、思考题

（1）根据柱分选工艺实验、设备参数实验、产品水析实验的结果分析，对该金矿磨浮分选工艺可以进行怎样的优化设计？

（2）磨矿-浮选联合工艺在调试时应注意哪些问题？

（3）对分选尾矿产品进行水析分析不同粒级中金属分布率的原因是什么？

第四节　煤泥浮选柱条件优化实验

一、目的与要求

（1）掌握煤泥浮选捕收剂乳化的基本方法。

（2）熟悉煤泥浮选条件的正交实验设计方法。

（3）学会煤泥浮选柱分选的基本操作规程。

二、基本原理

随着机械化采煤的发展，入浮煤泥呈现贫、细、杂的特点，提高精煤质量和可燃体回收率是当前提高浮选效率的关键与矛盾所在。煤泥粒度过细，必将对浮选过程造成不利的影响：① 疏水颗粒粒度细，质量小，其动量小，与气泡碰撞后容易发生脱附现象，回收率低；但是泥质矿物与气泡碰撞吸附后很难发生脱附，且易形成气絮团随泡沫升浮到泡沫层成为精矿，导致精煤灰分偏高；② 微细颗粒具有比表面积大、表面能高的特点，有机质的煤与无机矿物质脉石之间容易抱团，与药剂作用后造成严重的非选择性团聚现象，失去药剂选择性，导致精煤污染，且浮选过程容易恶化；③ 细粒在矿浆中的溶解度增大，增加了液相中的难免离子；④ 浮选泡沫稳定且黏度大，消泡困难，影响泡沫产品脱水干燥效果。

煤泥的可浮性特征并不是线性变化的，旋流-静态微泡浮选柱不仅具有传统浮选柱逆流碰撞矿化的优点，而且具有三种不同的能量输入模式对细粒煤泥进行强力回收，达到高效分选的目的。

常用捕收剂烃类油（煤油、柴油等）在水中分散度较低，造成烃类油在疏水颗粒表面的吸附概率相对低很多，在煤粒表面铺展成油膜的概率也会小很多，在煤粒表面吸附的油滴并不能有效提高其表面疏水性；乳化烃类油可在水中分散成大量微细油滴，与煤粒疏水表面的吸附概率增大，更容易铺展成完整油膜，从而显著提高煤粒表面的疏水性，同时降低药剂耗量。因此，乳化浮选是提高煤泥浮选指标的有效途径。

三、仪器设备及材料

(1) FCSMC-100 型旋流-静态微泡浮选柱（规格：ϕ100 mm×2 000 mm）1 套，包括给料泵、排料泵、循环泵、搅拌调浆桶以及气泡发生器；

(2) 电动搅拌器 2 台；

(3) VCX605 型超声波细胞粉碎仪 1 台；

(4) 电子天平（数量视学生分组数目而定）；

(5) 可控温烘箱 1 台，盘式真空过滤机 2 台，滤纸若干；

(6) 注射器 2 支/组，量筒 1 个/组，接样瓷盆 4 个/组，洗瓶 1 个/组；

(7) 实验用肥焦煤煤泥样品 3 kg/组；

(8) 药剂：煤油（工业品），仲辛醇（分析纯），失水山梨醇单油酸酯（Span 80）（分析纯），聚氧乙烯失水山梨醇单油酸酯（Tween 80）（分析纯），三乙醇胺油酸皂（分析纯），十二烷基硫酸钠（分析纯），正丁醇（分析纯）。

四、实验步骤与操作技术

1. 乳化药剂配制

乳化煤油捕收剂采用机械搅拌与超声强化联合的方式制备。

(1) 将适量的水溶性十二烷基硫酸钠溶于水中，适量的油溶性 Span 80、Tween 80、三乙醇胺油酸皂溶于煤油中，然后混合到一起并用玻璃棒低速搅拌。

(2) 利用电动搅拌器将混合药剂在 3 000 r/min 转速下搅拌 5 min 进行预乳化。

(3) 利用超声波细胞粉碎仪对搅拌后药剂进行超声乳化，超声作用 10 min 后即可得到乳化煤油捕收剂。

注：药剂用量及配比可根据实验要求及乳化产品质量设置。

2. 煤泥浮选柱浮选条件优化实验

(1) 药剂效果对比

分别采用常规捕收剂煤油与乳化煤油（用量以纯煤油表示）药剂进行煤泥浮选柱分选实

验，捕收剂用量分别是 300 g/t、500 g/t、700 g/t、900 g/t、1 100 g/t，药剂比固定为 4 ∶ 1，入浮浓度为 60 g/L，处理量为 50 L/h，循环压力为 0.18 MPa，通过控制排料速度使泡沫层厚度稳定在 20 cm 左右。分别接取精煤与尾煤产品进行化验分析。

(2) 正交实验设计

依据药剂效果对比实验结果确定捕收剂的种类及用量(为方便阐述，此处假设使用乳化煤油，用量为500 g/t时得到相对较优浮选指标)，正交实验设计选取捕收剂水平为 400 g/t、500 g/t、600 g/t，浮选柱循环压力为 0.15 MPa、0.18 MPa、0.21 MPa，泡沫层厚度控制为 10 cm、15 cm、20 cm，据此设计三因素三水平煤泥浮选柱分选正交实验，实验安排如表 9-21 所示。按照正交实验安排进行实验，分别接取精煤与尾煤产品进行化验分析。

表 9-21　　正交实验安排表

实验号	实验条件		
	捕收剂用量/(g/t)	循环压力/MPa	泡沫层厚度/cm
1	400	0.15	10
2	500	0.18	10
3	600	0.21	10
4	400	0.18	15
5	500	0.21	15
6	600	0.15	15
7	400	0.21	20
8	500	0.15	20
9	600	0.18	20

注：为了减少实验工作量，固定其他实验条件如药剂比为 4 ∶ 1，入浮浓度为 60 g/L，处理量为 50 L/h，充气阀门全开。实际教学过程中，可根据指导教师的安排考察不同的实验因素对浮选效果的影响。

五、注意事项

(1) 实验期间，要求参与人员按实验方案进行研究，对工艺参数及药剂用量等条件做好记录，遵守秩序。

(2) 及时采集流程样品，并及时化验。

(3) 实验进行过程中，若浮选柱管道或气泡发生器发生堵塞，应立即停止浮选柱运转，清除故障后重新进行实验。

六、数据处理与实验报告

(1) 将实验数据、计算结果及实验条件按规定分别填入药剂效果对比实验结果表及正交实验结果表中，如表 9-22、表 9-23 所示，并对实验数据进行分析总结。

(2) 在实验过程中记录实验现象，仔细观察煤泥浮选柱浮选矿化气泡与泡沫层的状态，并对各运行参数进行记录。

(3) 撰写实验报告。

表 9-22　　　　药剂效果对比实验结果表

煤油用量/(g/t)	常规药剂				乳化药剂			
	精煤产率/%	精煤灰分/%	尾煤灰分/%	可燃体回收率/%	精煤产率/%	精煤灰分/%	尾煤灰分/%	可燃体回收率/%
300								
500								
700								
900								
1 100								

实验人员：＿＿＿＿＿＿　　日期：＿＿＿＿＿＿　　指导教师：＿＿＿＿＿＿

表 9-23　　　　正交实验结果表

实验号	精煤产率/%	精煤灰分/%	尾煤产率/%	尾煤灰分/%	原煤灰分/%	可燃体回收率/%
1						
2						
3						
4						
5						
6						
7						
8						
9						

实验人员：＿＿＿＿＿＿　　日期：＿＿＿＿＿＿　　指导教师：＿＿＿＿＿＿

七、思考题

(1) 煤泥浮选烃类油捕收剂乳化过程应该注意哪些问题？

(2) 查阅相关资料，简述药剂乳化的优点与应用局限性。

(3) 简述正交实验设计在矿物加工综合实验设计中的重要性。

第五节　细粒矿物分选发展现状及展望

随着矿山开采矿石嵌布粒度的日益变细，矿产资源逐渐“贫、细、杂”化，为实现对矿物的有效回收，分选过程常常需要细磨以实现矿物的有效解离。本着矿产资源合理高效利用这一优先主题，细粒分选成为当前矿物分选面临的重要课题。如何对细粒矿物进行有效的分选，是实现矿产行业持续稳步发展的关键，细粒分选的研究已经成为目前矿物分选的一个重要组成部分。随着粒度的减小，矿物颗粒的分选行为发生根本变化，据报道，全世界每年约有 1/5 的钨、1/3 的磷、1/6 的铜以及 1/10 的铁(美国)、1/2 的锡(玻利维亚)损失在细泥中,由细粒矿不能实现有效分选带来的矿石资源损耗严重。这就有必要总结细粒分选技术的研发情况,分析和探讨细粒分选技术的关键共性问题,以促进细粒分选技术水平的进一步提高。

一、细粒矿物的浮选技术

1. 细粒矿物特性对浮选性能的影响

人们对各粒级矿物浮选的传统认识如图 9-3 所示。大多数选矿厂浮选取样都会得出类似的曲线。这就使人们产生了"细粒矿物不能浮选"的观念,并且很多操作人员还特别注意要避免物料的过磨或"泥化"。

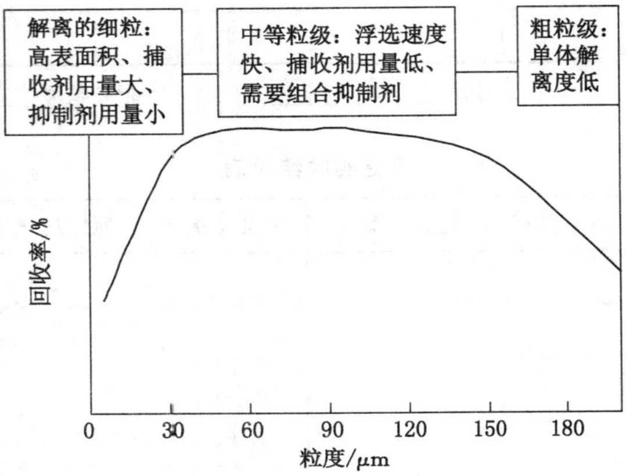

图 9-3 各粒级矿物浮选的传统认识示意图

基于以下几个方面的原因,细矿粒显示出不同的浮选性能:

(1) 由于细粒矿物比表面积更大,因此需要较多的浮选药剂。

(2) 细粒矿物有着较小的动量,因而比粗颗粒更易于随水运动——向气泡附着所需的能量更小,也更容易被夹带。

(3) 细粒浮选速率更慢,为了防止过多的夹带,精选浓度较低或者需要对泡沫洗涤。

(4) 细粒矿物更容易受到表面覆盖层的影响——由于其较高的比表面积,使得其本身具有更高的反应活性,或者由于其较低的动量,疏松的表面沉淀物不易被其他颗粒擦落。

(5) 表面积与容积比大,意味着泡沫越黏,粒度越细,所需脱附力就越大,这是造成浮选过程中泡沫过分稳定和发黏的主要原因,使得浓缩与过滤比较困难。

(6) 细粒在水介质中溶解度增大,矿浆中难免离子组分及浓度增大,不可避免地影响浮选过程:粒度变细,氧化程度提高,矿物间相互活化作用更为显著,这是复杂细粒多金属硫化矿难选的重要原因之一;一些非硫化矿的溶解度正处于活化石英、长石等脉石矿物所需的金属离子浓度范围内,造成浮选分离困难;一种矿物的溶解组分在另一种矿物表面的化学反应,将导致表面转化的发生,如:方解石与白钨矿共存时,白钨矿溶解产生的 WO_4^{2-} 的浓度大于某确定的界限,则方解石表面将产生 $CaWO_4$ 沉淀,这就是所谓的"表面转化现象"。

2. 细粒浮选的发展

为了解决质量效应和表面效应所造成的细粒难浮问题,国内外的选矿工作者进行了大量的研究工作，到目前为止，提高细粒浮选效果的有效方法可归纳为两类：一是进行浮选行为发生前的细粒矿物预处理研究，以使其适应常规浮选工艺；二是进行有效的细粒浮选设备的研究，以增大气泡与疏水性矿粒之间的碰撞概率和黏附效率，同时克服脉石矿粒的夹杂问题，从而提高浮选效率。

（1）细粒浮选技术的研究

浮选技术是最重要的选矿技术之一，常规的浮选技术只能处理那些可浮、易浮、对浮选药剂等没有特别要求的矿物。对于细粒矿物的选别，常规的浮选技术满足不了回收有用矿物的要求。长期以来，人们通过大量的实验研究发现了多种多样的、针对细粒矿物特殊的浮选技术，如载体浮选、选择性絮凝分选等。这些特殊的浮选技术对选别细粒矿物较为有效，其中有些已成功地用于工业生产。

① 载体浮选

最初的载体浮选研究的是用石灰石作载体从高岭土中除去钛杂质。近年的研究和实践表明，载体浮选是提高细粒（泥）浮选效果的有效途径之一。对东鞍山赤铁矿的载体浮选实验研究表明，当油酸钠浓度为 2.5×10^{-4} mol/L、辛基羟肟酸钠浓度为 1.2×10^{-4} mol/L、pH 值为 8、载体粒度为 50～25 μm、载体比例为 40％时，浮选分离－10 μm 赤铁矿与－10 μm 石英人工混合矿（TFe 品位 35.00％），能获得－10 μm 赤铁矿回收率 90.76％，精矿铁品位 64.20％，尾矿铁品位 6.73％的分离指标。

② 选择性絮凝分选

选择性絮凝分选工艺是近几年针对细粒分选而研发的浮选方法之一，其基本过程见图 9-4。选择性絮凝一般指高分子选择性絮凝，它是在稳定分散的矿物悬浮液中加入高分子絮凝剂，选择性絮凝其中某一组分，而与其他仍处于分散状态的组分分离，达到分选微细粒矿物的目的。关于选择性絮凝机理，目前广为接受的仍是高分子絮凝剂的“桥连”作用。当一个絮凝剂分子与一个矿粒互相碰撞时，絮凝剂分子中的某些基团就会吸附在矿粒表面上，其余部分就朝外伸向溶液中。吸附有絮凝剂的矿粒与其他吸附或未吸附絮凝剂的矿粒发生碰撞，并在这些矿粒表面的空位上吸附，起“桥连”作用，形成松散絮团。

图 9-4　选择性絮凝分选工艺

（2）细粒浮选设备的研发

要想提高浮选设备处理细粒矿物的有效性，一是要能增大和强化疏水性细矿粒与气泡之间的碰撞概率和黏附效率，二是要能降低由于表面效应引起的细矿粒之间的非选择性团聚并阻止细粒脉石矿物受水介质黏滞作用，随水流上升进入泡沫层形成夹层。下面，就主要类型的细粒浮选设备进行论述，并对其提高细粒矿物浮选效率的原因进行探讨。

① 充填介质浮选柱

充填介质浮选柱与常规浮选柱相比较，相同之处是矿浆和气泡都是逆向运行，几乎是静态条件下进行矿化泡沫与矿浆的分离，不同之处则是充填介质浮选柱内轴向装有充填介质。其结构如图 9-5 所示。充填介质浮选柱与常规浮选柱相比，可以提高细粒矿物的浮选效率，其原因有两点：

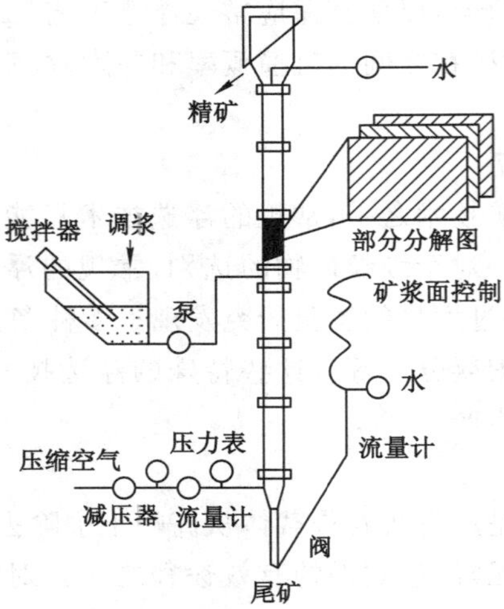

图 9-5　充填介质浮选柱

a. 充填介质造成了许多狭窄而曲折的通道。当空气上浮经过通道时，容易形成均匀的微泡，无须专门的微泡发生器即能实现微泡浮选；上升的微泡与矿浆中下降的颗粒发生碰撞，碰撞概率增大；曲折的通道使微泡上升路线增长，也使矿粒与气泡的碰撞概率和黏附效率增大；在静态条件下进行矿化泡沫与矿浆的分离。所有这些特点都有利于提高微细矿物的浮选效率。

b. 充填介质层隔板之间的毛细管作用，使充填介质浮选柱能够保持一个相对无限高的泡沫层，这非常有利于采用强而有力的泡沫冲洗技术，以克服细粒脉石的夹杂和脉石与有用矿粒之间的选择性团聚，这可在不影响回收率的情况下增强"二次富集"作用，提高精矿品位。

但该浮选柱由于充填密度较大，矿浆在其中容易发生堵塞，因而运行可靠性较差。

② 微泡析出式浮选设备

从溶液中析出的气泡具有两个基本特性：一是直径小、分散度高，所以在单位体积矿浆内有很大的气泡表面积；二是这种气泡是一种活性微泡，能有选择性地优先在疏水性矿物表面析出。微泡析出式浮选设备被认为是最有效的微细粒浮选设备之一。因成泡方式不同，微泡析出式浮选设备种类繁多，形式各异，在此仅对目前广泛应用的旋流-静态微泡浮选柱加以分析、讨论。

旋流-静态微泡浮选柱是由中国矿业大学开发拥有我国自主知识产权（专利号：CN97107091.1）的高效柱分选设备。该设备实现了逆流-旋流-管流三种矿化的梯级组合。柱浮选对矿物进行预选，可浮性好的矿物优先浮选，得到高质量的精矿；旋流分选对中矿进行进一步分选，并通过高回收能力得到合格尾矿；管流段用于旋流分选的进一步分选并形成循环。针对矿物在浮选过程中可浮性逐渐变差的变化特征构建"塞流-旋流-管流"的矿化方式，流体的紊流度梯级增强并实现内部循环，提高了气泡与矿物颗粒碰撞的概率与强度，实现物料的高效分选。分选过程概括有如下特点：

a. 三种矿化方式梯级组合：逆流碰撞矿化、旋流浮选矿化、管流矿化适配矿物可浮性在柱体内沿轴向由高到低逐渐变差的特性，实现高矿化效率。

b. 两段分选过程：顶部的柱浮选段得到高质量精矿，旋流分选段与管流矿化段构建了柱强化回收段，强化了矿物的有效利用率。

针对我国矿物资源日益"贫、细、杂、难"的状况特征，旋流-静态微泡浮选柱显示出高效分选的优越性，已先后在内蒙古、辽宁、云南、湖南、新疆、山东、重庆等地各大选矿厂投入使用。

二、聚团分选技术

让微细矿粒选择性聚团，再用常规方法分选是最有效的细粒分选技术之一，并具有极大的潜在工业应用价值。该技术的特点是：聚团结构致密，强度较大；许多常规分选设备均可用作其后续分选作业。

1. 油团聚分选

油团聚分选就是先用调整剂调浆，使微细粒有用矿物和脉石矿物处于完全分散状态，再用捕收剂使目的矿物表面疏水，然后添加非极性油作介质，最后根据不同的油团状况，采用相应的分离方法进行分选。根据非极性油用量的多少，油团聚分选形成了三个分支过程：乳化浮选、油团聚分选和两液分离。

(1) 乳化浮选

乳化浮选又称为团聚浮选，将非极性油乳化分散，以分散的油珠为桥连介质，实现矿粒之间的团聚，然后再用气泡浮选分离。该工艺除了应用于天然疏水性矿物，如石墨、自然硫、辉钼矿和煤以外，在磷矿和锰矿方面已有工业应用。

(2) 油团聚分选

油团聚分选的工艺过程是：细磨矿石使目的矿物单体解离，用调整剂和捕收剂处理矿浆，使目的矿物选择性疏水，然后添加非极性油，使其覆盖疏水性颗粒。在剪切力场中，覆盖油的颗粒相互黏附并形成球团，最后可用物理方法将球团与仍处于分散状态的亲水性微粒分离。油团聚分选工艺的优点是：在分离细粒矿物的同时，也进行了脱水，因此可简化固液分离工艺；其缺点则表现在药剂用量较大，因而导致生产成本的增高，当非极性油和捕收剂不能循环再用时，该工艺的应用前景便受到一定的限制。

(3) 两液分离

两液分离就是向经过调整剂调浆后的矿浆中加入捕收剂，使目的矿物表面疏水化，再注入非极性油，在剪切力场中，使疏水颗粒黏附于油珠上并形成稳定的乳浊液，然后送至分离装置，使覆盖疏水颗粒的油珠上升至矿浆上部，形成有疏水矿物富集的油层，最后采用相分离的方法，使疏水性矿物与亲水性矿物分离。

2. 磁种团聚分选

磁种团聚分选工艺主要用于选别一些弱磁性微细粒矿物，即在经调整剂调浆后的矿浆中，加入一定比例的微细粒磁种，在剪切力场中，磁种与弱磁性矿物发生选择性团聚，然后在重选设备或脱泥装置中，将聚团与仍处于分散状态的矿泥分离，最后采用磁选设备将磁种与弱磁性矿物分离，回收磁种循环再用。该分选工艺现主要应用于赤铁矿的选择性团聚分选。

3. 复合聚团分选

复合聚团分选是指将两种或两种以上的聚团方法叠加在一起而进行的强化聚团的工艺方法。它是在复杂微细粒悬浮体系颗粒间相互作用理论应用的又一典范。复合聚团分选工艺与单一方法聚团分选工艺相比,从选择性和分离效率等方面已经显示出明显的优势。该项技术不仅在微细粒矿物分选领域受到重视,而且还被用于污水处理,以除去水中所含悬浮颗粒及细菌。复合聚团分选工艺使矿物加工工程进入全面而高速发展的新时代。可以预见,复合聚团分选技术在微细粒物料的分选与处理领域将具有广泛的发展与应用前景。

三、细粒矿物的重选技术

长期以来,重选工作者一直试图开发研究一种能够针对现代矿物特点的高效重选设备,以其大处理量、低消耗来为现代矿山创造效益。重选理论发展至今,选别矿物的理论基础不外乎三种基本原理:一是垂直重力场中矿物粒群按粒度分层、分离原理;二是斜面重力场中矿物粒群按密度分层、分离原理;三是离心力场中矿物粒群按密度分层、分离原理。

1. 细粒矿物对重选性能的影响

微细粒矿物在分选时,黏滞阻力增加,沉降速度下降,轻重矿物的速度差减小,所以在一般的重力场中进行微细粒矿物的分选,要么效率低下,要么极为困难甚至无能为力;而应用剪切运动产生的拜格诺力进行分选,分选的单位面积处理能力又很难令人满意。

2. 复合力场分选技术的研发

单一的作用力场已经远远不能满足现代矿物的处理要求。近二十年来,国内外致力于微细粒矿物重选回收技术的研究,也取得了一些成功。如利用离心力或机械剪切力的作用来强化矿泥的重选,比较有效地降低了矿物的回收粒度下限,但重选理论的发展严重滞后于重选设备的发展。对于细粒、微细粒难选矿泥泥膜而言,建立有效的复合力场、强化分选过程、提高分选效能、降低矿物回收粒度下限和改善连续排矿效能应是一种基本的研究方向。

作为复合力场的一种有效作用力,应用离心力越来越被认为是一种重要的发展途径,较为成功的例如:离心力场+垂直重力场。离心跳汰机就是一个很典型的例子,它是重选领域的一项新技术,由于它基于高离心强度及高频低幅脉动,在深层矿浆中实现选别,所以具有处理粒级宽、回收粒度细、生产能力大的优势。它的选别下限可达 10～15 μm,这对于选矿厂重矿物的泥化流失有重要意义。

四、结语及展望

(1) 浮选作为矿物分选的主要手段,在细粒分选上仍有很大的提升空间。区别于一般的选别方法,在细粒浮选过程中应更加细化对溶液化学、矿化环境等浮选参数的调控与强化,针对细粒矿物特性在浮选中影响,构建相应的浮选选别体系。

(2) 各种团聚方法的构建,更多的是考虑了复杂微细粒悬浮体系颗粒间相互作用理论的应用,其难点在于有效的团聚作用与分离过程,其技术体系的构建将逐步向复合团聚的方向发展。

(3) 高效细粒重选设备的开发涉及选矿学、流体力学、水力学、机械动力学、物理学等多个学科,是一个综合性、应用性很强的研究课题。开发研究细粒重选设备必须注意:力场的选择对细粒的回收起着关键的作用,处理细粒级矿物应以引进离心力场为佳。

细粒分选技术的研究是适应“贫、细、杂”化的矿石性质而发展起来的，对矿物资源的高效回收有着重要的意义。分选技术的研究是一个长期探索的过程，针对细粒矿的特性，单一简单的分选方法显然不能很好地适应，所以在技术及设备上应注重创新思维的提出，考虑多种方法的协同增效作用，以实现分选过程的高效性。

主要参考文献

[1] ANASTAS P T,KIRCHHOFF M M,WILLIAMSON T C. Catalysis as a foundational pillar of green chemistry[J]. Applied catalysis a:general,2001(221):3-13.

[2] B A 阿尔申捷耶夫. 矿物原料破碎和磨矿工艺发展的现状和前景[J]. 国外金属矿选矿,2007,44(11):4-9.

[3] 艾光华,李晓波. 微细粒黑钨矿选矿研究现状及展望[J]. 矿山机械,2011,39(10)89-96.

[4] 巴斯 B,朱长亮,李长根. 波兰铜矿冶公司铜矿石的化学调整—浮选工艺的应用[J]. 国外金属矿选矿,2006(10):25-27.

[5] 陈建生,杨钢,裘宝泉. 磁选机的现状和发展趋势(二)[J]. 矿山机械,2009,37(17):80-84.

[6] 陈建生,杨钢,裘宝泉. 磁选机的现状和发展趋势(一)[J]. 矿山机械,2009,37(17):77-79.

[7] 陈剑,李晓波. 高梯度磁选机的发展及应用[J]. 矿业快报,2005(9):4-5.

[8] 陈惜明,朱红,赵跃民. 潮湿细粒煤用筛分机械的现状及发展[J]. 煤炭加工与综合利用,2000(3):6-9.

[9] 陈远道. 高效铝土矿浮选捕收剂的研究与应用[D]. 长沙:中南大学,2006.

[10] 邓丽君. 云南某胶磷矿工艺矿物学及柱式分选试验研究[D]. 徐州:中国矿业大学,2010.

[11] 丁华琼. 高灰难选煤泥的可浮性及其分选研究[D]. 徐州:中国矿业大学,2010.

[12] 丁剑,孙建伟,钱鹏,等. 氯化焙烧回收高铁硫酸烧渣中有价金属的实验研究[J]. 计算机与应用化学,2012(3):255-261.

[13] 范晓慧,姜涛,邱冠周,等. 铝土矿焙烧-碱浸脱硅新工艺[J]. 矿冶工程,2002,22(3):83-85.

[14] 付广钦. 细粒级黑钨矿的浮选工艺及浮选药剂的研究[D]. 长沙:中南大学,2010.

[15] 韩跃新,王泽红. 破碎磨矿技术进展及趋势[J]. 现代矿业,2012(2):1-9.

[16] 何润德,车蓉,毛小浩,等. 处理我国铝土矿的两段烧结法研究[J]. 贵州工业大学学报(自然科学版),2003,32(5):9-12,23.

[17] 胡海祥. 矿物加工实验理论与方法[M]. 北京:冶金工业出版社,2012.

[18] 胡文英,余新阳. 微细粒黑钨矿浮选研究现状[J]. 有色金属科学与工程,2013(5):102-107.

[19] 黄传兵,王毓华,陈兴华,等. 铝土矿反浮选脱硅研究综述[J]. 金属矿山,2005(6):21-24.

[20] 黄海辉,王云. 提金渣氯化焙烧提取金银的试验[J]. 有色金属,2009(6):46-48.

[21] 季古诺夫 Л П,张兴仁,李长根. 锰矿石选矿与湿法冶金处理的现代工艺技术[J].

国外金属矿选矿,2007(8):19-24.
[22] 江明东,闫锐敏,于一栋.浮选剂乳化系统在选煤厂的推广应用[J].煤质技术,2006(4):7-10.
[23] 拉塔拉扬 K A,李长根,崔洪山.矿物的微生物诱导浮选和絮凝:前景和挑战[J].国外金属矿选矿,2007,44(3):4-11.
[24] 兰兴华.铜溶剂萃取进展[J].世界有色金属,2004(7):38-41.
[25] 李洪帅.多金属共生萤石矿浮选分离试验及机理探讨[D].昆明:昆明理工大学,2011.
[26] 李琳,刘炯天,王永田,等.浮选柱在赤铁矿反浮选中的应用[J].金属矿山,2007(9):59-61.
[27] 李延锋.矿物加工实验技术[M].徐州:中国矿业大学出版社,2010.
[28] 廖祥国,刘焕胜,李平,等.浮选乳化调浆技术在田庄选煤厂的应用[J].煤炭加工与综合利用,2005(2):4-6.
[29] 刘杰.金矿(含金黄铁矿)柱式分选的研究[D].徐州:中国矿业大学,2008.
[30] 刘炯天.试验研究方法[M].第 3 版.徐州:中国矿业大学出版社,2016.
[31] 刘炯天.旋流-静态微泡柱分选方法及应用(之二):柱分离过程的静态化及其充填方式[J].选煤技术,2000(4):1-5.
[32] 刘炯天.旋流-静态微泡柱分选方法及应用(之三):射流微泡与管流矿化的研究[J].选煤技术,2000(3):1-4.
[33] 刘炯天.旋流-静态微泡柱分选方法及应用(之四):旋流力场分离与强化回收机制[J].选煤技术,2000(4):1-4.
[34] 刘炯天.旋流-静态微泡柱分选方法及应用(之五):柱分选设备系列化及大型旋流-静态微泡浮选床[J].选煤技术,2000(5):1-4.
[35] 刘炯天.旋流-静态微泡柱分选方法及应用(之一):柱分选技术与旋流-静态微泡柱分选方法[J].选煤技术,2000(1):42-44.
[36] 刘全军.碎矿与磨矿技术发展及现状[J].云南冶金,2012,41(5):21-28.
[37] 刘亚辉,孙炳泉.赤铁矿的正-反浮选研究[J].金属矿山,2004(1):39-41.
[38] 刘玉承.硫-氧混合铅锌矿重-浮选联合流程试验研究[J].四川有色金属,2003(2):40-42.
[39] 龙振军,白立明.带式压滤机在汪家寨选煤厂浮选尾煤脱水中的应用[J].选煤技术,2008(6):34-35.
[40] 吕波,骆振福.国内磁选机的发展现状和趋势[J].矿山机械,2011,39(7):1-4.
[41] 吕发奎.辉钼矿与难选钼矿的柱式高效分选工艺研究[D].徐州:中国矿业大学,2010.
[42] 罗仙平,陈江安,熊淑华.近代化学选矿技术进展[J].四川有色金属,2006(2):9-17.
[43] 母福生.破碎及磨矿技术在国内外的技术发展和行业展望二[J].矿山机械,2011,39(12):63-69.
[44] 母福生.破碎及磨矿技术在国内外的技术发展和行业展望一[J].矿山机械,2011,

39(11):58-65.
[45] 欧阳德玲.药剂乳化装置的研究与制作[J].矿山机械,2007,35(7):64-65.
[46] 庞海霞,姜燕冬,唐磊,等.低品位铜矿提铜工艺研究[J].河北化工,2003(1):29-30.
[47] 裴彦峰.煤泥表面改质机的作用与应用前景[J].山西焦煤科技,2003(6):94-97.
[48] 彭钦华,陈述一.铜萃取剂 BK992 和 LIX984 的性能研究[J].有色金属:冶炼部分,2002(5):18-20.
[49] 彭文胜,罗立群,邓湘湘.萤石开发利用与浮选分离技术动态[J].湖南有色金属,2010,26(2):13-18.
[50] 皮斯 J D.提高细粒矿物回收率的浮选流程设计[J].国外金属矿选矿,2006(9):29-36
[51] 青泉,梁永会.日本 M-COL 工艺在金佳选煤厂的应用[J].洁净煤技术,2004,10(4):30-32.
[52] 邱长贵.褐煤煤泥水沉降特性试验研究[J].选煤技术,2013(2):23-27.
[53] 邱冠周,伍喜庆,王毓华,等.近年浮选进展[J].金属矿山,2006(1):41-50.
[54] 曲景奎,隋智慧,周桂英,等.固-液分离技术的新进展及发展动向[J].过滤与分离,2001,11(4):4-9.
[55] 任建伟.铁矿石高效反浮选药剂理论和应用研究[D].长沙:中南大学,2004.
[56] 尚旭,张文彬,刘殿文,等.微细粒矿物的分选技术及设备探讨[J].矿产保护与利用,2007(1):31-35.
[57] 沈丽娟,陈建中,胡言风.细粒矿物分级设备的研究现状及进展[J].选煤技术,2010(3):65-69.
[58] 史世萌.萤石矿选矿系统研究与分析[D].郑州:郑州大学,2012.
[59] 孙乾,蒋善勇,章新喜,等.潮湿煤炭水分对气流分级效果的影响[J].洁净煤技术,2007,13(2):26-29.
[60] 孙云丽,段晨龙,左蔚然,等.涡电流分选机理及应用[J].江苏环境科技,2007,20(4):40-42.
[61] 汪建.联合流程在铁矿石选矿厂改造中的应用[J].国外金属矿山,2002(1):52-56.
[62] 王恩德.环境资源中的微生物技术[M].北京:冶金工业出版社,1997.
[63] 王菊.碳质银精矿富氧—氯化焙烧工艺及动力学研究[D].长春:吉林大学,2009.
[64] 王秋林,陈雯,余永富,等.綦江铁矿焙烧—磁选—阴离子反浮选试验研究[J].矿冶工程,2006,26(6):32-34.
[65] 夏金兰,聂珍媛,邱冠周,等.绿色化学和矿物资源高效利用[J].矿冶工程,2001,21(2):1-3.
[66] 肖婉琴,程新朝,杨慧芬.铝土矿反浮选脱硅研究的进展[J].国外金属矿选矿,2005(12):16-19.
[67] 谢广元.选矿学[M].第 3 版.徐州:中国矿业大学出版社,2016.
[68] 许时.矿石可选性研究[M].北京:冶金工业出版社,2008.

[69] 杨康.跳汰选煤评述[J].选煤技术,2006(5):18-24.
[70] 叶孙德,戴惠新.电选技术的应用现状与发展[J].云南冶金,2007,36(3):15-19.
[71] 于福家,印万忠,刘杰,等.矿物加工实验方法[M].北京:冶金工业出版社,2010.
[72] 于刚,张翠艳,王泉.新型带式压滤机在煤泥压滤生产中的应用[J].煤质技术,2007(2):54-56.
[73] 于开平,魏镜弢,张文彬.细粒重选设备开发研究探讨[J].云南冶金,2001,30(3):10-12.
[74] 于实.煤质检测分析新技术新方法与化验结果的审查计算实用手册[M].北京:当代中国出版社,2009.
[75] 俞宏珍.XY-3.5 矿浆预处理器在选煤厂的应用[J].矿山机械,2005(5):120-121.
[76] 曾克文.浮选槽内矿浆紊流强度对浮选影响的理论及应用研究[D].长沙:中南大学,2001.
[77] 翟爱峰.基于可浮性过程特征的硫化铜矿柱式分选研究[D].徐州:中国矿业大学,2008.
[78] 张东晨.绿色化的生物脱硫技术及其应用[J].中国矿业,2002,11(6):63-64.
[79] 张峰,常晋元.低品位氧化铜矿的地下溶浸工艺与生产[J].有色金属:矿山部分,2003,55(4):5-6.
[80] 张国范.铝土矿浮选脱硅基础理论及工艺研究[D].长沙:中南大学,2001.
[81] 张海军,刘炯天,王永田,等.磁铁矿浮选柱阳离子反浮选试验研究[J].中国矿业大学学报,2008,37(1):67-71.
[82] 张柯,桂夏辉,丁起鹏,等.充气法测试起泡剂的起泡性能试验研究[J].中国矿业,2009,18(增):94-99.
[83] 张丽芳,王倩,孙玉凤.氧化亚铁硫杆菌脱除煤中硫的研究[J].沈阳工业学院学报,2004(1):81-84.
[84] 张裕书,陈达,龚文琪.磷矿浮选工艺和药剂的研究现状[J].中国矿业,2009,18(增):58-61.
[85] 赵世永,杨兵乾.矿物加工实践教程[M].西安:西北工业大学出版社,2012.
[86] 郑敏,李先荣,孟艳艳,等.氯化焙烧法回收铬渣中的铬[J].化工环保,2010(3):242-245.
[87] 周长春,刘炯天,李振,等.中低品位铝土矿浮选柱短流程分选研究[J].中国矿业大学学报,2010,39(1):116-120.
[88] 周长春.铝土矿及其浮选技术[M].徐州:中国矿业大学出版社,2011.
[89] 周晓华,赵朝勋,刘炯天.浮选柱研究现状及发展趋势[J].选煤技术,2003(6):51-54.
[90] 朱建光.2004 年浮选药剂的进展[J].国外金属矿选矿,2005(2):5-12.
[91] 朱建光.2005 年浮选药剂的进展[J].国外金属矿选矿,2006(3):4-12.
[92] 朱建光.2006 年浮选药剂的进展[J].国外金属矿选矿,2007(2):4-11.
[93] 竺清筑,石彩祥.选煤厂煤质分析与技术检查[M].第 2 版.徐州:中国矿业大学出版社,2013.